泥水工

从入门到精通

阳鸿钧 阳育杰 等 编著

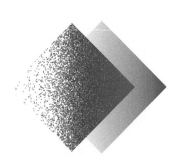

化学工业出版社

·北京·

内 容 简 介

本书共 3 篇 11 章，内容主要讲述了泥水泥瓦工程的有关基础常识、常用建材，以及 13 大实战技能：砌内外墙技能、筑围墙技能、浇筑混凝土技能、门窗改动技能、找平技能、粉刷技能、抹灰技能、涂装技能、瓷砖铺贴技能、石材铺装技能、石材干挂技能、防水技能、盖瓦技能等。本书在编写过程中，考虑到图书内容的实践操作性很强的特点，在讲述的过程中，对关键知识点直接在图上用颜色区分表达，内容实用清晰，同时，对重点难点内容配上视频讲解，更有拓展本书外的实战实操技能等相关视频，具有很强的直观指导价值。

本书可以作为泥水工、砌筑工、浇捣工、防水工、盖瓦工、施工员、工程技术人员等的培训用书和工作参考用书。同时，本书也可以作为大专院校相关专业的辅导用书、学习用书，还可以作为灵活就业、想快速掌握一门技能的手艺人员的自学用书。

图书在版编目（CIP）数据

泥水工从入门到精通 / 阳鸿钧等编著 . —北京：化学工业出版社，2022.2（2025.5 重印）

ISBN 978-7-122-40355-1

Ⅰ．①泥⋯　Ⅱ．①阳⋯　Ⅲ．①瓦工 - 基本知识　Ⅳ．① TU754.2

中国版本图书馆 CIP 数据核字（2021）第 239890 号

责任编辑：彭明兰　　　　　　　　　　　　文字编辑：师明远
责任校对：田睿涵　　　　　　　　　　　　装帧设计：史利平

出版发行：化学工业出版社（北京市东城区青年湖南街 13 号　邮政编码 100011）
印　　装：涿州市般润文化传播有限公司
787mm×1092mm　1/16　印张 18¹/₂　字数 470 千字　2025 年 5 月北京第 1 版第 3 次印刷

购书咨询：010-64518888　　　　　　　　　　售后服务：010-64518899
网　　址：http://www.cip.com.cn
凡购买本书，如有缺损质量问题，本社销售中心负责调换。

定　　价：78.00 元　　　　　　　　　　　　　　　　版权所有　违者必究

前　言

泥水泥瓦工程，包括与水泥、砂子、砖、瓦、混凝土、防水等相关的项目。泥水工，有时叫做泥瓦工、泥工、瓦工、镶贴工，具体包括从事砌砖（砌筑工）、抹灰（粉刷工）、贴瓷砖、石材铺挂、浇筑混凝土（浇捣工）、盖瓦等的工人师傅。目前大部分工地还是需要大量的泥水泥瓦工。同时，目前家装施工中，只有泥水泥瓦工必须全部现场施工，没有被工厂化生产所代替。泥水泥瓦工，主要依靠手工操作，不仅劳动强度大，而且技能要求也高。为此，泥水泥瓦工成为现在装修工作中紧缺的工种之一，而且出现泥水泥瓦工年龄普遍偏大的现况。随着时代的变化，新规范的要求、新材料的使用、新技能的运用、用工市场也在不断变化，泥水泥瓦工的知识与技能也需要不断地更新。为此，特策划了本书，以飨读者。

本书的特点如下。

1. 践行工地实战——本书尽量把泥水（泥瓦）工技能，结合工地现场实况，做到图解化、视频化，从而达到学用结合，轻松掌握泥水（泥瓦）工上岗技能。

2. 零基础入门入行——本书介绍了泥水（泥瓦）工的有关基础常识、常用建材等内容，从而实现快入门、速入行。

3. 门类知识技能大全——涵盖 13 大实战技能：砌内外墙技能、筑围墙技能、浇筑混凝土技能、门窗改动技能、找平技能、粉刷技能、抹灰技能、涂装技能、瓷砖铺贴技能、石材铺装技能、石材干挂技能、防水技能、盖瓦技能等，使一线师傅、二线技术人员能轻松胜任泥水泥瓦工程项目。

4. 形式新颖——本书采用双色印刷＋工地详解＋随书附赠视频形式，从而使本书读者学习技能更轻松、工地发挥更得心应手。

总之，本书脉络清晰、重点突出、实用性强，具有很强的实践指导价值。

本书编写过程中参考了有关标准、规范、要求、政策等资料，而这些资料会存在不断更新、修订的情况，因此，凡涉及标准、规范、要求、政策等应及时跟进现行要求。

本书由阳鸿钧、阳育杰、阳许倩、许秋菊、欧小宝、许四一、阳红珍、许满菊、许应菊、许小菊、阳梅开、阳苟妹、唐许静等人员参加编写或支持编写。

另外，本书在编写过程中还得到了一些同行、朋友及有关单位的帮助与支持，在此，向他们表示衷心的感谢！

由于时间有限，书中难免存在不足之处，敬请读者批评、指正。

编著者

2021 年 11 月

目　录

第2篇 提高篇——上岗无忧

第3章 砌内外墙技能 // 44

第 4 章　筑围墙技能　// 87

第 5 章　浇筑混凝土技能　// 97

第 6 章 门窗改动、找平技能 // 132

第 7 章　粉刷、抹灰、涂装技能 // 139

第8章　瓷砖铺贴技能 // 165

第9章　石材铺装、干挂技能 // 190

第3篇　精通篇——匠心精铸

第10章　防水技能 // 202

第11章 盖瓦技能 // 233

第 1 篇

入门篇——零基础轻松入行

第1章

泥水工基础与常识

1.1 工程基础和常识

1.1.1 建筑结构的安全等级

建筑结构，就是指在房屋建筑中，由屋架、梁、板、柱等各种构件组成的能够承受各种作用的体系，如图1-1所示。各种作用是指能够引起体系产生内力、变形的各种因素，例如荷载、基础沉降等。根据所用材料不同，建筑结构分为混凝土结构、砌体结构、钢结构、木结构等。其中，混凝土结构、砌体结构的形成往往需要泥水工参与。

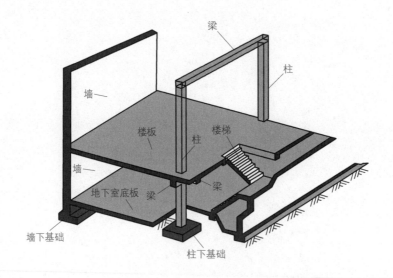

图1-1 建筑结构

根据建筑结构破坏可能产生的后果（危及人的生命、造成经济损失、产生社会影响等）的严重性，建筑结构分为三个安全等级，具体见表1-1。对于特殊的建筑物，其安全等级可以根据具体情况另行确定。

表 1-1　建筑结构的安全等级

安全等级	破坏后果	建筑物类型
一级	很严重	重要的房屋
二级	严重	一般的房屋
三级	不严重	次要的房屋

1.1.2　什么是标准值、设计值

钢筋混凝土结构中，标准值、设计值一般出现在混凝土、钢筋、地基等方面。

1.1.2.1　混凝土

混凝土立方体抗压强度标准值——例如，C25 混凝土："C" 为英语 "concrete" 的第一个字母，表示混凝土；"25" 表示混凝土立方体抗压强度标准值为 "25N/mm²"。

强度实测值——混凝土强度实际测量中的数值。

强度标准值——混凝土属于非均质材料，其每个试件的实测值往往有差异，对这些实测值进行数理统计、加工后得出的值，即为标准值。混凝土标准值，也就是代表这一批混凝土强度特性的数值。

1.1.2.2　钢筋

钢筋屈服强度标准值——对钢筋实测值进行数理统计、加工后得出的值。钢筋屈服强度是材料屈服的强度临界值。例如，HRB335，其屈服强度标准值 f_{yk} 为 335N/mm²（其中 f=force，表示强度；y=yield，表示屈服；k=key，表示 "标准值"）。普通钢筋的屈服强度标准值，等于钢筋代号中的数值。

钢筋极限强度标准值——极限强度表示材料能承受的最大强度（拉断）。对钢筋而言，其极限强度大于屈服强度。例如，HRB400 型钢筋，其极限强度标准值 f_{stk} 为 540MPa（其中 st=strength，表示强度；k=key，表示 "标准值"）。540MPa 为试验等获得。

钢筋强度设计值——其强度标准值除以材料分项系数的数值，即：设计值 = 标准值 / 材料分项系数。

钢筋特征值——在无限多次的检验中，与某一规定概率所对应的分位值。

1.1.3　住宅套型厨房的规定要求

住宅套型厨房的规定要求如下。

（1）厨房宜布置在套内靠近入口处。

（2）厨房应设置洗涤池、案台、炉灶、排油烟机、热水器等设施或为其预留位置。

（3）厨房应根据炊事操作流程布置。排油烟机的位置应与炉灶位置对应，并且应与排气道直接连通。

（4）由卧室、起居室（客厅）、厨房、卫生间等组成的住宅套型的厨房使用面积，不应小于 4m²。

（5）由兼起居的卧室、厨房、卫生间等组成的住宅最小套型的厨房使用面积，不应小于

$3.5m^2$。

（6）单排布置设备的厨房净宽不应小于1.5m。双排布置设备的厨房其两排设备间的净距不应小于0.9m。

1.1.4　住宅套型卫生间的规定要求

住宅套型卫生间的规定要求如下。

（1）当卫生间布置在本套内的卧室、起居室（客厅）、厨房和餐厅的上层时，均需要有防水和便于检修的措施。

（2）每套住宅需要具备设置洗衣机的位置及条件。

（3）每套住宅应设卫生间，至少配置便器、洗浴器、洗面器三件卫生设备或为其预留设置位置及条件。三件卫生设备集中配置的卫生间的使用面积不应小于$2.5m^2$。

（4）卫生间不应直接布置在下层住户的卧室、起居室（客厅）、厨房和餐厅的上层。

（5）卫生间可根据使用功能要求组合不同的设备。不同组合的空间使用面积的要求如下：

① 单设便器时不应小于$1.1m^2$；

② 设便器、洗浴器时不应小于$2m^2$；

③ 设洗面器、洗浴器时不应小于$2m^2$；

④ 设便器、洗面器时不应小于$1.8m^2$；

⑤ 设洗面器、洗衣机时不应小于$1.8m^2$。

1.1.5　住宅套型阳台的规定要求

住宅套型阳台的规定要求如下。

（1）每套住宅宜设阳台或平台。

（2）封闭阳台栏板或栏杆，需要满足阳台栏板或栏杆净高要求。七层及以上住宅和寒冷、严寒地区住宅，宜采用实体栏板。

（3）顶层阳台需要设雨罩。各套住宅间毗连的阳台，需要设分户隔板。

（4）阳台、雨罩，均需要采取有组织排水措施。雨罩、开敞阳台，需要采取防水措施。

（5）阳台栏杆必须采用防止儿童攀登的构造，栏杆的垂直杆件间净距不得大于0.11m，放置花盆位置必须采取防坠落措施。

（6）阳台栏板或栏杆净高，六层及以下不得低于1.05m；七层及以上不得低于1.1m。

（7）阳台设有洗衣设备时需要符合的要求如下：

① 需要设置专用给排水管线、专用地漏。阳台楼面、地面，均需要做防水；

② 严寒、寒冷地区，需要封闭阳台，并且需要采取保温措施。

（8）阳台或建筑外墙设置空调室外机时，其安装位置的要求如下：

① 安装位置不得对室外人员形成热污染；

② 应能通畅地向室外排放空气及从室外吸入空气；

③ 应为室外机安装与维护提供方便操作的条件；

④ 在排出空气一侧不得有遮挡物。

1.1.6　过道、贮藏间、套内楼梯的规定要求

住宅套型过道、贮藏间与套内楼梯的规定要求如下：

（1）套内设于底层或靠外墙、靠卫生间的壁柜内部，需要采取防潮措施。

（2）套内入口过道净宽不得小于1.2m。通往卧室、起居室的过道净宽，不得小于1m。通往厨房、卫生间、贮藏间的过道净宽，不得小于0.9m。

（3）套内楼梯当一边临空时，梯段净宽不应小于0.75m。两侧有墙时，墙面间净宽不得小于0.9m，并且应在其中一侧墙面设置扶手。

（4）套内楼梯的踏步宽度不得小于0.22m，高度不得大于0.2m，扇形踏步转角距扶手中心0.25m处，宽度不得小于0.22m。

1.2　装修基础和常识

1.2.1　装修术语的理解

装修有关术语解说见表1-2。

表1-2　装修有关术语解说

名称	解说
分户工程验收	在单位装饰装修工程验收前，对住宅各功能空间的使用功能、观感质量等内容所进行的分户（套）验收
分户交接检验	室内装饰装修施工前，对已完成土建施工的工程分户（套）进行质量检验和交接工作
基层	直接承受装饰装修施工的面层
基层净高	从楼、地面基层完成面至楼盖、顶棚基层完成面之间的垂直距离
基层净距	住宅室内墙体基层完成面之间的距离
基体	建筑物的主体结构或围护结构
住宅室内装饰装修	根据住宅室内各功能区的使用性质、所处环境，运用物质技术手段并结合视觉艺术，达到安全卫生、功能合理、舒适美观、满足人们物质和精神生活需要的空间效果的过程

1.2.2　家装、公装与工装的对比

家装、公装与工装的区别如下。

（1）规模不同——相对而言，家装规模最小，工装规模最大，公装规模居中。

（2）施工场地不同——家装施工场地，为家庭家居空间。公装施工场地，主要为公共场所的空间，其空间面积往往大于家庭家居空间许多，而小于工装规模。工装施工场地，往往为大型酒店、大型商场等空间。

（3）装修性质不同——家装是以居住生活的个人居室的室内装饰装修。公装是公共场合空间的装修，包括学校、医院、福利院等场合的装饰装修。工装往往是指用以盈利为目的的场所的装修，包括酒店、宾馆、KTV、商场等场所的装饰装修。

（4）要求不同——家装要求较高，往往与户主喜好、家庭成员等有关。公装往往要求中规中矩，规范为主。工装的要求，往往与公众需求、喜好以及使用目的有关。

（5）材料不同——家装建材多根据户主喜好与需求进行选择，往往是高档材料，并且注重实用性、美观性等要求。公装材料最注重安全性、实用性，并且应保证具备足够的使用寿命。小型工装的材料多选用中等材料，这样会节省资金，同时满足需求。大型工装材料，不同实际情况差异较大。

1.2.3 全包装修包含的要素

全包装修，就是包工包料，也就是装修公司承担装修期间所需要用到的全部装修材料的采购与施工安装。全包装修，往往是业主对装修材料和装修一无所知或者了解不多，或者没有时间、没有精力花在装修上，或者上述几个情况均具有。

全包装修材料费，不但包括主材，而且也包括辅料，有的还包括了洁具。至于电器，有的包括部分小电器。具体全包装修的包含要素，视具体项目、公司不同而不同，需要看实际来定。

全包装修人工费，包括了泥水工、油漆工、木工等施工费用。

1.2.4 半包装修包含的要素

半包装修，往往是指业主负责主材大件，装修公司负责设计方案、辅助材料、人工。具体情况，可能因不同项目、不同公司会存在差异。

有的装修公司的设计方案是免费的，有的是收费的。

常见的辅助材料包括水泥、砂、砖、水管、电线、配电箱、开关插座、厨卫吊顶、鞋柜、窗台大理石材料、全房水电、客厅电视背景墙、客厅布局吊顶、石材等。

常见的主材大件包括墙砖、房门、电器、衣书柜、橱柜、洁具、家具、窗帘、瓷砖等。

1.2.5 装修材料进场的验收

住宅室内装饰装修所用材料进场时的验收要求如下。

（1）材料的品种、规格、包装、外观、尺寸等需要验收合格，并且具备相应的验收记录。

（2）材料需要具备质量证明文件，并且纳入工程技术档案。

（3）同一厂家生产的同一类型的材料，至少抽取一组样品进行复验。

（4）检测的样品，要进行见证取样。

住宅室内装饰装修工程质量分户验收，需要检查的文件、记录如图1-2所示。

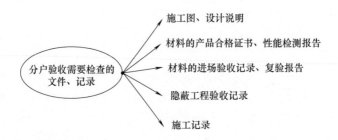

图1-2 分户验收需要检查的文件、记录

家装泥水工施工检查要求如下。

（1）表面平整。

（2）工程量确认，增减项目确认。

（3）墙面、地面砖无空鼓。

（4）卫生间地面 0.25% 坡度。

（5）阴阳角方正顺直。

（6）砖石表面无污染、缺口。

1.2.6　装修界面连接的把控

装饰装修界面的连接要求如下。

（1）不同界面上、同一界面上出现菱形块面材料对接时，块面材料对接的拼缝宜贯通，并且宜在界面的边部作收边处理。

（2）成品饰面材料尺寸，宜与设备尺寸、安装位置相协调。

（3）同一界面上不同饰面材料平面对接时，对接位置可以采用离缝、错落的方法分开或加入第三种材料过渡处理。

（4）同一界面上两块相同花纹的材料平面对接时，宜使对接位置的花纹、色彩、质感对接自然。

（5）同一界面上铺贴两种或两种以上不同尺寸的饰面材料时，宜选择大尺寸为小尺寸的整数倍，并且大尺寸材料的一条边宜与小尺寸材料的其中一条边对缝。

（6）相邻界面上装饰装修材料成角度相交时，宜在交界位置作造型处理。

（7）相邻界面同时铺贴成品块状饰面板时，宜采用对缝或间隔对缝方式衔接。

家装侧面突出装饰面的硬质块材，需要作圆角或倒角处理。

1.2.7　不规则界面、图样与空间的处理

装饰不规则界面、图样与空间的处理如下。

（1）不规则的顶面，宜在边部采用非等宽的材料作收边调整，并且宜使中部顶面取得规整形状。

（2）不规则的墙面，宜采用涂料或无花纹的墙纸（布）饰面，并且宜淡化墙面的不规整感。

（3）不规则的饰面材料，宜铺贴在隐蔽的位置、大型家具的遮挡区域。

（4）不规则的小空间，宜进行功能利用与美化处理。

（5）不规则图样，需要采用网格划分定位。

（6）以块面材料铺装不规整的地面时，宜在地面的边部用与中部块面材料不同颜色的非等宽的块面材料作收边调整。

1.2.8　套内空间装修地面标高的要求

住宅套内各空间的地面、门槛石的标高需要符合的规定、要求见表 1-3。

表 1-3　套内空间装修地面标高规定、要求

位置	建议标高 /m	备注
厨房地面	−0.015 ～ −0.005	当厨房地面材料与相邻地面材料不同时，与相邻空间地面材料过渡
卫生间门槛石顶面	± 0.000 ～ 0.005	防渗水
卫生间地面	−0.015 ～ −0.005	防渗水
阳台地面	−0.015 ～ −0.005	开敞阳台或当阳台地面材料与相邻地面材料不相同时，防止水渗至相邻空间
入户门槛顶面	0.010 ～ 0.015	防渗水
套内前厅地面	± 0.000 ～ 0.005	套内前厅地面材料与相邻空间地面材料不同时
餐厅、起居室、卧室走道地面	± 0.000	以起居室（客厅）、地面装修完成面为标高 ± 0.000

注：以套内起居室（厅）地面装修完成面标高为 ± 0.000。

门头石铺贴时，需要考虑木地板的厚度。石材安装，要注意板与板的接口严密，铺贴要牢固、无空鼓。

1.2.9　室内装饰修缮的一般规定

室内装饰维修与修缮的一般规定如下。

（1）查勘各种装饰损坏时，需要同时检查其基层的牢固程度。如果不能够满足要求时，则需要先进行加固。

（2）房屋装饰的修缮，需要满足使用功能，符合经济、美观、环保等要求。

（3）房屋装饰修缮时，必须对房屋原有装饰完好部分充分进行利用、保护。

（4）房屋装饰修缮时，不得损坏原有房屋结构。

（5）房屋装饰修缮时，抹灰粉刷用的各类砂浆宜采用商品砂浆。抹灰用的材料，不得使用熟化时间少于 15d 的石灰膏，以及不得含有未熟化的颗粒与其他杂物。

住宅室内装饰装修工程不得擅自拆除承重墙体、不得擅自破坏承重墙体、不得擅自损坏受力钢筋、不得擅自拆改水、暖、电、燃气、通信等配套设施的现象。

第 2 章

常用建材

2.1 砂子、石子

2.1.1 砂子的特点、分类

砂，也就是砂子，分为河砂、海砂、山砂、机制砂。机制砂，又叫做加工砂、人工砂等。混合砂，就是机制砂与自然砂根据一定比例组合而成的砂。

天然砂，就是由自然条件作用形成的、粒径小于等于 4.75mm 的岩石颗粒。人工砂，就是由岩石（不包括软质岩、风化岩石）经除土开采、机械破碎、筛分制成的，粒径小于等于 4.75mm 的岩石颗粒。

海砂，可以用于配制素混凝土，但是不能直接用于配制钢筋混凝土，因其氯离子含量高，容易锈蚀钢筋。如果使用，则必须经过淡水冲洗，使有害成分含量减少到要求以下。有的项目或者有关标准是禁止使用海砂的。

山砂，可以直接用于一般工程混凝土结构。如果用于重要结构物时，则必须通过坚固性试验、碱活性试验等要求。

机制砂，就是指将卵石或岩石用机械破碎，再通过冲洗、过筛制成的一种砂。机制砂一般是在加工碎卵石、碎石时，将粒径小于 10mm 那部分再进一步加工得到砂子。机制砂与自然砂的比较如图 2-1 所示。机制砂的压碎指标见表 2-1。

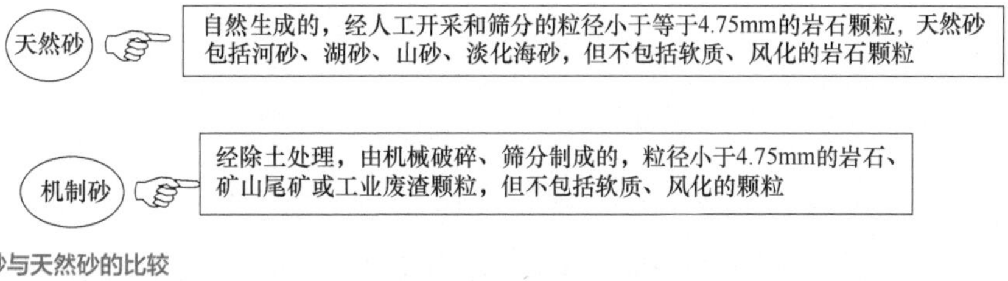

天然砂 ☞ 自然生成的，经人工开采和筛分的粒径小于等于4.75mm的岩石颗粒，天然砂包括河砂、湖砂、山砂、淡化海砂，但不包括软质、风化的岩石颗粒

机制砂 ☞ 经除土处理，由机械破碎、筛分制成的，粒径小于4.75mm的岩石、矿山尾矿或工业废渣颗粒，但不包括软质、风化的颗粒

图 2-1 机制砂与天然砂的比较

表 2-1 机制砂的压碎指标

类别	Ⅲ	Ⅱ	Ⅰ
单级最大压碎指标 /%	≤ 30	≤ 25	≤ 20

通常根据技术要求，砂分为Ⅰ类、Ⅱ类、Ⅲ类。其中，Ⅲ类用于强度等级小于C30的混凝土。Ⅱ类用于C30～C60的混凝土。Ⅰ类用于强度等级大于C60的混凝土。根据细度模数，砂分为粗砂、中砂、细砂、特细砂，其细度模数如图2-2所示。另外，还有定义细度模数＞3.7的砂为特粗砂。

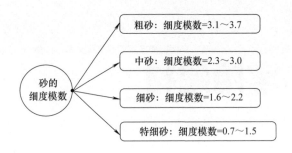

图 2-2　砂的细度模数

混凝土中砂的作用，主要发挥填料、加强等作用。如果单使用无粗细骨料的水泥净浆，则成本会高。采用砂子，可以降低成本，但是也带来其他负面影响。实践中砂的绝对含量没有意义，其相关的诸如砂灰比等参数需要重视。

2.1.2　建筑砂的性能

建筑砂的一些性能如图2-3所示。砂的表观密度、松散堆积密度、孔隙率的要求如图2-4所示。

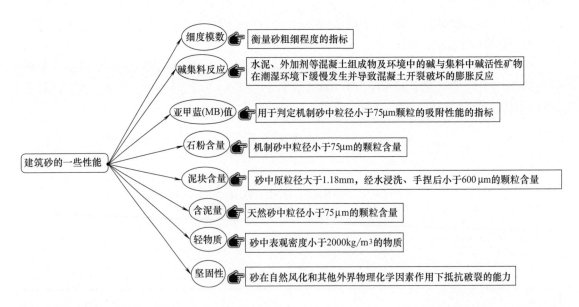

图 2-3　建筑砂的一些性能

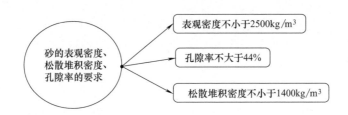

图 2-4　砂的表观密度、松散堆积密度、孔隙率的要求

2.1.3　装潢施工中挑选砂子的技巧

砂子，可以分为特细砂、细砂、中砂、粗砂。需要根据实际使用用途来选择砂子，以免达不到效果或者出现返工现象。

家装中，砂子一般选择中砂、黄砂。砂子的体积越大，做成的砂浆强度也就越大。但是，强度大的砂浆日后非常容易发生开裂现象。特细的砂或者细砂，会因体积太小摩擦力不够，以致黏性过小。

选择砂子时，应选择杂质少的砂子。如果杂质砂子混杂到砂浆中，则会发生粘贴不牢等情况。砂子是否含有杂质，可以直接观察来判断。也可以用手使劲攥，然后把手中的砂子甩去。如果此时粘在手上的全是砂子，则说明可以使用；如果此时粘在手上的是土，则说明是含土的砂子，并且还可以判断含泥土是否过多。

选择砂子时，还需要选择颗粒大小均匀的砂子。如果粗砂细沙混杂的情况，则往往需要过筛。

家装最好选择使用河砂。建筑装饰中，严禁使用海砂。分辨是否是为海砂，可以通过看砂里面是否含有海洋细小贝壳。如果存在海洋细小贝壳，则说明可能是海砂；如果没有海洋细小贝壳，则需要进一步来判断。海砂，有的可以通过嘴尝味道来判断，如果是咸的，则可能是海砂；如果不咸，则需要进一步来判断。

2.1.4　卵石、碎石的对比

建筑用石，分为卵石、碎石。碎石，就是由天然岩石经破碎、筛分得到的粒径大于 5mm 的岩石颗粒。卵石，就是由自然条件作用而形成表面较光滑的、经筛分后粒径大于 5mm 的岩石颗粒。碎卵石，是由较大的卵石经机械破碎、筛分制成的粒径大于 5mm 的岩石颗粒。

卵石与碎石的比较如图 2-5 所示。

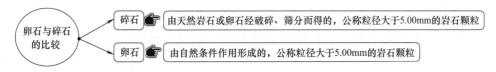

图 2-5　卵石与碎石的比较

根据技术要求，卵石、碎石可以分为Ⅰ类、Ⅱ类、Ⅲ类。其中，Ⅰ类主要用于强度等级大于 C60 的混凝土中，Ⅱ类主要用于 C30～C60 的混凝土中，Ⅲ类主要用于小于 C30 的混凝土中。

卵石表面光滑，碎石粗糙多棱角。因此，卵石配制的混凝土流动性较好，但是黏聚性、保水性相对较差。对级配符合要求的砂石料而言，粗骨料粒径越大，砂子细度模数越大，则流动性越大，但是黏聚性、保水性会有所下降。尤其是在砂率不变的情况下，砂粗细的影响会显著些。

2.2　水泥

2.2.1　水泥的特点、分类

水泥，就是一种细磨成粉末状，加入适量水后，可成为塑性浆体，既能够在空气中硬化，又能够在水中硬化，并且能够把砂、石等材料牢固地胶结在一起的水硬性胶凝材料。一些水泥的特点、分类见表 2-2。

表 2-2　常见水泥的分类、特点

分类	特点
白色硅酸盐水泥	以氧化铁含量低的石灰石、白泥、硅石为主要原材料，经烧结得到以硅酸钙为主要成分、氧化铁含量低的熟料，加入适量石膏，共同磨细制成的一种白色水硬性胶凝材料
粉煤灰硅酸盐水泥	由硅酸盐水泥熟料、大于 20% 且不大于 40% 粉煤灰和适量石膏磨细制成的一种水硬性胶凝材料，代号 P·F
复合硅酸盐水泥	由硅酸盐水泥熟料、大于 20% 且不大于 50% 两种或两种以上规定的混合材料、适量石膏磨细制成的一种水硬性胶凝材料，代号 P·C
高铝水泥	以石灰石和矾土为主要原材料，配制成适当成分的生料，经熔融或烧结，制得以铝酸一钙为主要矿物的熟料，再经磨细而成的一种水硬性胶凝材料
硅酸盐水泥	由硅酸盐水泥熟料、不大于 5% 的石灰石或粒化高炉矿渣，以及适量石膏磨细制成的一种水硬性胶凝材料
火山灰质硅酸盐水泥	由硅酸盐水泥熟料、大于 20% 且不大于 40% 火山灰质混合材料和适量石膏磨细制成的一种水硬性胶凝材料，代号 P·P
快硬硫铝酸盐水泥	由适当成分的硫铝酸盐水泥熟料和少量石灰石、适量石膏，共同磨细制成的具有高早期强度的一种水硬性胶凝材料
矿渣硅酸盐水泥	由硅酸盐水泥熟料、大于 20% 并且不大于 70% 粒化高炉矿渣和适量石膏磨细制成的一种水硬性胶凝材料，代号 P·S
普通硅酸盐水泥	由硅酸盐水泥熟料、大于 5% 并且不大于 20% 的混合材料和适量石膏磨细制成的一种水硬性胶凝材料，代号 P·O
砌筑水泥	以活性混合材料或具有水硬性的工业废渣为主，加入适量硅酸盐水泥熟料和石膏经磨细制成的一种水硬性胶凝材料，代号 M
通用硅酸盐水泥	由硅酸盐水泥熟料与适量的石膏，以及规定的混合材料制成的水硬性胶凝材料
中热硅酸盐水泥	由适当成分的硅酸盐水泥熟料，加入适量石膏磨细制成的具有中等水化热的一种水硬性胶凝材料，代号 P·MH
自应力硫铝酸盐水泥	由适当成分的硫铝酸盐水泥熟料加入适量石膏磨细制成的具有膨胀性能的一种水硬性胶凝材料

水泥标准强度，分为 32.5、32.5R、42.5、42.5R 等，一般是以 MPa 表示强度等级，带字母 R 表示早强。强度等级的数值是水泥 28d 抗压强度指标的最低值。200 ～ 300 号水泥，能够用于一些房屋建筑。大于 400 号水泥，能够用于建筑较大的桥梁、厂房，以及一些重要路面、制造预制构件。早强水泥，一般而言能够在早期就达到较高的强度。

不同品种、标号的水泥，一般不能混用。水泥储存超过 3 个月，一般不能用。

2.2.2　装潢施工中挑选水泥的技巧

水泥主要起到黏合的作用。水泥是把石头、黏土破碎后放到火中煅烧，之后再加入一些辅料磨细而成。

水泥显著的特点之一就是加水能坚固硬化，从而把混在一起使用的砂子、石头等非常坚固地粘在一起。

水泥有不同的种类、标号。家装中，一般选择普通硅酸盐类水泥。标号往往选择 325 号。也就是说 325 号普通硅酸盐水泥最适合家装使用，其强度软硬都合适。

选择水泥时，应看其保质期。因为水泥出厂超过 90d 后，其强度会衰减。另外，还应看水泥颜色，如果出现颜色过深或者过浅，则说明该袋水泥可能质量有问题。另外，还应看水泥是否结块，可用手抓一点水泥来判断。如果发现该袋水泥结块，则说明其已受潮，不能使用。

真货水泥，包装的袋子一般是统一的，并且袋子上面，有明显的厂家标志与地址等信息。另外，真货水泥袋子一般没有二次封口，并且使用的缝线粗细均匀一致，针码平整，两端开头用线一致等。

2.3　烧结普通砖

2.3.1　砖的类型、特点

砖与砌块，均属于砌体材料。砖，就是建筑用的人造小型块材，外形主要为直角六面体，长、宽、高分别不超过 365mm、240mm、115mm。

根据材料分，砖的种类有黏土砖、炉渣砖、灰砂砖、煤矸石砖、粉煤灰砖、页岩砖。

根据外形分，砖的种类有实心砖、多孔砖、空心砖。

根据制作方法分，砖的种类有烧结砖、蒸压养护砖。

根据砖的强度等级，分别为 MU30、MU25、NU20、MU15、MU10、MU7. 5。

砖的类型与特点见表 2-3。

表 2-3 砖的类型与特点

类型	特点
半盲孔砖	半盲孔砖就是铺浆面孔径不小于 22.5mm，深度不大于 85mm；坐浆面孔径不大于 10mm，并且与铺浆面孔洞贯通的砖
带沟槽蒸压灰砂砖	带沟槽蒸压灰砂砖就是为了增加蒸压灰砂砖砌筑面上的粗糙度，在蒸压灰砂砖上大面、下大面上压制成带沟槽的一种蒸压灰砂砖
多孔砖	孔洞率不小于 25%，孔的尺寸小而数量多的一种砖
混凝土多孔砖	以水泥、骨料、水等为主要原材料，经过搅拌、成型、养护制成多排孔的最低强度等级为 MU15 的一种砖
混凝土空心砖	以水泥为胶凝材料，骨料、水等为主要原材料，经过搅拌、成型、养护制成单孔或多排孔的最高强度等级小于 MU15 的一种砖
混凝土实心砖	以水泥、骨料、水等为主要原材料，也可加入外加剂和矿物掺合料等材料，经搅拌、成型、养护制成的实心砖
混凝土小型空心砌块	混凝土小型空心砌块简称混凝土砌块或砌块，是由普通混凝土或轻集料混凝土制成，主要规格尺寸为 390mm×190mm×190mm、空心率为 25%～50% 的一种空心砌块
混凝土砖	混凝土砖是以水泥为胶结材料，以砂、石等为主要集料，加水搅拌、成型、养护制成的一种多孔的混凝土半盲孔砖或实心砖。实心砖的主规格尺寸为 240mm×115mm×53mm、240mm×115mm×90mm 等。多孔砖的主规格尺寸为 240mm×115mm×90mm、240mm×190mm×90mm、190mm×190mm×90mm 等
空心砖	孔洞率不小于 40%，孔的尺寸大而数量少的一种砖
普通砖	规格尺寸为 240mm×115mm×53mm 的一种实心砖
烧结多孔砖	以黏土、页岩、煤矸石、粉煤灰等为主要原材料，经过成型、干燥、焙烧而成的主要用于承重结构的一种多孔砖，其孔洞率不大于 35%，孔的尺寸小而数量多，主要用于承重部位
烧结空心砖	烧结空心砖就是以黏土、页岩、煤矸石、粉煤灰为主要原料，经过焙烧而成的主要用于建筑物非承重部位的一种空心砖
烧结普通砖	烧结普通砖是由煤矸石、页岩、粉煤灰或黏土为主要原料，经过焙烧而成的一种实心砖。根据主要原料，烧结普通砖可以分为黏土砖（标记为 N）、页岩砖（标记为 Y）、煤矸石砖（标记为 M）、粉煤灰砖（标记为 F）、建筑渣土砖（标记为 Z）、淤泥砖（标记为 U）、污泥砖（标记为 W）、固体废弃物砖（标记为 G）等
实心砖	无孔洞或孔洞率小于 25% 的一种砖
蒸压粉煤灰多孔砖	蒸压粉煤灰多孔砖就是孔洞率等于或大于 25%，孔的尺寸小而数量多的蒸压粉煤灰硅酸盐半盲孔砖
蒸压粉煤灰实心砖	蒸压粉煤灰实心砖就是无孔洞的蒸压粉煤灰硅酸盐砖
蒸压粉煤灰砖	蒸压粉煤灰砖，就是以粉煤灰、石灰（电石渣）或水泥等为主要原料，掺加适量石膏、外加剂、含硅集料，经过坯料制备、加压排气压制成型、高温饱和蒸汽养护而成的硅酸盐砖。蒸压粉煤灰砖分为蒸压粉煤灰实心砖、蒸压粉煤灰多孔砖
蒸压灰砂多孔砖	蒸压灰砂多孔砖就是以砂、石灰为主要原料，允许掺入颜料、外加剂，经过坯料制备、压制成型、高压蒸汽养护而成的一种多孔砖
蒸压灰砂空心砖	蒸压灰砂空心砖就是以石灰、砂为主要原料，经过坯料制备、压制成型、蒸汽养护而制成的孔洞率 ≥ 15% 的一种空心砖
蒸压灰砂普通砖	蒸压灰砂普通砖是以石灰等钙质材料与砂等硅质材料为主要原料，经过坯料制备、压制排气成型、高压蒸汽养护而成的一种实心砖
蒸压灰砂砖	以石灰、砂为主要原材料，允许掺入颜料和外加剂，经过坯料制备、压制成型、蒸压养护而成的一种实心砖

水池、水箱、有冻胀环境的地面以下工程部位，不得使用多孔砖。

2.3.2　烧结普通砖的规格、标记

常见烧结普通砖的外形为直角六面体，公称尺寸为长 240mm× 宽 115mm× 高 53mm 等。装饰砖的主规格与烧结普通砖的规格基本一样。

配砖，就是与主规格的砖配合使用的砖。常用配砖的规格为长 175mm× 宽 115mm× 高 53mm。其他配砖的规格，则往往由供需双方协商确定。

烧结普通砖抗压强度有 MU10、MU15、MU20、MU25、MU30 等等级。烧结普通砖产品质量分为合格、不合格等。

烧结普通砖的产品标记根据产品名称的英文缩写、类别、强度等级、标准编号顺序来编写，如图 2-6 所示。

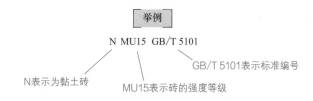

图 2-6　烧结普通砖的产品标记

烧结普通砖采用两种原材料的情况，则掺配比质量大于 50% 以上的为主要原料。烧结普通砖采用 3 种或 3 种以上原材料，则掺配比质量最大者为主要原材料。烧结普通砖污泥掺量达到 30% 以上的可称为污泥砖。

2.3.3　烧结普通砖的尺寸偏差

烧结普通砖尺寸偏差要求见表 2-4。如果烧结普通砖尺寸偏差不符合表中相应规定，则判定为不合格的烧结普通砖。

表 2-4　烧结普通砖尺寸偏差要求

公称尺寸 /mm	指标 /mm	
	样本平均偏差	样本极差≤
240	±2	6
115	±1.5	5
53	±1.5	4

2.3.4　烧结普通砖的外观质量

烧结普通砖外观质量要求见表 2-5。不得称为完整面的情况如图 2-7 所示。

表2-5　烧结普通砖外观质量要求

项目	指标
两条面高度差	≤2mm
弯曲	≤2mm
杂质凸出高度	≤2mm
缺棱掉角的三个破坏尺寸	不得同时大于5mm
裂纹长度——大面上宽度方向及其延伸至条面的长度	≤30mm
裂纹长度——大面上长度方向及其延伸至顶面的长度或条顶面上水平裂纹的长度	≤50mm
完整面	不得少于一条面和一顶面

注：为砌筑挂浆而施加的凹凸纹、槽、压花等不算作缺陷。

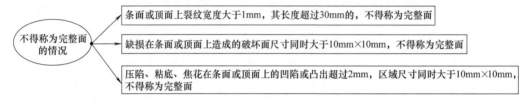

图2-7　不得称为完整面的情况

2.3.5　烧结普通砖的其他要求

烧结普通砖其他要求见表2-6。

欠火砖，就是未达到烧结温度或保持烧结温度时间不够的砖，其特征是声音哑、土心，抗风化性能差，耐久性能差。

酥砖，就是干砖坯受湿（潮）气或雨淋后成反潮坯、雨淋坯，或者湿坯受冻后的冻坯，这类砖坯焙烧后为酥砖。或者砖坯入窑焙烧时预热过急，这样烧成的砖也易成为酥砖。酥砖具有声音哑、强度低、抗风化性能差、耐久性能差等特点。

螺旋纹砖，就是以螺旋挤出机成型砖坯时，坯体内部形成螺旋状分层的砖。螺旋纹砖具有强度低、声音哑、受冻后会层层脱皮、抗风化性能差、耐久性能差等特点。

表2-6　烧结普通砖其他要求

项目	要求
泛霜	每块砖不准出现严重泛霜
欠火砖、酥砖、螺旋纹砖	不准有欠火砖、酥砖、螺旋纹砖
石灰爆裂	（1）不准出现最大破坏尺寸大于15mm的爆裂区域； （2）试验后抗压强度损失不得大于5MPa

2.4　烧结装饰砖

2.4.1　烧结装饰砖的规格

烧结装饰砖外形多为直角六面体，其可以分为承重装饰砖、薄型装饰砖，多用于高档建筑和别墅建筑。为了增强装饰效果，烧结装饰砖可制成本色、一色或多色。烧结装饰砖装饰面具有砂面、光面、压花等类型。

薄型装饰砖，就是厚度不大于 30mm 的装饰砖。薄型装饰砖主规格为长 215mm× 宽 60mm× 高 12mm 等。

承重装饰砖抗压强度有 MU15、MU20、MU25、MU30、MU35 等等级。承重装饰砖的规格如图 2-8 所示。

图 2-8　承重装饰砖的规格

2.4.2　烧结装饰砖的尺寸偏差

烧结装饰砖的尺寸偏差见表 2-7。

表 2-7　烧结装饰砖的尺寸偏差

尺寸 /mm	承重装饰砖		薄型装饰砖	
	样本平均偏差 /mm	样本极差 /mm	样本平均偏差 /mm	样本极差 /mm
＞ 200	±2	4	±1.8	4
100 ~ 200	±1.5	3	±1.3	3
＜ 100	±1	2	±1	2

2.5　装饰混凝土砖

2.5.1　装饰混凝土砖的规格、类型

装饰混凝土砖外形多为直角六面体。装饰混凝土砖的规格如图 2-9 所示。根据抗渗性，装饰混凝土砖的类型分为普通型、防水型。根据抗压强度有 MU15、MU20、MU25、MU30 等等级。

装饰混凝土砖是由水泥混凝土制成的具有装饰功能的砖。装饰混凝土砖的饰面可采用拉纹、磨光、水刷、仿旧、劈裂、凿毛、抛丸等工艺进行二次加工

项目	长度/mm	宽度/mm	高度/mm
基本尺寸	360,290,240,190,140	240,190,115,90	115,90,53

图 2-9　装饰混凝土砖的规格

装饰混凝土砖的尺寸允许偏差，即长度、宽度、高度允许偏差均为 ±2mm。

2.5.2 装饰混凝土砖的强度等级要求

装饰混凝土砖的强度等级要求见表2-8。

表2-8 装饰混凝土砖的强度等级要求

强度等级	抗压强度 /MPa	
	平均值，不小于	单块最小值，不小于
MU15	15	12
MU20	20	16
MU25	25	20
MU30	30	24

2.6 蒸压粉煤灰砖

2.6.1 蒸压粉煤灰砖的分类、规格与等级

蒸压粉煤灰砖外形多为直角六面体，根据砖有无孔洞分为实心砖、多孔砖。

蒸压粉煤灰实心砖主要规格为 240mm×115mm×53mm。蒸压粉煤灰多孔砖主要规格为 240mm×115mm×90mm。其他规格尺寸是供需双方协商确定的。

根据抗压强度和折压比，蒸压粉煤灰实心砖分为 MU25、MU20、MU15 等强度等级。

根据抗压强度，蒸压粉煤灰多孔砖分为 MU10、MU7.5 等强度等级。

粉煤灰砖不得用于长期受热（200℃以上）、受急冷急热、有酸性介质侵蚀的建筑部位。承重砖的折压比不应低于 0.25。在地面以下或防潮层以下的砌体，宜优先选用蒸压粉煤灰砖。

粉煤灰砖，可以代替黏土实心砖用于工业与民用建筑的墙体、基础。但是用于基础或用于易受冻融、干湿交替作用的建筑部位，必须使用 MU15 及以上强度等级的蒸压粉煤灰实心砖。

建筑一般部位，可以选用 MU10 及以上强度等级的粉煤灰砖。墙柱所用砖的强度，需要至少提高一级。

为了防止温差和砌体干缩引起的竖向裂缝，需要在墙体中设置伸缩缝，其间距≤烧结普通砖砌体的 80%。

为了防止墙体开裂，需要在门、窗、洞口等处增设钢筋，并且适当增设圈梁，以减小伸缩缝间距。易受冻融和干湿交替作用的建筑部位，宜用水泥砂浆或其他胶结材料保护。

2.6.2 蒸压粉煤灰砖尺寸允许偏差要求

蒸压粉煤灰砖尺寸允许偏差要求见表2-9。

表2-9 蒸压粉煤灰砖的尺寸允许偏差

项目	尺寸允许偏差要求 /mm	项目	尺寸允许偏差要求 /mm
长度	±1.5	高度	−1
宽度	±1.5		+2

2.7 蒸压灰砂砖

2.7.1 蒸压灰砂砖的特点、分类

蒸压灰砂砖外形主要为直角六面体，主要规格尺寸为 240mm×115mm×53mm。根据颜色，蒸压灰砂砖分为彩色蒸压灰砂砖、本色蒸压灰砂砖。蒸压灰砂砖的抗压强度有 MU25、MU20、MU15、MU10 四个强度等级。

蒸压灰砂多孔砖主要规格尺寸为 240mm×115mm×90mm，孔洞率不小于 25%。

蒸压灰砂砖砌筑砂浆为专用砂浆，其一般是由胶结料、细集料、水以及根据需要掺入的掺合料、外加剂等组成，根据一定的比例，采用机械搅拌后，专门用于砌筑灰砂砖。蒸压灰砂砖砌筑砂浆比普通混合砂浆有较好的和易性、保水性、黏结力。

砌筑砂浆的抗压强度有 MU15、MU10、MU7.5、MU5、MU2.5 五个等级。

灰砂砖砌体抗压强度设计值见表 2-10。

表 2-10　灰砂砖砌体抗压强度设计值

灰砂砖强度等级	砂浆强度等级 /MPa					砂浆强度 /MPa
	M15（Mb15）	M10（Mb10）	M7.5（Mb7.5）	M5（Mb5）	M2.5（Mb2.5）	0
MU25	3.60	2.98	2.68	2.37	—	1.05
MU20	3.22	2.67	2.39	2.12	1.84	0.94
MU15	2.79	2.31	2.07	1.83	1.60	0.82
MU10	—	1.89	1.69	1.50	1.30	0.67

注：当蒸压灰砂多孔砖的孔洞率大于 30% 时，表中数值应乘 0.9。

2.7.2 灰砂砖的应用

地面以下或防潮层以下的砌体、潮湿房间的墙，所用材料的最低强度等级均需要符合表 2-11 的要求。

表 2-11　地面以下或防潮层以下的砌体、潮湿房间的墙，所用材料的最低强度等级

地基土层情况	蒸压灰砂砖	水泥砂浆
潮湿的	MU15	M7.5
含水饱和的	MU15	M10

灰砂砖砌体结构房屋的层数、总高度，一般情况下，应满足表 2-12 的规定。

表 2-12　灰砂砖砌体结构房屋的层数、总高度要求

房屋类别		最小墙厚度 /mm	烈度			
			6		7	
			高度 /m	层数	高度 /m	层数
多层砌体	蒸压灰砂砖	240	21	7	18	6
	蒸压灰砂多孔砖	240	18	6	18	6
底部框架 - 抗震墙		240	19	6	19	6

说明：当灰砂砖砌体抗剪强度不低于同等级砂浆材料的黏土砖砌体时，房屋的层数、总高度限值可以根据表 2-12 提高一层或 3m，根据黏土砖房屋的相应规定执行。

灰砂砖砌体的位置、垂直度允许偏差见表 2-13。

表 2-13   灰砂砖砌体的位置、垂直度允许偏差

项目			允许偏差 /mm	检验法
轴线位置偏移			10	用经纬仪或拉线和尺量来检查
垂直度	每层		5	用线锤和 2m 托线板来检查
	全高	≤ 10m	10	用经纬仪或重锤挂线和尺量检查，或用其他测量仪器来检查
		> 10m	20	

2.7.3   灰砂砖砌体的尺寸允许偏差

灰砂砖砌体一般尺寸允许偏差、检验方法，需要符合表 2-14 的规定。

表 2-14   灰砂砖砌体一般尺寸允许偏差、检验方法

项目		允许偏差 /mm	检验法
基础顶面、楼面标高		± 15	用水准仪和尺来检查
外墙上下窗口偏移		20	以底层窗口为准，用经纬仪或吊线来检查
水平灰缝平直度	清水墙 10m 内	7	拉 10m 线和尺来检查
	混水墙 10m 内	10	
清水墙游丁走缝		20	吊线和尺来检查，以每层第一皮砖为准
表面平整度	清水墙、柱	5	用 2m 靠尺和楔形塞尺来检查
	混水墙、柱	8	
门窗洞口高、宽（后塞口）		± 5	用尺来检查

2.8   蒸压灰砂空心砖

2.8.1   蒸压灰砂空心砖的等级

蒸压灰砂空心砖的等级如图 2-10 所示。

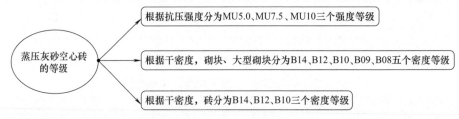

图 2-10   蒸压灰砂空心砖的等级

2.8.2   蒸压灰砂空心砖的尺寸偏差

蒸压灰砂空心砖的尺寸偏差见表 2-15。

表 2-15　蒸压灰砂空心砖的尺寸偏差

项目	指标 /mm	项目	指标 /mm
长度	±2	高度	−2
宽度	±2		

2.8.3　蒸压灰砂空心砖的强度等级

蒸压灰砂空心砖的强度等级见表 2-16。MU10 的蒸压灰砂空心砖不得用于承重墙体。

表 2-16　蒸压灰砂空心砖的强度等级

强度等级	抗压强度 /MPa		抗折强度 /MPa		密度等级范围 / (kg/m³)
	平均值	单个最小值	平均值	单个最小值	
MU5.0	≥ 5.0	≥ 4.3	≥ 1.0	≥ 0.8	≤ 1000
MU7.5	≥ 7.5	≥ 6.4	≥ 1.5	≥ 1.2	≤ 1200
MU10	≥ 10.0	≥ 8.5	≥ 2.0	≥ 1.6	≤ 1400

2.9　烧结多孔砖

2.9.1　烧结多孔砖的分类

烧结多孔砖外形主要为直角六面体。根据主要原料，烧结多孔砖分为烧结黏土多孔砖、烧结页岩多孔砖、烧结煤矸石多孔砖、烧结粉煤灰多孔砖。

根据抗压强度，烧结多孔砖分为 MU30、MU25、MU20、MU15、MU10 五个等级。

烧结多孔砖的孔洞尺寸要求见表 2-17。烧结多孔砖尺寸允许偏差见表 2-18。

表 2-17　烧结多孔砖的孔洞尺寸要求

圆孔直径 /mm	非圆孔内切圆直径 /mm	手抓孔 /mm
≤ 22	≤ 15	（30 ～ 40 ） × （75 ～ 85 ）

表 2-18　烧结多孔砖尺寸允许偏差

尺寸 /mm	优等品		一等品		合格品	
	样本平均偏差 /mm	样本极差 /mm	样本平均偏差 /mm	样本极差 /mm	样本平均偏差 /mm	样本极差 /mm
290、240	±2.0	≤ 6	±2.5	≤ 7	±3.0	≤ 8
190、180、175、140、115	±1.5	≤ 5	±2.0	≤ 6	±2.5	≤ 7
90	±1.5	≤ 4	±1.7	≤ 5	±2.0	≤ 6

2.9.2　烧结空心砖的特点

烧结空心砖外形为直角六面体，其结构示意图如图 2-11 所示。根据主要原料，烧结空心砖分为烧结黏土空心砖、烧结页岩空心砖、烧结煤矸石空心砖、烧结粉煤灰空心砖、淤泥空心砖、建筑渣土空心砖、其他固体废弃物空心砖。

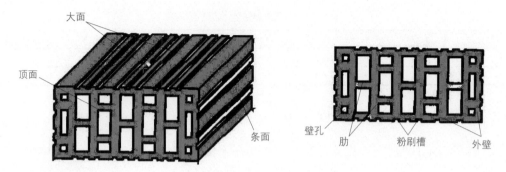

图 2-11　烧结空心砖结构示意图

烧结空心砖规格尺寸要求如图 2-12 所示，尺寸允许偏差见表 2-19。根据体积密度，烧结空心砖分为 800 级、900 级、1000 级、1100 级。烧结空心砖抗压强度分为 MU10、MU7.5、MU5、MU3.5 四个强度等级。非潮湿环境的内隔墙强度级别不应低于 MU3.5。用于外围护墙、潮湿环境的内隔墙时，强度等级不应低于 MU5。

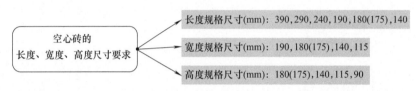

图 2-12　烧结空心砖规格尺寸要求

表 2-19　烧结空心砖尺寸允许偏差

尺寸 /mm	样本平均偏差 /mm	样本极差 /mm
＞ 300	±3.0	≤ 7.0
＞ 200 ～ 300	±2.5	≤ 6.0
100 ～ 200	±2.0	≤ 5.0
＜ 100	±1.7	≤ 4.0

2.9.3　多孔砖砖型的特点

多孔砖砖型如图 2-13 所示。多孔砖分为烧结多孔砖、混凝土多孔砖等类型。

无直接采光的餐厅、过厅等，其使用面积不宜大于 10m²。起居室（客厅）的使用面积不应小于 10m²。住宅卧室的使用面积规定要求如下：

（1）双人卧室不应小于 9m²。

（2）单人卧室不应小于 5m²。

（3）兼起居的卧室不应小于 12m²。

另外，套型设计时应减少直接开向起居室的门的数量。起居室内布置家具的墙面直线长度宜大于 3m。

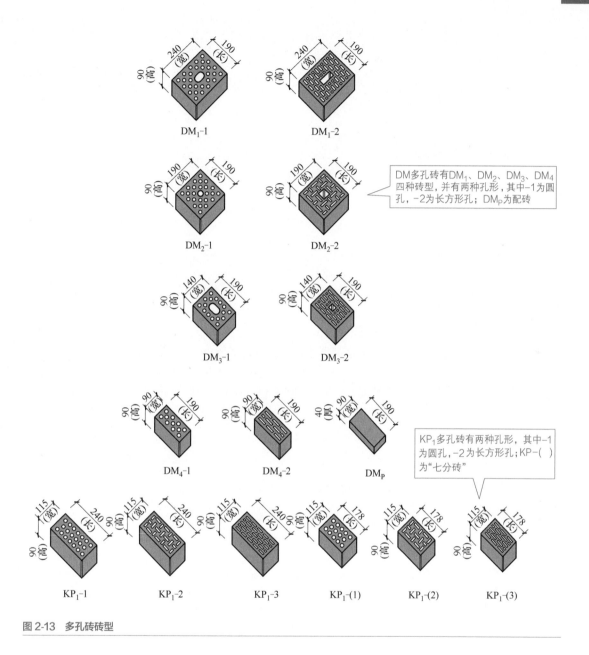

图 2-13　多孔砖砖型

2.10　混凝土砖

2.10.1　承重混凝土多孔砖的特点

　　承重混凝土多孔砖的外形为直角六面体，其长度分别为 360mm、290mm、240mm、190mm、140mm；宽度分别为 240mm、190mm、115mm、90mm；高度分别为 115mm、90mm。承重混凝土多孔砖抗压强度分为 MU25、MU20、MU15 三个等级。

承重混凝土多孔砖的结构如图 2-14 所示。

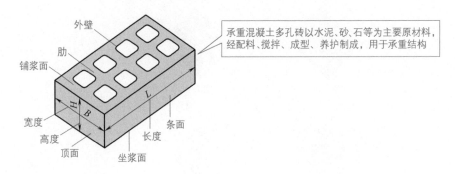

图 2-14　承重混凝土多孔砖的结构

2.10.2　非承重混凝土空心砖的特点

非承重混凝土空心砖的结构如图 2-15 所示。其长度分别为 360mm、290mm、240mm、190mm、140mm；宽度分别为 240mm、190mm、115mm、90mm；高度分别为 115mm、90mm。非承重混凝土多孔砖抗压强度分为 MU5、MU7.5、MU10 三个等级。非承重混凝土多孔砖表观密度分为 1400、1200、1100、1000、900、800、700、600 等密度等级。

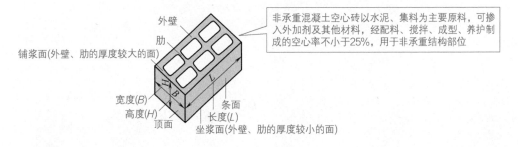

图 2-15　非承重混凝土空心砖的结构

非承重混凝土空心砖强度等级要求见表 2-20。

表 2-20　非承重混凝土空心砖强度等级要求

强度等级	密度等级范围	抗压强度 /MPa	
		平均值，不小于	单块最小值，不小于
MU5	≤ 900	5.0	4.0
MU7.5	≤ 1100	7.5	6.0
MU10	≤ 1400	10.0	8.0

2.10.3　水泥、砂子、砖的用量计算

一看就懂的水泥、砂子、砖的用量计算见表 2-21。

表 2-21　一看就懂的水泥、砂子、砖的用量计算

方法	计算
大概计算法	以 10m² 的墙面，水泥砂浆用量、砂子用量、水泥用量的大概计算为例说明。 （1）水泥砂浆用量＝面积 × 平均厚度。本例水泥砂浆用量为： $$10 \times 0.015 = 0.15（m^3）$$ （2）砂子用量＝水泥砂浆用量 × 每立方米砂浆用沙量。本例砂子用量为： $$0.15 \times 1500 = 225（kg）$$ （3）水泥用量＝砂子用量 ×（水泥与砂子配合比），水泥与砂子配合比常为 1 ∶ 2.5。本例水泥用量为： $$225/2.5 = 90（kg）$$
经验计算法	（1）普通砂浆，水灰比大约 0.6，砂子与水泥可以按 1 ∶ 1 来计算。 （2）一袋水泥，两袋砂子，可以抹 4m² 的墙面，然后据此进行计算。 （3）根据以下公式估计： ①铺地砖 面积 × 铺贴厚度 ×0.33/0.04= 水泥的袋数 面积 × 铺贴厚度 ×0.66= 砂子的用量 ②铺墙砖 面积 × 铺贴厚度 ×0.25/0.04= 水泥的袋数 面积 × 铺贴厚度 ×0.75= 砂子的用量

2.11　砌块

2.11.1　砌块的特点

砌块，就是一般用天然石料和硅酸盐水泥、煤矸石无熟料水泥以及煤灰、石灰、石膏等胶结料，与砂石、煤渣、天然轻骨料等，经过原料处理、加压或冲击、振动成型，再以干或湿热养护而制成的砌墙块材。

砌块，就是建筑用的人造块材，外形主要为直角六面体，主要规格的长度、宽度、高度至少一项分别大于 365mm、240mm、115mm，并且高度不大于长度或宽度的 6 倍，长度不超过高度的 3 倍。

根据质量，砌块分为：

（1）小型砌块——可以人力搬动，质量一般控制在 25kg 内。

（2）中型砌块——质量在 25 ～ 350kg，需要借助于小型起重设施。

（3）大型砌块——质量在 350kg 以上，需要大型起重设备。

一些常见砌块的特点见表 2-22。

表 2-22　常见砌块的特点

名称	特点
粉煤灰混凝土小型空心砌块	以粉煤灰、水泥、各种轻重骨料、水等为原材料，经过搅拌、压振成型、养护等工艺过程制成的、主规格尺寸为 390mm×190mm×190mm 的一种小型空心砌块。其中粉煤灰用量不应低于原材料质量的 20%，水泥用量不应低于原材料质量的 10%
加气混凝土砌块	以硅质材料和钙质材料为主要原材料，掺加引气剂，经过加水搅拌发泡、浇筑成型、预养切割、蒸压养护等工艺制成的一种含泡沫状孔的砌块

续表

名称	特点
普通混凝土小型空心砌块	以水泥、矿物掺合料、砂、石、水等为原材料，经过搅拌、压振成型、养护等工艺制成的主规格尺寸为390mm×190mm×190mm 的一种小型空心砌块
轻骨料混凝土小型空心砌块	以水泥、矿物掺合料、轻骨料（或部分轻骨料）、水等为原材料，经过搅拌、压振成型、养护等工艺过程制成的主规格尺寸为 390mm×190mm×190mm 的一种小型空心砌块
石膏砌块	以建筑石膏为主要原材料，经过加水搅拌、浇筑成型、干燥等工艺制成的一种砌块
小型空心砌块	系列中主规格的高度大于 115mm 且小于 380mm，空心率不小于 25% 的一种砌块
装饰混凝土砌块	经过饰面加工的一种混凝土砌块

一点通

　　小型砌块，简称小砌块，就是块体主规格的高度大于 115mm 而又小于 380mm 的砌块，包括轻骨料混凝土小型空心砌块、普通混凝土小型空心砌块、蒸压加气混凝土砌块等。

2.11.2　混凝土小型空心砌块的特点

　　混凝土小型空心砌块，简称小砌块或砌块，就是普通混凝土小型空心砌块、轻骨料混凝土小型空心砌块的总称。

　　普通混凝土小型空心砌块，简称普通小砌块，是以碎石或碎卵石为粗骨料制作的混凝土小型空心砌块。普通混凝土小型砌块主块型结构如图 2-16 所示。普通混凝土小型砌块常见规格尺寸：长度为 390 mm；宽度为 90mm、120mm、140mm、190mm、240mm、290mm；高度为 90mm、140mm、190mm。普通混凝土小型空心砌块，主规格尺寸为 390mm×190mm×190mm。普通混凝土小型空心砌块的尺寸允许偏差见表 2-23。

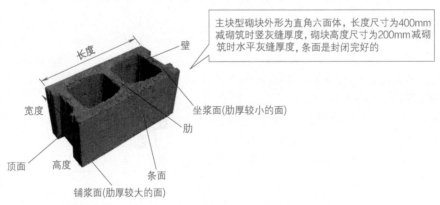

主块型砌块外形为直角六面体，长度尺寸为400mm减砌筑时竖灰缝厚度，砌块高度尺寸为200mm减砌筑时水平灰缝厚度，条面是封闭完好的

图 2-16　普通混凝土小型砌块主块型结构

表 2-23　普通混凝土小型空心砌块的尺寸允许偏差

项目	指标 /mm	项目	指标 /mm
长度	±2	高度	+3、-2
宽度	±2		

轻骨料混凝土小型空心砌块，简称为轻骨料小砌块，是以浮石、火山渣、煤渣、自然煤矸石、陶粒等粗骨料制作的混凝土小型空心砌块。轻骨料混凝土小型空心砌块，主规格尺寸为390mm×190mm×190mm。

单排孔小砌块，就是沿厚度方向有单排方形孔的混凝土小型空心砌块。根据骨料不同，分为单排孔普通小砌块、单排孔轻骨料小砌块。

配筋砌体用的小砌块，就是由普通混凝土制成，主要规格尺寸为390mm×190mm×190mm，孔洞率在46%～48%，壁与肋部开有槽口，适合配筋小砌块砌体施工的单排孔空心砌块。

配筋小砌块砌体，就是配筋砌体在小砌块的孔洞与凹槽中配置竖向钢筋、水平钢筋、并且采用灌孔混凝土填实孔洞后的一种砌体。

保温小砌块，就是由单一材料成型，具有良好保温性能的小砌块总称。其名称往往会冠以材料名称、排孔数。例如，陶粒混凝土三排孔保温小砌块。

复合保温小砌块，就是由两种或两种以上材料复合成型，具有良好保温性能的小砌块总称。

夹心保温砌块砌体，就是由两个相互独立的内叶、外叶内夹保温隔热材料，并且通过连接拉筋将其相互间复合成整体的。

小砌块砌体砌筑方法见表2-24。

表2-24　小砌块砌体砌筑方法

名称	方法
对孔砌筑	小砌块砌体砌筑时上下层砌块孔洞相对
错孔砌筑	小砌块砌体砌筑时上下层砌块孔洞相互错位
反砌	小砌块砌体砌筑时砌块底面朝上

 一点通

混凝土小型空心砌块建筑材料强度等级要求如下。

（1）灌孔混凝土强度等级，可以采用Cb40、Cb35、Cb30、Cb25和Cb20。

（2）普通混凝土小型空心砌块强度等级，可以采用MU20、MU15、MU10、MU7.5和MU5。

（3）砌筑砂浆的强度等级，可以采用Mb20、Mb15、Mb10、Mb7.5和Mb5。

（4）轻骨料混凝土小型空心砌块强度等级，可以采用MU15、MU10、MU7.5、MU5和MU3.5。

2.11.3　轻集料混凝土小型空心砌块的特点

轻集料混凝土小型空心砌块，就是用轻集料混凝土制成的小型空心砌块。轻集料混凝土，就是用轻粗集料、轻砂（或普通砂）、水泥、水等原材料配制而成的，干表观密度不大于1950kg/m³的一种混凝土。轻集料混凝土小型空心砌块中轻集料最大粒径不宜大于9.5mm。

轻集料混凝土小型空心砌块，主规格尺寸为长390mm×宽190mm×高190mm。其他规格尺寸可由供需双方商定，这一点其他砌块、砖也有类似的情况。

根据砌块孔的排数分，轻集料混凝土小型空心砌块分为单排孔、双排孔、三排孔、四排孔等类型。

轻集料混凝土小型空心砌块，强度等级分MU2.5、MU3.5、MU5、MU7.5、MU10等五级。密度等级分为700、800、900、1000、1100、1200、1300、1400八级。除了自燃煤矸石掺量不小

于砌块质量 35% 的砌块外，其他砌块的最大密度等级为 1200。

轻集料混凝土小型空心砌块尺寸偏差、外观质量要求见表 2-25。

表 2-25　轻集料混凝土小型空心砌块尺寸偏差、外观质量要求

项目		指标
裂缝延伸的累计尺寸		≤ 30mm
尺寸偏差	长度	±3mm
	宽度	±3mm
	高度	±3mm
最小外壁厚	用于承重墙体	≥ 30mm
	用于非承重墙体	≥ 20mm
肋厚	用于承重墙体	≥ 25mm
	用于非承重墙体	≥ 20mm
缺棱掉角	数量	≤ 2 个
	三个方向投影的最大值	≤ 20mm

轻集料混凝土小型空心砌块强度等级，需要符合表 2-26 的规定，并且同一强度等级砌块的抗压强度与密度等级范围需要同时满足该表的要求。

表 2-26　轻集料混凝土小型空心砌块强度等级

强度等级	抗压强度 /MPa		密度等级范围 / (kg/m³)
	平均值	最小值	
MU2.5	≥ 2.5	≥ 2.0	≤ 800
MU3.5	≥ 3.5	≥ 2.8	≤ 1000
MU5.0	≥ 5.0	≥ 4.0	≤ 1200
MU7.5	≥ 7.5	≥ 6.0	≤ 1200 ≤ 1300
MU10.0	≥ 10.0	≥ 8.0	≤ 1200 ≤ 1400

注：当砌块的抗压强度同时满足 2 个强度等级或 2 个以上强度等级要求时，应以满足要求的最高强度等级为准。

2.11.4　粉煤灰混凝土小型空心砌块的特点

粉煤灰混凝土小型空心砌块，就是以粉煤灰、水泥、集料、水为主要组分（也可以加入外加剂等）制成的一种混凝土小型空心砌块。粉煤灰混凝土小型空心砌块主要规格尺寸为长390mm× 宽 190mm× 高 190mm。

根据砌块孔的排数，粉煤灰混凝土小型空心砌块可以分为单排孔、双排孔、多排孔等种类。根据砌块密度等级，可以分为 600、700、800、900、1000、1200、1400 七级。砌块抗压强度等级分为 MU3.5、MU5、MU7.5、MU10、MU15、MU20 六级。

粉煤灰混凝土小型空心砌块，可以用于室内外承重墙体、非承重墙体，不可以用于地面以下或防潮层以下。

粉煤灰混凝土小型空心砌块尺寸偏差、外观质量要求见表 2-27。

表 2-27 粉煤灰混凝土小型空心砌块尺寸偏差、外观质量要求

项目		指标
最小外壁厚	用于承重墙体	不小于 30mm
	用于非承重墙体	不小于 20mm
肋厚	用于承重墙体	不小于 25mm
	用于非承重墙体	不小于 15mm
缺棱掉角	数量	不多于 2 个
	3 个方向投影的最小值	不大于 20mm
裂缝延伸投影的累计尺寸		不大于 20mm
弯曲		不大于 2mm
尺寸允许偏差	长度	±2mm
	宽度	±2mm
	高度	±2mm

粉煤灰混凝土小型空心砌块密度等级的范围见表 2-28。

表 2-28 粉煤灰混凝土小型空心砌块密度等级的范围

密度等级	砌块块体密度的范围 /（kg/m³）	密度等级	砌块块体密度的范围 /（kg/m³）
600	≤600	1000	910～1000
700	610～700	1200	1010～1200
800	710～800	1400	1210～1400
900	810～900		

2.11.5 装饰混凝土砌块的特点

装饰混凝土砌块，就是以水泥、色质集料、颜料、粗细集料、水为主要原材料，必要时加入化学外加剂与矿物外加剂，按一定的比例计量、配料、搅拌、成型、养护而成的一种混凝土块材。装饰混凝土砌块经过前期预加工或后期处理可使砌块外表面具有类似天然石材的装饰效果。

根据装饰效果，装饰混凝土砌块可以分为彩色砌块、劈裂砌块、凿毛砌块、模塑砌块、露集料砌块、条纹砌块、磨光砌块、鼓形砌块、仿旧砌块等。

根据用途，装饰混凝土砌块可以分为砌体装饰砌块、贴面装饰砌块等。

根据抗渗性，装饰砌块分为普通型装饰砌块、防水型装饰砌块。砌体装饰砌块的抗压强度分为 MU40、MU35、MU30、MU25、MU20、MU15、MU10 七个等级。

装饰砌块的基本尺寸见表 2-29。尺寸允许偏差，长度、宽度、高度均为 ±2mm。

表 2-29 装饰砌块的基本尺寸

项目		基本尺寸 /mm
长度		390、290、190
宽度	砌体装饰砌块	290、240、190、140、90
	贴面装饰砌块	30～90
高度		190、90

装饰混凝土砌块抗压强度等级，需要符合表 2-30 的规定。

表 2-30 装饰混凝土砌块抗压强度等级

强度等级	抗压强度 /MPa	
	平均值不小于	单块最小值不小于
MU10	10.0	8.0
MU15	15.0	12.0
MU20	20.0	16.0
MU25	25.0	20.0
MU30	30.0	24.0
MU35	35.0	28.0
MU40	40.0	32.0

2.11.6 蒸压加气混凝土砌块的特点

蒸压加气混凝土砌块，就是以水泥、粉煤灰、矿渣、石灰、砂、铝粉等为主要原料，经过磨细、计量配料、搅拌、浇筑、发气膨胀、静停、切割、蒸压养护、成品加工、包装等工序制成的一种多孔混凝土制品。

蒸压加气混凝土砌块强度级别有 A1.0、A2.0、A2.5、A3.5、A5.0、A7.5、A10 等七个级别。

蒸压加气混凝土砌块干密度级别有 B03、B04、B05、B06、B07、B08 等六个级别。

蒸压加气混凝土砌块，根据尺寸偏差与外观质量、干密度、抗压强度、抗冻性分为优等品（A）、合格品（B）两个等级。

蒸压加气混凝土砌块规格尺寸见表 2-31。其他规格尺寸可由供需双方协商确定。

表 2-31 蒸压加气混凝土砌块规格尺寸

长度 /mm	宽度 /mm	高度 /mm
600	100、120、125、150、180、200、240、250、300	200、240、250、300

蒸压加气混凝土砌块，主要用于建筑物的外填充墙、非承重内隔墙，也可以与其他材料组合成具有保温隔热功能的复合墙体。

一点通

蒸压加气混凝土砌块不得用于建筑防潮层以下的外墙、长期浸水的部位、经常受干湿交替或经常受冻融循环作用的部位等。采用加气混凝土砌块作为复合墙体的保温、隔热层时，加气混凝土砌块需要布置在水蒸气流出的一侧。

2.11.7 石膏砌块的特点

石膏砌块，就是以建筑石膏为主要原料，经过加水搅拌、浇筑成型、干燥制成的一种轻质块状建筑石膏制品。石膏砌块生产中，允许加入纤维增强材料、轻集料、发泡剂等辅助材料。

石膏砌块的分类如图 2-17 所示。石膏砌块规格尺寸见表 2-32。石膏砌块尺寸允许偏差见表 2-33。

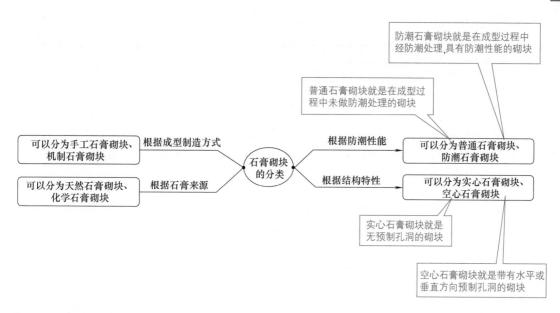

图 2-17　石膏砌块的分类

表 2-32　石膏砌块规格尺寸

项目	公称尺寸 /mm	项目	公称尺寸 /mm
长度	600、666	厚度	80、100、120、150
高度	500		

表 2-33　石膏砌块尺寸允许偏差

项目	要求 /mm	项目	要求 /mm
长度偏差	±3	平整度	≤ 1
高度偏差	±2	孔与孔间、孔与板面间的最小壁厚	≥ 15
厚度偏差	±1		

2.11.8　泡沫混凝土砌块的特点

　　泡沫混凝土砌块的概念、分类如图 2-18 所示。泡沫混凝土砌块的规格尺寸见表 2-34。泡沫混凝土砌块的尺寸允许偏差见表 2-35。

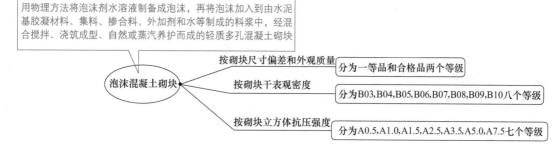

图 2-18　泡沫混凝土砌块的概念、分类

表 2-34 泡沫混凝土砌块的规格尺寸

长度 /mm	宽度 /mm	高度 /mm
400、600	100、150、200、250	200、300

表 2-35 泡沫混凝土砌块的尺寸允许偏差

项目	指标 /mm	
	一等品（B）	合格品（C）
长度	±4	±6
宽度	±3	+3/-4
高度	±3	+3/-4

2.12 瓦

2.12.1 几种常见瓦的对比

扫码看视频

几种常见的瓦

瓦，就是用于建筑物屋面覆盖及装饰的板状或块状制品。瓦是最主要的屋面材料，不仅可以遮风挡雨、增强室内采光，还有着装饰功能。

房子的屋面系统，大致分成坡屋面系统、平屋面系统。坡形屋面，基本都会使用屋面瓦。

几种常见瓦的特点见表 2-36。

表 2-36 几种常见瓦的特点

名称	特点
玻璃钢瓦	采用内加玻璃纤维的增强塑料制成的一种瓦
玻璃纤维水泥瓦	用耐碱玻璃纤维和低碱度水泥为主要原材料，经过混合压制成型制成的一种瓦
彩喷片状模塑料瓦	以片状模塑料为原材料，经过模压成型、表面喷漆而制成的一种瓦
彩色压型钢板瓦	采用镀锌钢板为基材，经过轧制并施以防腐涂层与彩色烤漆而制成的一种瓦
混凝土瓦	用混凝土制成的一种瓦
秸秆瓦	秸秆瓦是由农村麦秆、杂草、玉米秆、稻草秆、花生壳、锯粉、煤灰、豆秆等加入聚酯与黏合物压制而成。秸秆瓦可以根据需要任意裁剪
琉璃瓦	以瓷土、陶土为主要原材料，经过成型、干燥、表面施釉烧焙而制成的釉面光泽明显的一种瓦
铝及铝合金波纹瓦	采用纯铝板或铝合金板压制并施以彩色装饰保护涂层而制成的一种瓦
烧结瓦	由黏土或其他无机非金属原料，经过成型、烧结等工艺制成的一种瓦
石棉水泥瓦	用温石棉和水泥为主要原材料，经过混合压制成型制成的一种瓦。石棉瓦具有防火、耐寒、防潮、防腐、耐热、质轻等特点。注意，人体吸入石棉纤维会引起病变等危害

一点通

油毡瓦适用于排水坡度大于 20% 的坡屋面。

几种常见瓦的性能比较见表 2-37。波形瓦，可以用塑料、石棉、水泥、玻璃钢、金属等材料制成。石棉水泥波形瓦曾经应用最多。

表 2-37　几种常见瓦的性能比较

性能	烧结瓦	水泥瓦	石棉瓦	彩钢瓦	菱镁瓦
防水性	新瓦透水	新瓦透水	新瓦透水	不透水	不透水
隔热性	隔热	隔热	不隔热	不隔热	高效能隔热
形态保持性	易破损	易破损	易变形	易变形	不易破碎
耐锈耐腐蚀性	不生锈	不生锈	易腐烂	易生锈	不生锈、不易腐烂
是否节能利废	否	否	否	否	是
使用年限	20 年左右	5～8 年	3 年左右	5～8 年	20 年以上

一点通

屋面瓦的种类很多。

主要用于民用建筑的坡型屋顶的瓦——黏土瓦、彩色混凝土瓦、玻璃瓦、玻纤镁质波瓦、玻纤增强水泥波瓦、油毡瓦、小青瓦、筒板瓦等。

多用于工业建筑的瓦——聚碳酸酯采光制品、彩色铝合金压型制品、彩色涂层钢压型制品、彩钢保温材料夹芯板等。

多用于简易或临时性建筑——石棉水泥波瓦、钢丝网水泥瓦等。

主要用于园林建筑、仿古建筑、大型公共建筑的屋面、墙瓦、墙檐——琉璃瓦。

2.12.2　混凝土瓦的特点

混凝土瓦又叫做水泥瓦、水泥彩瓦，是以水泥、细集料、水等为主要原材料经拌和、挤压、静压成型方法制成的用于坡屋面的一种屋面瓦。混凝土瓦产品成分为水泥、砂、颜料。

混凝土瓦属于混凝土构件，具有强度高、密实好、吸水率低、寿命长、变形小、使用年限长、造价便宜、瓦片重量比较大、容易破损等特点。

钢筋混凝土屋面大瓦有 F 形板、Π 形板、钢丝水泥槽瓦等。

水泥瓦适用于民房、别墅、古建筑等屋面。

根据铺设部位，混凝土瓦可以分为主瓦（也就是面瓦、屋面瓦）、配件瓦。根据形状，混凝土瓦可以分为波形瓦（CRWT）、S 形瓦、平板瓦（CRFT）。波形瓦的特点如图 2-19 所示。根据不同的生产工艺，平板瓦又可以分为仿木纹平板瓦、仿石型平板瓦、双外型平板瓦、金鹰平板瓦、阴阳型平板瓦等类型。平板瓦的外形如图 2-20 所示。混凝土屋面瓦承载力的标准值见表 2-38。使用时，混凝土屋面瓦的承载力不得小于承载力标准值。

混凝土波形瓦是一种圆弧拱波形瓦，瓦与瓦间配合紧密，对称性好，上下层瓦面不仅可以直线铺盖，也可以交错铺盖

图 2-19　混凝土波形瓦的特点

混凝土平板瓦

图 2-20　混凝土平板瓦的外形

表 2-38　混凝土屋面瓦承载力的标准值

项目	平板屋面瓦			波形屋面瓦					
瓦脊高度 d/mm	—			$d > 20$			$d \leqslant 20$		
遮盖宽度 b_1/mm	$b_1 \geqslant 300$	$b_1 \leqslant 200$	$200 < b_1 < 300$	$b_1 \geqslant 300$	$b_1 \leqslant 200$	$200 < b_1 < 300$	$b_1 \geqslant 300$	$b_1 \leqslant 200$	$200 < b_1 < 300$
承载力标准值 F_c/N	1000	800	$2b_1+400$	1800	1200	$6b_1$	1200	900	$3b_1+300$

配件瓦，包括脊瓦、花脊瓦、四向脊顶瓦、三向脊顶瓦、檐口瓦（也叫做山墙脊、山墙边瓦）、檐口封瓦（也叫做边瓦封头）、单向脊瓦、檐口顶瓦、排水沟瓦、斜脊封头瓦、平脊封头瓦、通风瓦、通风管瓦等。配件瓦的结构、形式、名称如图 2-21 所示。

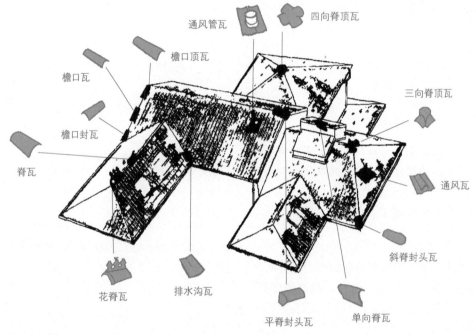

图 2-21　配件瓦的结构、形式、名称

🔧 **一点通**

檐口，就是屋顶与墙的交接位置对墙身起保护功能的部分。根据出挑长度，檐口做法不同。出挑多的檐口，可以将屋架下弦的托木或压入墙内的挑檐木挑出，并且设檐檩，以及加大出檐的深度。出挑稍多的檐口，可以用椽子挑檐，檐头钉封檐板或外露。出挑少的檐口，可以用砖砌来挑檐。

根据颜色，混凝土瓦可以分为本色瓦、彩色瓦。本色瓦又叫做素瓦，就是没有添加任何着色剂制成的一种混凝土瓦。彩色瓦，又叫做水泥彩瓦。根据生产工艺，彩色瓦又可以分为同质瓦（也就是通体着色瓦）、表面处理瓦（也就是表面着色）。其中，同质瓦就是在混凝土制备时就添加着色剂等生产的整体着色的彩色混凝土瓦。表面处理瓦就是由水泥、着色剂等材料制成的彩色浆料喷涂在瓦体表面，再加丙烯酸类罩面剂或者采用其他处理方式制成的混凝土瓦。

生产过程中，往往需要给彩色瓦表面喷一层密封剂，以防止混凝土表面产生二次泛碱。

根据瓦的搭接方式，混凝土瓦分有筋槽屋面瓦、无筋槽屋面瓦。

有筋槽屋面瓦：瓦的正面、背面搭接的侧边带有嵌合边筋与凹槽。可以有，也可以没有顶部的嵌合搭接。

无筋槽屋面瓦：一般瓦的表面是平的，横向或纵向成拱形，带有规则或不规则的前沿。

根据层间结构，混凝土瓦分为涂层瓦、通体瓦。其中，通体瓦就是结构上不分层，由一层匀质结构的瓦体为主要结构。通体瓦具有制作工艺相对简单、适用性广等优点，具有光泽度、性能持久度、色彩丰富程度不足等缺点。

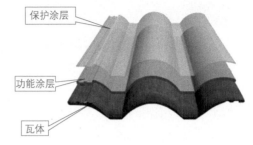

图 2-22　涂层瓦的分层结构

涂层瓦一般是由分层结构，即保护涂层、功能涂层、瓦体所构成，如图 2-22 所示。涂层瓦具有瓦片表面细腻光洁、瓦体吸水率极低、更耐磨耐用等特点。

混凝土瓦一些英文缩略语如图 2-23 所示。

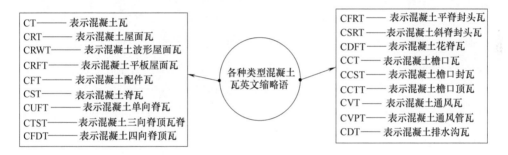

图 2-23　混凝土瓦一些英文缩略语

混凝土瓦质量标准差应≤ 180g。混凝土瓦规格一般是以长 × 宽来表示。混凝土瓦的尺寸允许偏差见表 2-39。

表 2-39　混凝土瓦的尺寸允许偏差

项目	指标 /mm	项目	指标 /mm
方正度	≤ 4	长度偏差绝对值	≤ 4
平面性	≤ 3	宽度偏差绝对值	≤ 3

混凝土瓦主要用于多层建筑、低层建筑，屋面坡度为 30% ～ 170%。混凝土瓦不宜在不满足最小坡度（30%）要求的屋面使用，以免坡度太小不利于排水导致屋顶基材积水，引起渗漏等异常现象。混凝土瓦坡屋面坡长不宜过大，以免檐端部分水流量增大，导致屋顶基材积水，引起渗漏等异常现象。

混凝土瓦选购技巧如下。

（1）寒冷地区，应选择吸水率低的混凝土瓦。

（2）配件瓦选择使用砂浆卧瓦，则需要附加其他固定措施。

（3）烧结瓦屋面的排水坡，需要根据屋架形式、防水构造形式、屋面基层类别、材料性能、当地气候条件、技术经济等因素综合考虑。

（4）瓦片的紧固要求，需要根据建筑物的高度、屋面坡度、风荷载大小等因素来考虑。

（5）屋面选择使用具有挂瓦功能的保温材料时，则保温层下面需要有防水垫层。

（6）选用混凝土瓦时，需要考虑承载力、抗冻性、吸水率、抗渗性等主要技术指标。

混凝土瓦的单片面积大，单位面积的盖瓦量比黏土瓦、琉璃瓦小。因此，单位面积所用混凝土瓦的重量比黏土瓦、琉璃瓦要轻，并且盖瓦的效率也高。

2.12.3　陶瓷瓦的特点

陶瓷瓦如图 2-24 所示。

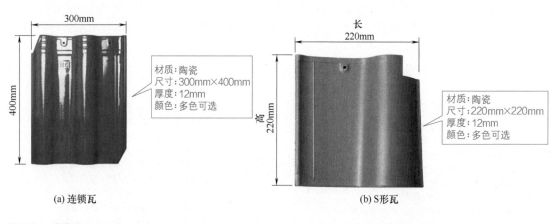

图 2-24　陶瓷瓦

陶瓷配件瓦的图例如图 2-25 所示。

图 2-25　陶瓷配件瓦的图例

2.12.4　罗曼瓦的特点

罗曼瓦，具有平整度好、低吸水率、防水性好、良好隔热效果、高强度、有直线与曲线相融合、自防水双向契合式结构、横向与竖向均有防水沟槽等特点。罗曼瓦的图例如图 2-26 所示。

罗曼瓦具有耐酸碱性能，适用于各类气候环境，可以用于工厂、住宅、酒店、别墅等工业和民用建筑。

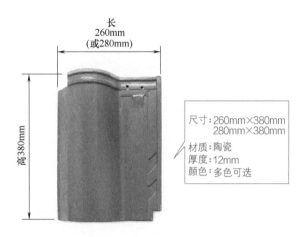

图 2-26　罗曼瓦的图例

2.12.5　琉璃瓦、烧结瓦的特点

琉璃瓦，就是以各种成型材料做成型瓦坯，以及在瓦面施以各种颜色釉经高温烧制而成的一种上釉瓦。琉璃瓦，可以选用大青、二青、缸土、碱土、紫砂等软硬质原料，以及废匣钵粉、瓷粉等原料制成瓦坯，也可以部分采用煤矸石、煤研灰等矿物废渣、工业副产品制成瓦坯。琉璃瓦，一般是采用釉陶瓷黏土为原料，并且高温 1300℃烧制。琉璃瓦一般用在仿古建筑、寺庙修缮等场合。琉璃瓦如图 2-27 所示。

图 2-27　琉璃瓦

琉璃瓦具有防水性能好、款式多样、寿命长、颜色多等优点，同时也有做工较复杂、比其他瓦价格贵、容易破损脱落等缺点。

一点通

挑选合适的琉璃瓦的方法

（1）瓦片颜色的选择——一般选择均匀调柔的、无色差的。高亮的瓦，可能会刺眼。

（2）选择不褪色的瓦片——屋面琉璃瓦需要耐风刮、耐日晒。不选择喷油漆涂色的瓦，以免短时间内颜色脱落。

（3）选择尺寸精确的瓦——尺寸精确的瓦，搭接时误差小、缝隙严密。铺好后，横、竖、斜方向全呈直线，从而可以保证整体的美观。劣质的瓦尺寸误差大或有翘曲，无法铺好、铺整齐，瓦垄会变斜，铺后缝隙大、不防水。

（4）选择耐高温、耐冻的瓦片——考虑四季天气变化带来的影响，以免冻裂脱釉，维修不便。

（5）选择瓦形坡纹柔和的瓦片——选择美学角度让人感到舒服的瓦。

树脂合成琉璃瓦，主原材料是塑料，经过高温液化等成型。一般而言，具有不耐高温、不耐极寒、不耐腐蚀等特点。

全瓷瓦、陶瓷瓦，就是全部采用瓷土制作成型瓦坯，然后在其瓦面施以琉璃釉料并经850～1000℃高温一次烧制而成的琉璃瓦。陶瓷瓦一般是采用陶瓷黏土为原料，并且经900℃高温烧制。陶瓷瓦一般用在住宅楼、别墅区等。

烧结瓦的特点与分类如图 2-28 所示。

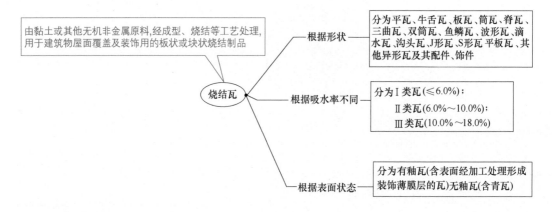

图 2-28 烧结瓦的特点与分类

烧结瓦外形与结构如图 2-29 所示。

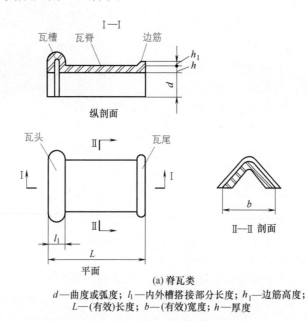

（a）脊瓦类

d—曲度或弧度；l_1—内外槽搭接部分长度；h_1—边筋高度；L—(有效)长度；b—(有效)宽度；h—厚度

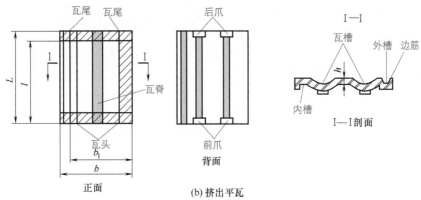

(b) 挤出平瓦

$L(l)$—(有效)长度；$b(b_1)$—(有效)宽度；h—厚度

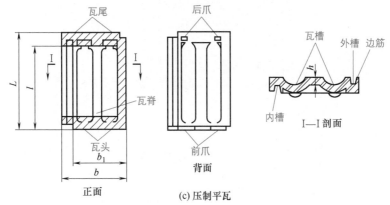

(c) 压制平瓦

$L(l)$—(有效)长度；$b(b_1)$—(有效)宽度；h—厚度

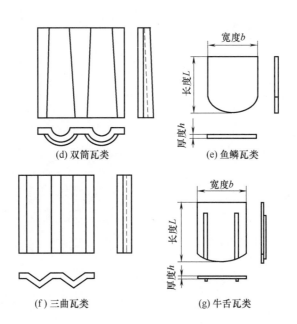

(d) 双筒瓦类

(e) 鱼鳞瓦类

(f) 三曲瓦类

(g) 牛舌瓦类

图 2-29

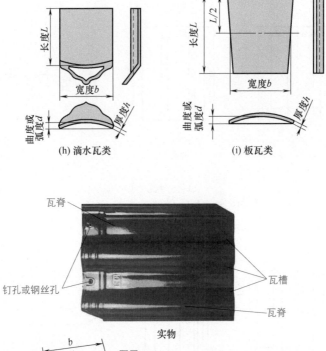

(h) 滴水瓦类   (i) 板瓦类

(j) 波形瓦类

l_1—内外槽搭接部分长度；$L(l)$—(有效)长度；$b(b_1)$—(有效)宽度

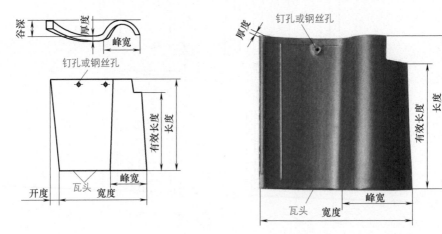

(k) S形瓦类

图 2-29　烧结瓦外形与结构

烧结瓦的主要规格尺寸见表 2-40。

表 2-40　烧结瓦的主要规格尺寸

产品类别	规格尺寸 /mm
平瓦	400×240、360×220，厚度 10～20
脊瓦	总长≥300、宽≥180，高度 10～20
三曲瓦、双筒瓦、鱼鳞瓦、牛舌瓦	300×200、150×150，高度 8～12
板瓦、筒瓦、滴水瓦、沟头瓦	430×350、110×50，高度 8～16
J 形瓦、S 形瓦	320×320、250×250，高度 12～20

烧结瓦的尺寸允许偏差要求见表 2-41。

表 2-41　烧结瓦的尺寸允许偏差要求

外形尺寸范围	优等品 /mm	合格品 /mm
$L(b) \geqslant 450$	±5	±6
$350 \leqslant L(b) < 450$	±4	±5
$250 \leqslant L(b) < 350$	±3	±4
$200 \leqslant L(b) < 250$	±2	±3
$L(b) < 250$	±1	±2

注：$L(b)$ 指长度（宽度）。

烧结瓦主要用于低层、多层建筑，仿古建筑，特殊工程。烧结彩瓦屋面，应根据需要选择防水垫层材料。烧结瓦适用屋面坡度≥30%，当屋面坡度 > 50% 时需要用加强烧结彩瓦固定。

烧结瓦之间、烧结瓦与配件搭配使用时，需要搭接合适。对以拉挂为主铺设的烧结瓦，需要有 1～2 个孔，并且能有效拉挂的孔为 1 个以上，钉孔或钢丝孔铺设后不能漏水。烧结瓦的正面或背面，可以有以加固、挡水等为目的的加强筋、凹凸纹等。

琉璃瓦屋面渗漏，可能的原因有琉璃瓦屋顶木制条变形、破裂，琉璃瓦本身质量差，基层不防水，接缝泄漏等。

2.12.6　玻纤胎沥青瓦的特点

玻纤胎沥青瓦主要材质是沥青。玻纤胎沥青瓦，又叫做油毡瓦、沥青瓦、玻纤瓦。玻纤胎沥青瓦是常用在屋顶防水的主要材料之一。根据产品形式，玻纤胎沥青瓦分为平瓦、叠瓦。根据上表面保护材料，玻纤胎沥青瓦分为矿物粒（片）料玻纤胎沥青瓦、金属箔玻纤胎沥青瓦。根据尺寸允许偏差与物理性能，玻纤胎沥青瓦分为优等品（A）、合格品（C）。

玻纤胎沥青瓦规格长度推荐尺寸 1000mm，宽度推荐尺寸 333mm，厚度不小于 2.8mm。

选择玻纤胎沥青瓦的屋面排水坡度不宜 < 20%。沥青瓦的固定方式以钉为主、黏结为辅。沥青瓦屋面周边与突出屋面结构的连接位置，需要局部做加强防水处理。

沥青瓦造型多样，适用范围广，但是易老化、阻燃性差。玻纤胎沥青瓦适用于坡屋面的多层防水层、单层防水层的面层。

别墅屋面，可以选择沥青瓦。安装沥青瓦，一般需要沥青胶、钢钉等辅料。

沥青瓦是一种柔性瓦片。沥青瓦表面覆盖的彩砂，有低温丙烯酸涂料染色砂，其分为染色彩砂、天然彩砂。天然彩砂是由天然大理石、花岗石，不添加任何添加剂直接经过破碎等系列程序加工成的。染色彩砂，是由石英砂染色制成的。根据染色质量，染色彩砂可以分为一般染色彩砂、高级染色彩砂、烧结彩砂等种类。烧结彩砂，由于经高温烧制而成，具有颜色保持长、稳定性好等特点。

屋面采用沥青瓦的费用估计公式：沥青瓦总价＝屋面沥青瓦材料费用＋人工铺装费用＋辅料费用＋运输费用。

屋脊一般用标准单层沥青瓦。脊瓦，通常是把一张单层沥青瓦片裁剪成三片。屋面铺装的沥青瓦，一般采用标准双层沥青瓦，其厚度为单层的两倍。沥青瓦屋顶烟囱位置、屋顶山谷、屋顶通风口等细部容易漏水，需要做加强防水处理。

2.12.7　陶土瓦、彩钢瓦、其他瓦的特点

2.12.7.1　陶土瓦的特点

陶土瓦主要以塑性好、杂质少的黏土为主要材料，加入粉碎的沉积页岩成分经高温煅烧而成。按用途，陶土瓦可分为平瓦、脊瓦。按颜色，陶土瓦分为青瓦、红瓦。

对于高端住宅或极容易着火的地方，陶土瓦是最常用的材料。

陶土瓦具有承重力较好、使用的年限长等优点；同时也具有易受损、易脱落、具有一定的污染性等缺点。

随着人们环保意识的不断增强，陶土瓦逐渐被淘汰。

2.12.7.2　彩钢瓦的特点

彩钢瓦，也叫做镀铝锌钢板瓦、金属瓦。彩钢瓦一般是由镀铝锌钢板压成瓦形，并且表面层可以进行烤漆，或者经彩色陶粒处理。

彩钢瓦具有高档、质轻、价格较高、防腐层保持期为 10 ～ 15 年不易腐烂、要经常维护等特点。

彩钢瓦适用于临时搭建房、厂房、车棚、活动板房等屋面。

2.12.7.3　其他瓦的特点

透明瓦透光性强，主要在阳光房屋面使用。

铜瓦、铝瓦、PC 透明瓦、石板瓦，可以用作高档别墅屋面瓦。太阳能瓦，具有节能环保、承重力较好，适用于各种场所屋面使用。同时，太阳能瓦也有价格高、后期维护费用也高、颜色单一等缺点。

第 2 篇

提高篇——上岗无忧

第**3**章

砌内外墙技能

3.1 基础知识

3.1.1 砌体结构术语的理解

掌握砌体结构术语，能够更好地理解各种墙的砌法、砌的要求与结构。一些砌体结构术语的解说见表 3-1。

表 3-1 砌体结构术语的解说

术语	解说
带壁柱墙	带壁柱墙就是沿墙长度方向隔一定距离将墙体局部加厚，形成的带垛墙体
弹性方案	弹性方案就是根据楼盖、屋盖与墙、柱为铰接，不考虑空间工作的平面排架或框架对墙、柱进行静力计算的方案
房屋静力计算方案	房屋静力计算方案就是根据房屋的空间工作性能确定的结构静力计算简图。房屋静力计算方案包括刚性方案、刚弹性方案、弹性方案。 刚弹性方案就是根据楼盖、屋盖与墙、柱为铰接，考虑空间工作的排架或框架对墙、柱进行静力计算的方案。 刚性方案就是根据楼盖、屋盖作为水平不动铰支座对墙、柱进行静力计算的方案
混凝土构造柱	混凝土构造柱简称构造柱，是在砌体房屋墙体的规定部位，根据构造配筋以及根据先砌墙后浇灌混凝土柱的施工顺序制成的一种混凝土柱
混凝土砌块（砖）专用砌筑砂浆	混凝土砌块（砖）专用砌筑砂浆，简称砌块专用砂浆。其是由水泥、砂、水以及根据需要掺入的掺合料和外加剂等组分，根据一定比例，采用机械拌和制成，专门用于砌筑混凝土砌块（砖）的一种砌筑砂浆
混凝土砌块灌孔混凝土	混凝土砌块灌孔混凝土简称砌块灌孔混凝土。其是由水泥、集料、水，以及根据需要掺入的掺合料和外加剂等组分，根据一定比例，采用机械搅拌后，用于浇注混凝土砌块砌体芯柱或其他需要填实部位孔洞的一种混凝土
计算倾覆点	计算倾覆点就是验算挑梁抗倾覆时，根据规定所取的转动中心
夹心墙	夹心墙就是墙体中预留的连续空腔内填充保温或隔热材料，并且在墙的内叶、外叶间用防锈的金属拉结件连接形成的一种墙体
可调节拉结件	可调节拉结件就是预理在夹心墙内、外叶墙的灰缝内，利用可调节特性，消除内、外叶墙因竖向变形不一致而产生的不利影响的拉结件

术语	解说
控制缝	控制缝就是将墙体分割成若干个独立墙肢的缝，允许墙肢在其平面内自由变形，并且对外力有足够的抵抗能力
框架填充墙	框架填充墙就是在框架结构中砌筑的一种墙体
梁端有效支承长度	梁端有效支承长度就是梁端在砌体或刚性垫块界面上压应力沿梁跨方向的分布长度
配筋砌块砌体剪力墙结构	配筋砌块砌体剪力墙结构是由承受竖向、水平作用的配筋砌块砌体剪力墙和混凝土楼、屋盖所组成的一种房屋建筑结构
配筋砌体结构	配筋砌体结构就是由配置钢筋的砌体作为建筑物主要受力构件的一种结构。配筋砌体结构，是网状配筋砌体柱、水平配筋砌体墙、砖砌体、钢筋混凝土面层或钢筋砂浆面层组合砌体柱（墙）、砖砌体、钢筋混凝土构造柱组合墙、配筋砌块砌体剪力墙等的统称
砌体结构	砌体结构就是由块体、砂浆砌筑而成的墙、柱作为建筑物主要受力构件的一种结构。即砌体结构是砖砌体、砌块砌体、石砌体等结构的统称
砌体墙、柱的高厚比	砌体墙、柱的高厚比就是砌体墙、柱的计算高度与规定厚度的比值。规定厚度对墙取墙厚，对柱取对应的边长，对带壁柱墙取截面的折算厚度
墙梁	墙梁就是由钢筋混凝土托梁、梁上计算高度范围内的砌体墙组成的一种组合构件。墙梁包括简支墙梁、连续墙梁、框支墙梁
圈梁	圈梁就是在房屋的檐口、窗顶、楼层、吊车梁顶或基础顶面标高位置，沿砌体墙水平方向设置封闭状的根据构造配筋的一种混凝土梁式构件
上柔下刚多层房屋	上柔下刚多层房屋就是在结构计算中，顶层不符合刚性方案要求而下面各层符合刚性方案要求的多层房屋
伸缩缝	伸缩缝就是将建筑物分割成两个或若干个独立单元，彼此能自由伸缩的一种竖向缝。通常，伸缩缝有双墙伸缩缝、双柱伸缩缝等类型
挑梁	挑梁就是嵌固在砌体中的悬挑式钢筋混凝土梁。挑梁一般指房屋中的阳台挑梁、雨篷挑梁、外廊挑梁
屋盖、楼盖类别	屋盖、楼盖类别就是根据屋盖、楼盖的结构构造及其相应的刚度对屋盖、楼盖的分类
约束砌体构件	约束砌体构件就是通过在无筋砌体墙片的两侧、上下分别设置钢筋混凝土构造柱、圈梁形成约束作用，提高无筋砌体墙片延性与抗力的砌体构件
蒸压灰砂普通砖、蒸压粉煤灰普通砖专用砌筑砂浆	蒸压灰砂普通砖、蒸压粉煤灰普通砖专用砌筑砂浆，就是由水泥、砂、水，及根据需要掺入的掺合料和外加剂等组分，根据一定比例，采用机械拌和制成，专门用于砌筑蒸压灰砂普通砖或蒸压粉煤灰普通砖砌体，且砌体抗剪强度应不低于烧结普通砖砌体强度取值的一种砂浆

砌块建筑对层数和总高度的限制

（1）小型混凝土空心砌块在抗震设防烈度为 6 度区时，层数不得大于 7 层，房屋总高度不得大于 21m。

（2）在 7 度区层数不得大于 6 层，总高度不得大于 18m。

（3）在 8 度区层数不得大于 5 层，总高度不得大于 15m。

（4）在 9 度区则不宜采用小型混凝土空心砌块建造房屋。

注意：砌块的强度等级不宜低于 MU5.0，轻集料砌块的强度等级不宜低于 MU2.5，砌筑砂浆的强度等级不宜低于 M5.0。

3.1.2　砌体石材的要求

石材，根据其加工后的外形规则程度，可以分为料石、毛石。料石，又可

扫码看视频

砌块结构

以分为细料石、粗料石、毛料石，它们的特点见表3-2。毛石，就是形状不规则，中部厚度不应小于200mm 的石材。

表3-2　石材的分类、特点

分类	特点
细料石	细料石就是通过细加工，外表规则，叠砌面凹入深度不应大于10mm，截面的宽度、高度不宜小于200mm，且不宜小于长度的1/4 的料石
粗料石	粗料石就是叠砌面凹入深度不应大于20mm 的料石
毛料石	毛料石就是外形大致方正，一般不加工或仅需稍加修整，高度不应小于200mm，叠砌面凹入深度不应大于25mm 的料石

块体高度为 180 ～ 350mm 的毛料石砌体的抗压强度设计值，需要根据表3-3 选择。

表3-3　毛料石砌体的抗压强度设计值

毛料石强度等级 /MPa	砂浆强度等级 /MPa			砂浆强度 /MPa
	M7.5	M5	M2.5	0
MU100	5.42	4.80	4.18	2.13
MU80	4.85	4.29	3.73	1.91
MU60	4.20	3.71	3.23	1.65
MU50	3.83	3.39	2.95	1.51
MU40	3.43	3.04	2.64	1.35
MU30	2.97	2.63	2.29	1.17
MU20	2.42	2.15	1.87	0.95

注：对细料石砌体、粗料石砌体和干砌勾缝石砌体，表中数值需要分别乘以调整系数 1.4、1.2 和 0.8。

3.1.3　墙体材料应用术语的理解

墙体材料应用术语解说见表3-4。

表3-4　墙体材料应用术语解说

名称	解说
薄灰缝	薄灰缝就是砌筑灰缝厚度不大于 5mm 的一种灰缝
薄灰砌筑法	薄灰砌筑法，也叫做薄层砂浆砌筑法。其是采用蒸压加气混凝土砌块黏结砂浆砌筑蒸压加气混凝土砌块墙体的施工方法，水平灰缝厚度、竖向灰缝宽度大约 2 ～ 4mm
承重墙体	承重墙体就是承担各种作用，并且可兼作围护结构的一种墙体
传热系数	传热系数就是在单位时间内通过单位面积维护结构的传热量
窗肚墙	窗肚墙就是外墙窗台到楼面（或室内地面）的墙段
防水透气性	防水透气性就是加强建筑的气密性、水密性，同时又可以使围护结构、室内潮气得以排出的性能
灌孔混凝土	灌孔混凝土就是用于浇注混凝土小型空心砌块砌体芯柱或其他需要填实部位孔洞的一种混凝土
抗折强度	抗折强度就是根据标准试验方法确定的块体材料抗折强度的算术平均值
控制缝	控制缝就是设置在墙体应力比较集中或与墙的垂直灰缝一致的部位，为允许墙自由变形、对外力有足够抵抗能力的一种构造缝
块体材料	块体材料就是由烧结或非烧结生产工艺制成的实（空）心或多孔正六面体块材。块体就是砌体所用各种砖、石、小砌块的总称

名称	解说
露点温度	露点温度就是在一定的空气压力下，逐渐降低空气的温度，当空气中所含水蒸气达到饱和状态，开始凝结形成水滴时的温度即该空气在空气压力下的露点温度
平均传热系数	平均传热系数就是考虑梁、柱（芯柱）等影响后的外墙传热系数的平均值
墙板	墙板就是用于围护结构的各类外墙、分隔室内空间的各类隔墙板
热惰性指标	热惰性指标就是表征围护结构反抗温度波动、热流波动的无量纲指标
蓄热系数	蓄热系数就是材料层一侧受到谐波热作用时，通过其表面的热流波幅与表面温度波幅的比值
预拌砂浆	预拌砂浆就是由胶凝材料、细骨料、矿物掺合料及外加剂等组分，根据一定比例混合，由专业工厂生产的湿拌砂浆或干混砂浆
折压比	折压比就是块体材料抗折强度与其抗压强度等级之比
专用砌筑砂浆	专用砌筑砂浆就是用于提高某种块体材料砌体强度及改善砌筑质量的一种砂浆
自承重墙体	自承重墙体就是承担自身重力作用，并且可兼作围护结构的一种墙体

墙体材料——有机材料制成的墙体材料其产品说明书中应标注其使用年限。砌筑蒸压砖、蒸压加气混凝土砌块、混凝土小型空心砌块、石膏砌块墙体时，宜采用专用砌筑砂浆。墙体不应采用非蒸压硅酸盐砖（砌块）与非蒸压加气混凝土制品。

3.1.4　墙体块体材料的要求

墙体块体材料的外形尺寸除了需要符合建筑模数要求外，承重烧结多孔砖的孔洞率需要不应大于 35%，多孔砖与自承重单排孔小砌块的孔型宜采用半盲孔，承重单排孔混凝土小型空心砌块的孔型应保证其砌筑时上下皮砌块的孔与孔相对。另外，非烧结含孔块材的孔洞率、壁厚度、肋厚度需要符合的要求见表 3-5。

表 3-5　非烧结含孔块材的孔洞率、壁厚度、肋厚度要求

块体材料类型及用途		孔洞率 /%	最小外壁厚 /mm	最小肋厚 /mm	其他要求
砌块	用于承重墙	≤ 47	30	25	孔的圆角半径不应小于20mm
	用于自承重墙	—	15	15	—
含孔砖	用于承重墙	≤ 35	15	15	孔的长度与宽度比应小于2
	用于自承重墙	—	10	10	—

承重墙体的混凝土多孔砖的孔洞需要垂直于铺浆面。当孔的长度与宽度比不小于 2 时，外壁的厚度一般不应小于 18mm。当孔的长度与宽度比小于 2 时，外壁的厚度一般不应小于 15mm。承重含孔块材，其长度方向的中部一般不得设孔，中肋厚度一般不宜小于 20mm。薄灰缝砌体结构的块体材料，其块型外观几何尺寸误差一般不应超过 ±1mm。

墙体块体材料强度等级，除了产品标准应给出抗压强度等级、给出其变异系数的限值外，其承重砖的折压比不应小于表 3-6 的要求。蒸压加气混凝土劈压比不应小于表 3-7 的要求。块体材料的最低强度等级要求见表 3-8。

表 3-6　承重砖的折压比

砖种类	高度/mm	砖强度等级				
		MU30	MU25	MU20	MU15	MU10
		折压比				
多孔砖	90	0.21	0.23	0.24	0.27	0.32
蒸压普通砖	53	0.16	0.18	0.20	0.25	—

注：蒸压普通砖包括蒸压灰砂实心砖、蒸压粉煤灰实心砖。多孔砖包括烧结多孔砖、混凝土多孔砖。

表 3-7　蒸压加气混凝土劈压比

强度等级	A7.5	A5.0	A3.5
劈压比	0.10	0.12	0.16

注：蒸压加气混凝土劈压比为试件劈拉强度平均值与其抗压强度等级之比。

表 3-8　块体材料的最低强度等级要求

块体材料用途、类型		最低强度等级	备注
自承重墙	轻骨料混凝土小型空心砌块	MU3.5	用于外墙及潮湿环境的内墙时，强度等级不应低于 MU5.0。全烧结陶粒保温砌块用于内墙，其强度等级不应低于 MU2.5、密度不应大于 800kg/m³
	蒸压加气混凝土砌块	A2.5	用于外墙时，强度等级不应低于 A3.5
	烧结空心砖、空心砌块、石膏砌块	MU3.5	用于外墙及潮湿环境的内墙时，强度等级不应低于 MU5.0
承重墙	烧结普通砖、烧结多孔砖	MU10	用于外墙及潮湿环境的内墙时，强度应提高一个等级
	蒸压普通砖、混凝土砖	MU15	
	普通、轻骨料混凝土小型空心砌块	MU7.5	
	蒸压加气混凝土砌块	A5.0	

注：防潮层以下需要采用实心砖或预先将孔灌实的多孔砖（空心砌块）。水平孔块体材料不得用于承重砌体。

3.1.5　叠砌墙与其材料

　　叠砌墙，就是指由各种砌块、砖块、石块根据一定规律叠放，使用各种胶凝材料黏结砌筑而成的墙体。

　　砖墙，就是把砖块与各种胶凝材料叠砌而成的一种墙体。砌块墙，就是把各种砌块与胶凝材料叠砌而成的一种墙体。砖墙如图 3-1 所示。

图 3-1　砖墙

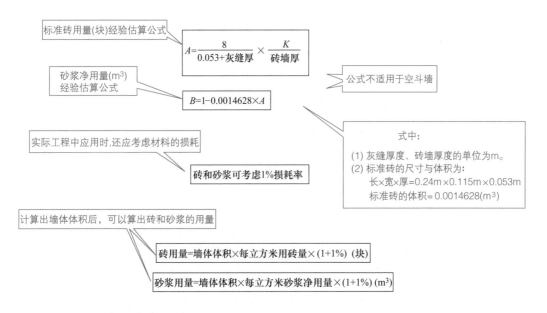

　　家装砌墙，最好选择标准机制红砖。如果选择轻质砖，则抹灰时最好拉网，以免轻质砖跟水泥的黏合效果不好，引起开裂等现象。

　　轻质砖，具有质轻的优点。因此，有的工程项目，要求砌墙时必须选择轻质砖。

3.1.6　建房红砖估算用量的方法

　　一块标准红砖的尺寸为 240mm×115mm×53mm，农村建房可供参考估算用量的经验如下。

　　12 墙每平方米需标准红砖大约 64 块。

　　18 墙每平方米需标准红砖大约 96 块。

　　24 空心墙每平方米需标准红砖大约 80 块。

　　24 墙每立方米需标准红砖大约 529 块。

　　24 实心墙每平方米需标准红砖大约 128 块。

　　37 墙每平方米需标准红砖大约 192 块。

　　实际用的砖如果与一块标准红砖的尺寸有差异，则累计差异会很大，则估算用量出入会比较大。

　　另外，估算用量时也可以将所有砌墙的地方根据砌墙类型分别计算总体积数，然后除以单个砖体积数，之后加上一定比例的损耗数即可。整体损耗参考数据，大概是总体比例的 0.5% 左右。实际施工中，由于灰缝厚度不同等因素会有所差别。

　　砖混结构农村建房，每立方米标准红砖砌体的材料用量，也可以采用如图 3-2 所示的经验公式来计算。不同厚度的墙体砖的用量与砂浆用量是不同的。砂浆的损耗率，一般可以按 1% 来确定。砖砌体材料用量经验估算公式见图 3-2，K 为不同厚度砖砌体的砖数，具体见表 3-9。

标准砖用量(块)经验估算公式

$$A=\frac{8}{0.053+灰缝厚}\times\frac{K}{砖墙厚}$$

公式不适用于空斗墙

砂浆净用量(m³)经验估算公式

$$B=1-0.0014628\times A$$

式中：
(1) 灰缝厚度、砖墙厚度的单位为m。
(2) 标准砖的尺寸与体积为：
　　长×宽×厚=0.24m×0.115m×0.053m
　　标准砖的体积=0.0014628(m³)

实际工程中应用时,还应考虑材料的损耗

砖和砂浆可考虑1%损耗率

计算出墙体体积后，可以算出砖和砂浆的用量

砖用量=墙体体积×每立方米用砖量×(1+1%) (块)

砂浆用量=墙体体积×每立方米砂浆净用量×(1+1%) (m³)

图 3-2　砖砌体材料用量经验估算公式

表 3-9　不同厚度砖砌体的砖数

项目	二砖墙	一砖半墙	一砖墙
K 取值	2	1.5	1
墙壁厚度	0.49	0.36	0.24

根据图 3-2 的公式，计算出每立方米砖墙的砖、砂浆的参考净用量见表 3-10。另外，砂浆用量与砂浆标号无关。

表 3-10　每立方米砖墙的砖、砂浆的参考净用量

墙体	二砖墙	一砖半墙	一砖墙
标准砖块 / 块	518	522	530
砂浆用量 /m³	0.25	0.24	0.23

对于其他尺寸的砌体材料用量经验估算公式如图 3-3 所示。常见 240mm 厚的标准砖墙，1m³ 砖墙砖的净用量为 529.1 块。

> 砂浆净用量(m³/m³)=1- 单块砖体积×砖净用量

> 砂浆实际用量(砂浆消耗量)=砂浆净用量×(1+损耗率)

图 3-3　其他尺寸的砌体材料用量经验估算公式

标准砖（95 砖）一砖墙（厚度 240mm）的砖块用量，大约 128 块 /m²。半砖墙（厚度 120mm），用量大约 64 块 /m²。计算时可以用面积除以砖的相应面的面积。砖的相应面的面积，需要计入水泥层厚度，长宽各增加 10mm。

3.1.7　砂浆、灌孔混凝土的要求

砂浆、灌孔混凝土的要求如下。

（1）设计有抗冻性要求的墙体时，砂浆需要进行冻融试验，其抗冻性能需要与墙体块材相同。

（2）专用砌筑砂浆、预拌抹灰砂浆，需要有抗压强度、抗折强度、黏结强度、收缩率、碳化系数、软化系数等指标要求。

（3）专用砌筑砂浆，需要编制材料标准及应用技术标准。

（4）混凝土砌块（砖）砌筑砂浆强度等级不应低于 Mb5.0，蒸压普通砖砌筑砂浆强度等级不应低于 Ms5.0。普通砖砌体砌筑砂浆强度等级不应低于 M5.0，蒸压加气混凝土砌体砌筑砂浆强度等级不应低于 Ma5.0。

（5）室内地坪以下、潮湿环境，应为水泥砂浆、预拌砂浆或专用砌筑砂浆。普通砖砌体砌筑砂浆强度等级不应低于 M10，混凝土砌块（砖）砌筑砂浆强度等级不应低于 Mb10，蒸压普通砖砌筑砂浆不应低于 Ms10。

（6）掺有引气剂的砌筑砂浆，其引气量不应大于 20%。

（7）砌筑水泥砂浆的最低水泥用量一般不应小于 200kg/m³。

（8）砌筑水泥砂浆密度一般不应小于 1900kg/m³。

（9）砌筑水泥混合砂浆密度一般不应小于 1800kg/m³。

（10）抹灰砂浆的要求如图 3-4 所示。灌孔混凝土的要求如图 3-5 所示。

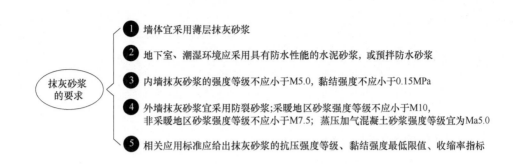

图 3-4　抹灰砂浆的要求

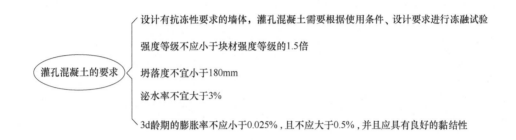

图 3-5　灌孔混凝土的要求

砌体结构，就是块体与砂浆砌筑而成的墙、柱作为建筑物主要受力构件的结构。砌体结构，是砖砌体、砌块砌体、石砌体结构的统称。

3.1.8　墙体板材的要求

墙体板材的要求如下。

（1）各类骨架隔墙覆面平板的表面平整度不应大于 1mm。

（2）预制隔墙板的表面平整度不应大于 2mm，厚度偏差不应超过 ±1mm。

（3）安装各类预制隔墙板的金属拉结件应进行防锈蚀处理。

（4）骨架隔墙覆面平板的断裂荷载（抗折强度）应在国家现行有关标准规定的基础上提高 20%。

（5）预制外墙板的构造设计应进行单块板抗风、墙板与主体结构的连接构造及部件耐久性设计。

（6）预制隔墙板材物理性能要求：安装时板的质量含水率不应大于 10%、板应满足相应的建筑热工隔声及防火要求。

（7）预制隔墙板墙板弯曲产生的横向最大挠度应小于允许挠度，并且板表面不应开裂。允许挠度应为受弯试件支座间距离的 1/250。

（8）预制隔墙板墙板抗冲击次数不应少于 5 次。

（9）预制隔墙板墙板单点吊挂力不应小于 1000N。

3.1.9 墙体类型与厚度

常见的墙类型、厚度如下。

18 墙，指墙体的厚度大约是 18cm。

24 墙，指墙体的厚度大约是 24cm。

37 墙，指墙体的厚度大约 37cm。

50 墙，指墙体的厚度大约是 50cm。

100 墙，指墙体的厚度大约是 100cm。

墙的砌筑厚度，一般是根据半砖的倍数来确定的，因此，有半砖墙、一砖墙、一砖半墙、两砖墙等。

普通红砖的尺寸为 24cm×12cm×5cm（长×宽×高）。普通黏土实心砖的尺寸为 240mm×115mm×53mm 与普通红砖的尺寸相差不多。

以 240mm×115mm×53mm 砖（如图 3-6 所示）为例说明如下。

半砖墙，墙的砌筑厚度 115mm。

一砖墙，墙的砌筑厚度 240mm，即 1 竖砖。

一砖半墙，墙的砌筑厚度 365mm，也就是 115mm+240mm+10mm=365mm，即 1 竖砖 +1 横砖 +10mm 砖缝。

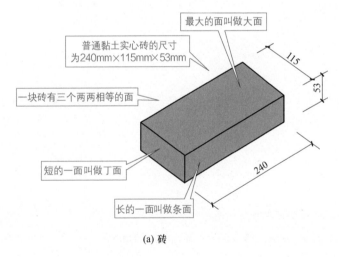

(a) 砖

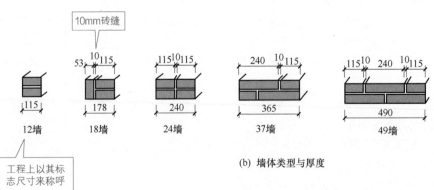

(b) 墙体类型与厚度

图 3-6 墙体类型与厚度

两砖墙，墙的砌筑厚度 490mm，也就是 240mm+240mm+10mm=490mm。即二横砖 +10mm 砖缝。

由于砖的规格与称呼取值差异、取值单位不同，因此，有的墙的砌筑厚度 178mm，称为 18 墙，也有的叫做 180 墙。墙的砌筑厚度 490mm，有的称为 49 墙，也有的称为 50 墙。

厚度为 240mm 的墙，又叫做双墙。厚度为 120mm 的半砖墙，又叫做单砖墙、单墙、隔断墙等。承重墙厚度必须大于 200mm。

3/4 砖墙，图纸标注一般是 180mm，实际厚度为 180mm。

墙体的选择，一般要根据强度、稳定性、保温隔热、防火防潮、隔声等要求综合考虑。

高层建筑剪力墙最小厚度 200mm，常见外墙厚度为 300mm。轻质围护墙、填充墙厚度一般采用 200mm，隔墙常见为 100mm。厨厕小隔墙厚一般采用 90mm。以上墙厚度，均不含粉面厚度。

城市的建筑楼，一般是 24 墙或者 37 墙。农村的建筑，一般以 18 墙居多。

砌体结构，承重墙可取墙厚 240mm、370mm 等。非承重墙，可取墙厚 120 mm。

框架结构，墙一般是填充墙。外墙，可取墙厚 200mm、300mm。普通内墙，可取墙厚 200mm。厕所、厨房，可取墙厚 120mm。

钢筋混凝土板墙用作承重墙时，其厚度为 160mm、180mm 等；用作隔断墙时，其厚度为 50mm 等。

别墅墙体厚度，红砖砌筑的毛坯墙一般大约 25cm。

因砖、砌块规格尺寸的限制，一般 240mm 墙常采用普通砖砌成，200mm 墙常采用多孔砖砌成。90mm 规格的砌块可以砌 100mm 墙，180 规格的砌块可以砌 200 墙。

各类砌块墙体的限制要求

（1）粉煤灰硅酸盐砌块墙不得用于有酸性侵蚀介质及经常处于高温影响下的环境。

（2）加气混凝土砌块墙不得用于基础、高温高湿、长期浸水和有化学腐蚀的环境。

（3）煤矸石空心砌块墙必须做外饰面，还要防裂、防冻、防空鼓、防脱落。

（4）石膏砌块墙不得用于有水房间。

（5）条石砌块一般只能建三层及以下的房屋。

3.1.10　外墙的装饰筑砌

外墙装饰砖组砌方式如图 3-7 所示。三一砌筑法，就是一块砖、一铲灰、一揉压并随手将挤出的砂浆刮去的砌筑方法。砌砖工程宜采用三一砌筑法。

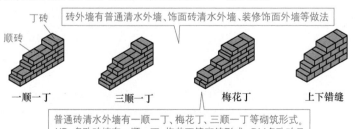

图 3-7　外墙装饰砖组砌方式

住宅套型的使用面积规定

（1）由卧室、起居室（客厅）、厨房、卫生间等组成的套型，其使用面积不应小于30m²。

（2）由兼起居的卧室、厨房、卫生间等组成的最小套型，其使用面积不应小于22m²。

3.2 组砌

3.2.1 丁砖、顺砖的排砖

丁砖与顺砖，如图3-8所示，可以组砌不同形式的墙。

砖砌入墙体后,条面朝向操作者的叫顺砖,丁面朝向操作者叫丁砖

丁砖

条面   顺砖   丁面

图3-8 丁砖与顺砖

3.2.2 一顺一丁的排砖组砌

一顺一丁组砌形式的墙如图3-9所示。一顺一丁式，就是指由一皮中全部顺砖与一皮中全部丁砖间隔砌成。也就是一层砌顺砖、一层砌丁砖，相间排列，重复组合。

一顺一丁式，上下皮竖缝需要相互错开砖缝。一顺一丁，适合于砌一砖墙、一砖半墙、二砖墙。

一顺一丁组砌形式的墙，转角部位，往往加设配砖，进行错缝。一顺一丁组砌，竖缝不易对齐。墙的转角、丁字接头、门窗洞口等位置，需要砍砖，从而影响了砌筑效率。

3.2.3 三顺一丁的排砖组砌

三顺一丁组砌形式的墙如图3-10所示。三顺一丁式，就是指由三皮中全部顺砖与一皮中全部丁砖相隔砌成。上下皮顺砖间竖缝，均需要错开砖缝。三顺一丁适合于砌一砖墙、一砖半墙，但容易产生内部通缝现象。

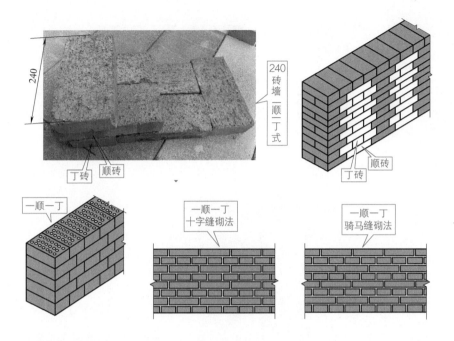

图 3-9　一顺一丁组砌形式的墙

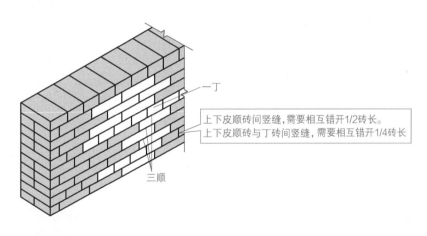

图 3-10　三顺一丁组砌形式的墙

3.2.4　全顺的排砖组砌

全顺组砌形式的墙如图 3-11 所示。全顺式，就是指各皮砖均为顺砖。其上下皮竖缝，需要相互错开 1/2 砖长。全顺仅适合于砌半砖墙。

3.2.5　全丁的排砖组砌

全丁组砌形式的墙如图 3-12 所示。全丁式，就是指各皮砖均为丁砖。

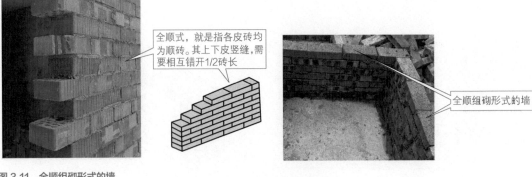

图 3-11　全顺组砌形式的墙

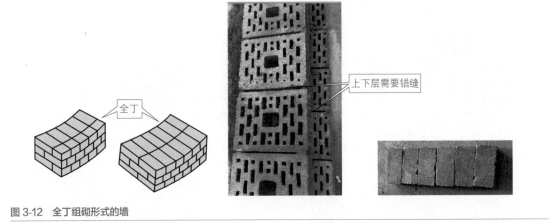

图 3-12　全丁组砌形式的墙

3.2.6　梅花丁的排砖组砌

梅花丁组砌形式的墙如图 3-13 所示。梅花丁式，就是指由每皮中丁砖与顺砖相间隔砌成，上皮丁砖坐中于下皮顺砖，并且上下皮竖缝相互错开 1/4 砖长。梅花丁式砌筑形式适合于砌一砖墙、一砖半墙。

图 3-13　梅花丁组砌形式的墙

3.2.7　两平一侧的排砖组砌

两平一侧组砌形式的墙如图 3-14 所示。两平一侧式，就是指每层由两皮顺砖与一皮侧砖组合相间砌筑而成。该方式主要用来砌筑 3/4 厚砖墙。

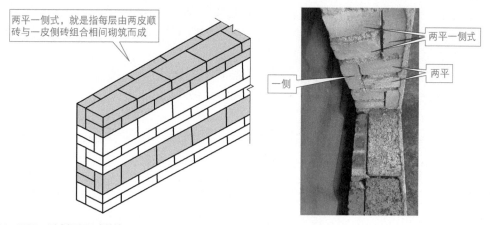

图 3-14   两平一侧式组砌形式的墙

扫码看视频

砌筑的基本要求

3.3   砌筑要求

3.3.1   砌筑的基本要求

砌筑的基本要求：横平竖直、灰缝均匀、上下错缝、砂浆饱满、内外搭砌、接槎牢固等，如图 3-15 所示。

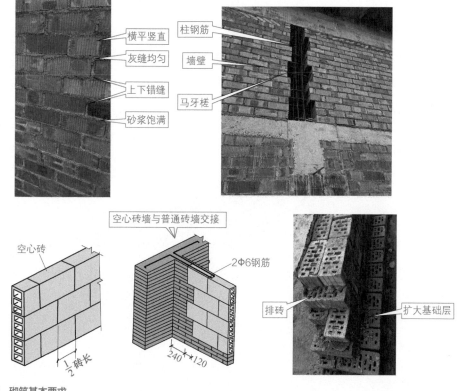

图 3-15   砌筑基本要求

（1）横平竖直。灰缝要做到横平竖直，竖向灰缝要垂直对齐。

（2）灰缝均匀。如果水平灰缝过薄，则难起到上下块材料的垫平作用，也不能够满足配置钢筋厚度要求。如果灰缝过厚，则会影响砌体的质量。

（3）上下错缝。为了提高砌体的稳定性、整体性、承载力，砖块排列要遵循上下错缝的原则，以免垂直通缝出现。错缝或搭砌长度，一般不得小于60mm。

（4）砂浆饱满。灰缝的砂浆饱满度一般不得低于80%，灰缝厚度一般为8～12mm。

（5）内外搭砌。转角位置与交接位置，要同时砌筑。如果不能同时砌筑，则需要留置斜槎。不能留置的情况，则可以在墙或柱中引出阳槎，或在墙或柱的灰缝预埋拉结筋来实现。

（6）接槎牢固。砌体的转角位置、交接位置的牢固性是保证房屋整体性质量的关键之一。斜槎长度不得小于高度的2/3。遇到墙体有转角又不能同时砌筑时，可以采用马牙槎，不可以采用母槎，也不宜采用老虎槎，最好采用斜槎。留置马牙槎时，需要设置拉结筋。留斜槎有困难的情况，可以留直槎。地震区，不得留直槎。地震区，需要设拉结筋，并且每120mm厚墙最少留一根拉结筋。

3.3.2 校核放线尺寸允许偏差

砌体结构的标高、轴线，需要引自基准控制点。砌筑基础前，需要采用钢尺校核放线尺寸，允许偏差需要符合的规定、要求，具体见表3-11。

表3-11 放线尺寸允许偏差

长度 L、宽度 B/m	允许偏差 /mm	长度 L、宽度 B/m	允许偏差 /mm
L（或 B）≤ 30	±5	60 < L（或 B）≤ 90	±15
30 < L（或 B）≤ 60	±10	L（或 B）> 90	±20

3.3.3 砌筑顺序

基底标高不同时，一般需要从低处砌起，并且从高处向低处搭砌。如果设计无要求时，则搭接长度不得小于基础底的高差，并且搭接长度范围内下层基础需要扩大砌筑，如图3-16所示。

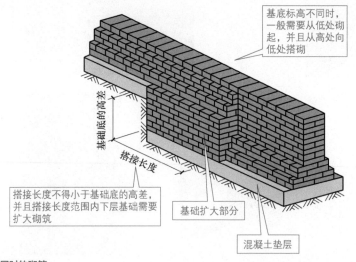

图 3-16 基底标高不同时的砌筑

砌体的转角位置、交接位置，需要同时砌筑。如果不能够同时砌筑时，则需要根据规定留槎、接槎。

基础墙的防潮层，如果设计无具体要求时，宜采用 1∶2.5 的水泥砂浆加防水剂铺设，其厚度大约为 20mm。抗震设防地区建筑物，不应采用卷材作基础墙的水平防潮层。

3.3.4　拉筋、挂网

为了防止新老墙搭接位置开裂，对承重墙与隔断墙相连的新建墙体，要先敲掉保护层，露出钢筋，再选用 ϕ6，长度不小于 1200mm 的钢筋焊接牢固，作为拉力筋与墙体相连，并且在接口位置挂铁丝网，以及抹灰处理好。这样可以确保墙体稳定、牢固，避免开裂。

3.3.5　过梁的要求

新砌墙体的门洞、孔洞上方，需要放置预制过梁，如图 3-17 所示。

门洞、孔洞上方，需要放置预制过梁

(a) 过梁的应用　　　　　　　　　　(b) 预制过梁集中放置

图 3-17　预制过梁

3.3.6　砖砌墙的留槎

砖砌墙留槎要求如图 3-18 所示。留直槎位置加设拉结钢筋的要求：每 120mm 墙厚，要设置 1 根 ϕ6 拉结钢筋。墙厚为 120mm 时，要设置 2 根 ϕ6 拉结钢筋。

与构造柱相邻部位砖砌体，需要砌成马牙槎。马牙槎，需要先退后进，并且每个马牙槎沿高度方向的尺寸不宜超过 300mm，凹凸尺寸宜为 60mm。砌筑时，砌体与构造柱间需要沿墙高每 500mm 设拉结钢筋，并且钢筋数量、伸入墙内长度需要满足设计等要求。

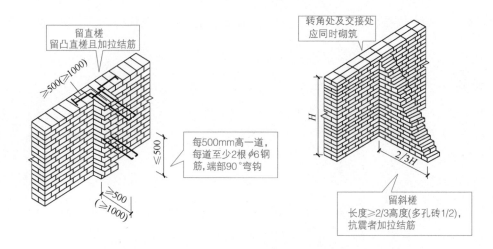

留直槎
留凸直槎且加拉结筋

≥500(≥1000)

≤500

≥500
(≥1000)

每500mm高一道，
每道至少2根φ6钢
筋,端部90°弯钩

转角处及交接处
应同时砌筑

H

2/3H

留斜槎
长度≥2/3高度(多孔砖1/2),
抗震者加拉结筋

留直槎位置加设拉结钢
筋的要求：每120mm墙
厚，要设置1Φ6拉结钢
筋。墙厚 为120mm时,
要设置2Φ6拉结钢筋。

图 3-18　砌墙留槎要求

3.3.7　墙体拉结

墙体拉结，可以采用钢筋拉结，如图 3-19 所示。

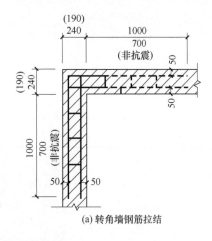

(a) 转角墙钢筋拉结

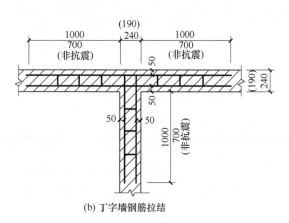

(b) 丁字墙钢筋拉结

图 3-19　墙体拉结

3.4　配筋砖砌体

3.4.1　网状配筋砖砌体构件

网状配筋砖砌体受压构件，需要符合的规定要求如下。

（1）偏心距超过截面核心范围（对于矩形截面即 $e/h > 0.17$），或构件的高厚比 $\beta > 16$ 时，不宜采用网状配筋砖砌体构件（e 表示为轴向力的偏心距；h 表示为矩形截面的轴向力偏心方向的边长）。

（2）对矩形截面构件，轴向力偏心方向的截面边长大于另一方向的边长时，除了根据偏心受压计算外，还需要对较小边长方向按轴心受压进行验算。

（3）网状配筋砖砌体构件下端与无筋砌体交接时，尚应验算交接位置无筋砌体的局部受压承载力。

网状配筋砖砌体构件的构造需要符合的规定要求如下：

（1）网状配筋砖砌体中的体积配筋率，一般不应小于 0.1%，并且不应大于 1%。

（2）采用钢筋网时，钢筋的直径宜采用 3 ～ 4mm。

（3）钢筋网中钢筋的间距，一般不应大于 120mm，并且不应小于 30mm。

（4）钢筋网的间距，一般不应大于五皮砖，并且不应大于 400mm。

（5）网状配筋砖砌体所用的砂浆强度等级一般不应低于 M7.5。钢筋网应设置在砌体的水平灰缝中，灰缝厚度需要保证钢筋上下至少各有 2mm 厚的砂浆层。

网状配筋砖砌体如图 3-20 所示。

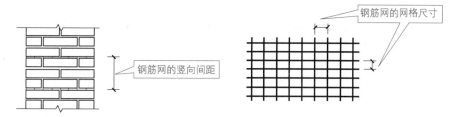

图 3-20　网状配筋砖砌体

3.4.2　组合砖砌体构件

组合砖砌体构件如图 3-21 所示。混凝土或砂浆面层组合墙如图 3-22 所示。

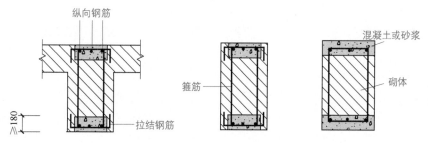

图 3-21　组合砖砌体构件

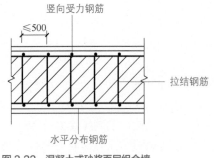

图3-22　混凝土或砂浆面层组合墙

组合砖墙的材料、构造需要符合的规定要求如下。

（1）砂浆的强度等级一般不应低于M5。

（2）构造柱的混凝土强度等级一般不宜低于C20。

（3）构造柱的截面尺寸一般不宜小于240mm×240mm，其厚度不应小于墙厚，边柱、角柱的截面宽度宜适当加大。

（4）构造柱柱内竖向受力钢筋，对于中柱，钢筋数量不宜少于4根、直径不宜小于12mm；对于边柱、角柱，钢筋数量不宜少于4根、直径不宜小于14mm。

（5）构造柱的竖向受力钢筋的直径不宜大于16mm。其箍筋，一般部位宜采用直径6mm、间距200mm，楼层上下500mm范围内宜采用直径6mm、间距100mm。

（6）构造柱的竖向受力钢筋应在基础梁和楼层圈梁中锚固，并且需要符合受拉钢筋的锚固要求。

（7）组合砖墙砌体结构房屋，需要在纵横墙交接处、墙端部和较大洞口的洞边设置构造柱，其间距不宜大于4m。

（8）组合砖墙砌体结构房屋各层洞口宜设置在相应位置，并且宜上下对齐。

（9）组合砖墙砌体结构房屋需要在基础顶面、有组合墙的楼层处设置现浇钢筋混凝土圈梁。圈梁的截面高度一般不宜小于240mm；纵向钢筋数量不宜少于4根、直径不宜小于12mm，纵向钢筋需要伸入构造柱内，并且需要符合受拉钢筋的锚固要求。圈梁的箍筋直径宜采用6mm、间距200mm。

（10）砖砌体与构造柱的连接位置，需要砌成马牙槎，并且需要沿墙高每隔500mm设2根直径6mm的拉结钢筋，以及每边伸入墙内不宜小于600mm。

（11）构造柱可不单独设置基础，但是需要伸入室外地坪下500mm，或与埋深小于500mm的基础梁相连。

（12）组合砖墙的施工顺序应为先砌墙后浇混凝土构造柱。

3.5　配筋砌块砌体剪力墙的构造

3.5.1　配筋砌块砌体剪力墙的钢筋

配筋砌块砌体剪力墙钢筋的要求见表3-12。

表3-12　配筋砌块砌体剪力墙钢筋的要求

项目	要求
钢筋的选择要求	（1）钢筋的直径不宜大于25mm，当设置在灰缝中时不应小于4mm，在其他部位不应小于10mm。 （2）配置在孔洞或空腔中的钢筋面积不应大于孔洞或空腔面积的6%
钢筋的设置要求	（1）设置在灰缝中钢筋的直径不宜大于灰缝厚度的1/2。 （2）两根平行的水平钢筋间的净距不应小于50mm。 （3）柱、壁柱中的竖向钢筋的净距不宜小于40mm（包括接头处钢筋间的净距）

续表

项目	要求
钢筋在灌孔混凝土中的锚固要求	（1）当计算中充分利用竖向受拉钢筋强度时，其锚固长度 l_a，对 HRB335 级钢筋不应小于 30d；对 HRB400、RRB400 级钢筋不应小于 35d；在任何情况下钢筋（包括钢筋网片）锚固长度不应小于 300mm。 （2）钢筋骨架中的受力光圆钢筋，需要在钢筋末端做弯钩，在焊接骨架、焊接网以及轴心受压构件中，不做弯钩。绑扎骨架中的受力带肋钢筋，在钢筋的末端不做弯钩。 （3）竖向受拉钢筋不应在受拉区截断。如果必须截断时，则延伸到按正截面受弯承载力计算不需要该钢筋的截面以外，延伸的长度不应小于 20d。 （4）竖向受压钢筋在跨中截断时，必须伸到按计算不需要该钢筋的截面以外，延伸的长度不应小于 20d。对绑扎骨架中末端无弯钩的钢筋，不应小于 25d
钢筋的接头要求	（1）钢筋的直径大于 22mm 时，宜采用机械连接接头。 （2）其他直径的钢筋，可以采用搭接接头。搭接接头的要求如下。 ①钢筋的接头位置宜设置在受力较小位置。 ②受拉钢筋的搭接接头长度不应小于 1.1l_a，受压钢筋的搭接接头长度不应小于 0.7l_a，并且不应小于 300mm。 ③相邻接头钢筋的间距不大于 75mm 时，其搭接长度应为 1.2l_a。钢筋间的接头错开 20d 时，搭接长度可不增加
水平受力钢筋（网片）的锚固、搭接长度要求	（1）在凹槽砌块混凝土带中钢筋的锚固长度不宜小于 30d，并且其水平或垂直弯折段的长度不宜小于 15d 和 200mm。钢筋的搭接长度不宜小于 35d。 （2）砌体水平灰缝中，钢筋的锚固长度不宜小于 50d，并且其水平或垂直弯折段的长度不宜小于 20d 和 250mm。钢筋的搭接长度不宜小于 55d。 （3）在隔皮或错缝搭接的灰缝中为 55d+2h，其中，d 表示为灰缝受力钢筋的直径，h 表示为水平灰缝的间距

3.5.2　配筋砌块砌体剪力墙、连梁

配筋砌块砌体剪力墙、连梁的要求见表 3-13。

表 3-13　配筋砌块砌体剪力墙、连梁的要求

项目	要求
按壁式框架设计的配筋砌块砌体窗间墙截面的要求	（1）窗间墙的截面，墙宽不应小于 800mm。 （2）墙净高与墙宽之比不宜大于 5
按壁式框架设计的配筋砌块砌体窗间墙中的竖向钢筋的要求	（1）每片窗间墙中沿全高不应少于 4 根钢筋。 （2）沿墙的全截面需要配置足够的抗弯钢筋。 （3）窗间墙的竖向钢筋的配筋率不宜小于 0.2%，也不宜大于 0.8%
按壁式框架设计的配筋砌块砌体窗间墙中的水平分布钢筋的要求	（1）水平分布钢筋需要在墙端部纵筋处向下弯折射 90°，弯折段长度不小于 15d 和 150mm。 （2）在距梁边 1 倍墙宽范围内，水平分布钢筋的间距不应大于 1/4 墙宽，其余部位水平分布钢筋的间距不应大于 1/2 墙宽。 （3）水平分布钢筋的配筋率不宜小于 0.15%
配筋砌块砌体剪力墙、连梁的砌体材料强度等级的要求	（1）砌块不应低于 MU10。 （2）砌筑砂浆不应低于 Mb7.5。 （3）灌孔混凝土不应低于 Cb20。 （4）对于安全等级为一级或设计使用年限大于 50a 的配筋砌块砌体房屋，所用材料的最低强度等级至少提高一级

项目	要求
配筋砌块砌体剪力墙中当连梁采用配筋砌块砌体时，连梁的箍筋要求	（1）箍筋的直径一般不应小于6mm。 （2）箍筋的间距一般不宜大于1/2梁高和600mm。 （3）距支座等于梁高范围内的箍筋间距，一般不大于1/4梁高，并且距支座表面第一根箍筋的间距不大于100mm。 （4）箍筋的面积配筋率一般不宜小于0.15%。 （5）箍筋宜为封闭式，双肢箍末端弯钩为135°。单肢箍末端的弯钩一般为180°，或弯90°加12倍箍筋直径的延长段
配筋砌块砌体剪力墙中当连梁采用配筋砌块砌体时，连梁的截面要求	（1）连梁的高度不小于两皮砌块的高度和400mm。 （2）连梁应采用H形砌块或凹槽砌块组砌，孔洞需要全部浇灌混凝土
配筋砌块砌体剪力墙中当连梁采用配筋砌块砌体时，连梁的水平钢筋要求	（1）连梁上、下水平受力钢筋宜对称、通长设置，并且在灌孔砌体内的锚固长度不宜小于40d和600mm。 （2）连梁水平受力钢筋的含钢率不宜小于0.2%，并且也不宜大于0.8%

 一点通

　　配筋砌块砌体剪力墙厚度、连梁截面宽度一般不小于190mm。配筋砌块砌体剪力墙中当连梁采用钢筋混凝土时，连梁混凝土的强度等级一般不宜低于同层墙体块体强度等级的2倍，或同层墙体灌孔混凝土的强度等级，也不应低于C20。

3.5.3　配筋砌块砌体柱

　　配筋砌块砌体柱的规定要求如下。
　　（1）柱截面边长一般不宜小于400mm，柱高度与截面短边之比一般不宜大于30。
　　（2）柱的竖向受力钢筋的直径一般不宜小于12mm，数量一般不应少于4根，全部竖向受力钢筋的配筋率不宜小于0.2%。配筋砌块砌体柱截面示意如图3-23所示。

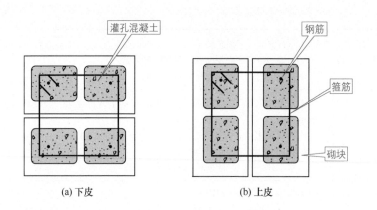

(a) 下皮　　　　　　　　　　(b) 上皮

图 3-23　配筋砌块砌体柱截面示意

　　（3）柱中箍筋的设置要求见表3-14。

表 3-14　柱中箍筋的设置要求

项目	要求
箍筋的间距要求	箍筋的间距不应大于 16 倍的纵向钢筋直径、48 倍箍筋直径、柱截面短边尺寸中的较小者
箍筋的位置	箍筋需要设置在灰缝或灌孔混凝土中
箍筋弯钩要求	箍筋需要封闭，端部需要做弯钩或绕纵筋水平弯折 90°，并且弯折段长度不小于 10d
箍筋直径要求	箍筋直径不宜小于 6mm
柱可以不设置箍筋的情况	纵向钢筋的配筋率小于等于 0.25% 时，或柱承受的轴向力小于受压承载力设计值的 25% 时，柱中可以不设置箍筋
柱需要设置箍筋的情况	纵向钢筋的配筋率大于 0.25%，并且柱承受的轴向力大于受压承载力设计值的 25% 时，柱需要设箍筋

3.6　砌体、墙板隔墙墙体

3.6.1　砌体墙体施工要求

砌体墙体施工要求如下。

（1）混凝土空心砌块墙体芯柱的施工缝留在块材的半高处将有利于保证芯柱的施工质量。

（2）如果不清除砌块砌体灰缝在孔内突出的内挤灰，则会影响芯柱的成型质量。

（3）灰缝宜内凹 2 ～ 3mm，有利于抹灰砂浆与墙面的黏结。含孔砖（块）墙体由于壁厚较薄，灰缝不宜内凹。

（4）采用专用铺灰器具，可以提高铺灰质量、加快施工速度、节省砌筑砂浆等。

（5）墙体开裂，往往是受施工阶段框架结构变形的影响。

（6）块材砌筑后其干缩仍在进行，如果在短时间内抹面，会导致饰面层裂缝。

（7）砂浆在材料选择、砂浆配合比等方面要合理。

（8）避免由于不同种材料性能差异而出现的墙体裂缝。

3.6.2　墙板隔墙墙体施工要求

墙板隔墙墙体施工要求如下。

（1）需要防止板材在场地堆放过程中变形。

（2）需要避免已安装好的隔墙遭受外力的撞击。

（3）根据隔墙布置情况，确定施工顺序。

（4）隔墙板施工过程中遇到板竖向连接，为了避免相邻板材接缝毗邻引发墙体开裂，错缝距应大于 300mm。

3.6.3　填充墙砌体工程材料要求

填充墙砌体工程材料要求如下。

（1）轻骨料混凝土小型空心砌块、蒸压加气混凝土砌块砌筑时，其产品龄期需要大于 28 天，墙砌体工程实景如图 3-24 所示。

扫码看视频

砌筑施工实景

图 3-24　墙砌体工程实景

（2）蒸压加气混凝土砌块的含水率，宜小于 30%。

（3）吸水率较小的轻骨料混凝土小型空心砌块、采用薄层砂浆砌筑法施工的蒸压加气混凝土砌块，砌筑前不应对其浇水湿润。气候干燥炎热的情况下，对吸水率较小的轻骨料混凝土小型空心砌块，宜在砌筑前浇水湿润。

（4）采用普通砂浆砌筑填充墙时，烧结空心砖、吸水率较大的轻骨料混凝土小型空心砌块，需要提前 1～2 天浇水湿润。

（5）蒸压加气混凝土砌块采用专用砂浆或普通砂浆砌筑时，需要在砌筑当天对砌块砌筑面浇水湿润。块体湿润程度，烧结空心砖的相对含水率宜为 60%～70%。吸水率较大的轻骨料混凝土小型空心砌块、蒸压加气混凝土砌块的相对含水率，宜为 40%～50%。

（6）厨房、卫生间、浴室等位置采用轻骨料混凝土小型空心砌块、蒸压加气混凝土砌块砌筑墙体时，墙体底部宜现浇混凝土坎台，其高度宜为 150mm。

（7）填充墙上钻孔、镂槽或切锯时，需要使用专用工具，不得任意剔凿。

（8）各种预留洞、预埋件、预埋管，需要根据设计要求设置，不得砌筑后剔凿。

（9）没有采取有效措施的情况下，不应在下列部位或环境中使用轻骨料混凝土小型空心砌块或蒸压加气混凝土砌块砌体：长期浸水或化学侵蚀环境、建筑物防潮层以下墙体、砌体表面温度高于 80℃ 的部位、长期处于有振动源环境的墙体等。

3.7　建筑砌墙

3.7.1　建筑墙身的要求

建筑墙身，需要根据其在建筑物中的作用、位置、受力状态，来确定墙体厚度、墙体构造、墙体材料、墙体做法等。

砌筑墙体时，应在室外地面以上、位于室内地面垫层位置，设置连续的水平防潮层。

室内相邻地面存在高差时，一般应在高差位置墙身贴邻土壤一侧加设防潮层。

室内墙面有防潮要求时，其迎水面一侧需要设防潮层。

室内墙面有防水要求时，其迎水面一侧也需要设防水层。

室内墙面有防污、防碰撞等要求时，需要根据使用要求来设置墙裙。

建筑外墙，需要根据当地建筑使用要求、气候条件，采取隔热、隔声、保温、防火、防潮、防水、防结露等措施，并且需要符合有关标准规定、要求。

建筑外墙上空调室外机搁板，需要组织好冷凝水的排放，并且采取防止雨水倒灌、外墙受潮的构造措施。

外窗台，需要采取防水、排水构造措施。

外墙的洞口、门窗等位置，需要采取防止产生变形裂缝的加固措施。

一点通

不得在下列墙体或部位设置脚手眼。

（1）120mm 厚墙、清水墙、独立柱、料石墙、附墙柱不允许设置脚手眼。

（2）过梁上与过梁成 60° 角的三角形范围、过梁净跨度 1/2 的高度范围内不允许设置脚手眼。

（3）夹心复合墙外叶墙不允许设置脚手眼。

（4）宽度小于 1m 的窗间墙不允许设置脚手眼。

（5）梁、梁垫下及其左右 500mm 范围内不允许设置脚手眼。

（6）门窗洞口两侧石砌体 300mm，其他砌体 200mm 范围内不允许设置脚手眼。转角位置石砌体 600mm，其他砌体 450mm 范围内不允许设置脚手眼。

（7）轻质墙体不允许设置脚手眼。

（8）设计不允许设置脚手眼的部位。

3.7.2 建筑砖砌体的一般要求与规定

建筑砖砌体的一般要求与规定如下。

（1）混凝土普通砖、混凝土多孔砖、蒸压灰砂砖、蒸压粉煤灰砖早期收缩值大。如果这时用于墙体，容易出现收缩裂缝。为了有效控制墙体的这类裂缝产生，砌筑时砖的产品龄期不得小于 28 天，以使其早期收缩值在此期间内完成大部分。

（2）混凝土多孔砖、混凝土普通砖的强度等级在进场复验时需要产品龄期达到 28 天。

（3）冻胀地区、地面以下、防潮层以下的砌体，不宜采用多孔砖。如果采用时，其孔洞需要用水泥砂浆灌实。

（4）因不同品种砖的收缩特性存在差异，容易造成墙体产生收缩裂缝。为此，同一墙体尽量选择同品种砖。

（5）干砖砌筑，不仅不利于砂浆强度的正常增长，降低了砌体的强度，也影响了砌体的整体性，以及造成砌筑困难。

（6）用吸水饱和的砖砌筑，会使新砌的砌体尺寸稳定性差，易出现墙体平面外弯曲，砂浆易流淌，灰缝厚度不均，砌体强度降低。

（7）砖砌体砌筑时，宜随铺砂浆随砌筑，如图 3-25 所示。据统计，气温 15℃时，铺浆后立即砌砖与铺浆后 3min 再砌砖，砌体的抗剪强度相差 30%。气温较高时，砖和砂浆中的水分蒸发较快，会影响砌筑质量。因此，在气温较高时砌筑砖，需要缩短铺浆长度。

（8）为了保证砌体的完整性、整体性、受力的合理性，尽量选择整砖丁砌。

（9）平拱式过梁，必须保证拱脚下面伸入墙内的长度，并且保持楔形灰缝形态。

拉白控制线

砖砌体砌筑时，宜随铺砂浆随砌筑

扫码看视频

建筑砖砌体的一般要求与规定

图 3-25　随铺砂浆随砌筑

（10）过梁底部模板，是砌筑过程中的承重结构，只有在够砂浆达到一定强度后，过梁部位砌体才能够承受荷载作用，才能拆除底模。

（11）砖砌体施工临时间断处的接槎部位，是受力的薄弱点。为了保证砌体的整体性，需要补砌。

（12）竖向灰缝砂浆的饱满度，一般对砌体的抗压强度影响不大，但是对砌体的抗剪强度影响明显。

（13）透明缝、瞎缝、假缝，对房屋的使用功能会产生不良影响。

（14）多孔砖的孔洞垂直于受压面，能够使砌体有较大的有效受压面积，也有利于砂浆结合层进入上下砖块的孔洞中产生"销键"作用，从而提高砌体的抗剪强度、提高砌体的整体性。

（15）摆砖样，可以根据选定的组砌方法，在墙基顶面放线位置试摆砖样。试摆砖样，也就是生摆，不铺灰。摆砖样，尽量使门窗垛符合砖的模数，偏差小时可通过竖缝调整，以减小斩砖数量，并且保证砖、砖缝排列整齐、均匀。

（16）立皮数杆，可以控制每皮砖砌筑的竖向尺寸，并且能够使铺灰、砌砖的厚度均匀，保证砖皮水平，如图 3-26 所示。

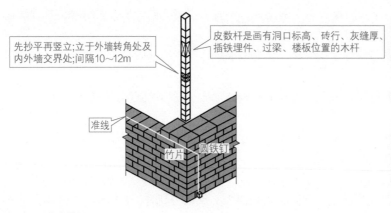

先抄平再竖立;立于外墙转角处及内外墙交界处;间隔10～12m

皮数杆是画有洞口标高、砖行、灰缝厚、插铁埋件、过梁、楼板位置的木杆

准线

竹片　圆铁钉

皮数杆

图 3-26　立皮数杆

（17）立皮数杆，皮数杆上画有每皮砖、灰缝的厚度，以及门窗洞、过梁、楼板等的标高。皮数杆应立于墙的转角位置，并且其基准标高用水准仪校正。如果墙长度很大，则可以每隔

10～20m 再立一根。

　　砌体结构施工中，在墙的转角位置、交接位置需要设置皮数杆，皮数杆的间距不宜大于 15m。

　　（18）砌砖前，一般先在墙角以皮数杆进行盘角，再将准线挂在墙侧，作为墙身砌筑的依据。每砌一皮或两皮，准线要向上移动一次。

　　（19）铺灰砌砖方法多，应根据操作习惯、使用工具、设计要求等来确定。常见的方法有：

　　① 满刀灰砌筑法（也称提刀灰）；

　　② 夹灰器、大铲铺灰及单手挤浆法；

　　③ 铺灰器、灰瓢铺灰及双手挤浆法。

　　（20）铺灰砌砖，采用铺浆法砌筑时，铺浆长度一般不得超过 750mm。施工期间气温超过 30℃时，铺浆长度一般不得超过 500mm。

　　（21）实心砖砌体铺灰组砌，大都采用一顺一丁、三顺一丁、梅花丁等组砌方法。

　　（22）240mm 厚承重墙的每层墙最上一皮砖或梁、梁垫下面，或砖砌体的台阶水平面上及挑出层，需要采用整砖丁砌。

　　（23）多孔砖的孔洞，需要垂直于受压面砌筑。

　　（24）砖柱不得采用包心砌法。

　　瞎缝，就是砌体中相邻块体间无砌筑砂浆，又彼此接触的水平缝或竖向缝。假缝，就是掩盖砌体灰缝内在质量缺陷，砌筑砌体时仅在靠近砌体表面位置抹有砂浆，其内部没有砂浆的竖向灰缝。通缝，就是砌体中上下皮块体搭接长度小于规定数值的竖向灰缝。

3.7.3　砌体结构工程对原材料的要求

　　砖、小砌块在运输装卸过程中，不得倾倒、抛掷。进场后，需要根据强度等级分类堆放整齐，堆置高度不宜超过 2m。进场原材料错误堆放方式如图 3-27 所示。

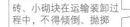

砖、小砌块在运输装卸过程中，不得倾倒、抛掷

图 3-27　进场原材料错误堆放方式

砌筑砂浆所用水泥，宜采用通用硅酸盐水泥或砌筑水泥。水泥强度等级需要根据砂浆品种、强度等级的要求进行选择。

① M15 及以下强度等级的砌筑砂浆，宜选用 32.5 级的通用硅酸盐水泥或砌筑水泥。

② M15 以上强度等级的砌筑砂浆，宜选用 42.5 级普通硅酸盐水泥。

砌筑砂浆用砂，宜选用过筛中砂。毛石砌体，宜选用粗砂。水泥砂浆、强度等级不小于 M5 的水泥混合砂浆，砂中含泥量不应超过 5%。强度等级小于 M5 的水泥混合砂浆，砂中含泥量不应超过 10%。

用于清水墙、柱表面的砖，需要边角整齐、色泽均匀。清水墙、柱的石材外露面，不得存在断裂、缺角等缺陷，并且要求色泽均匀。石砌体所用的石材，需要质地坚实、无风化剥落、无裂纹，并且石材表面要无水锈、无杂物。采用薄层砂浆砌筑法施工的砌体结构块体材料，其外观几何尺寸允许偏差为 ±1mm。

砌筑砂浆中掺入粉煤灰时，宜采用干排灰。"种植"锚固筋的胶黏剂，需要采用专门配制的改性环氧树脂胶黏剂、改性乙烯基酯类胶黏剂、改性氨基甲酸酯胶黏剂等。"种植"锚固件的胶黏剂，其填料需要在工厂制胶时添加，不得在施工现场掺入。

3.7.4 砌筑砂浆的稠度

砌筑砂浆的稠度、保水率、试配抗压强度，需要同时符合要求。砌筑砂浆中掺用有机塑化剂时，需要有其砌体强度的型式检验报告，并且符合要求后才可以使用。砌筑砂浆的稠度需要符合的规定见表 3-15。

表 3-15　砌筑砂浆的稠度

砌体种类	砂浆稠度 /mm
烧结普通砖砌体	70 ～ 90
混凝土实心砖、混凝土多孔砖砌体 普通混凝土小型空心砌块砌体 蒸压灰砂砖砌体 蒸压粉煤灰砖砌体	50 ～ 70
烧结多孔砖、空心砖砌体 轻骨料小型空心砌块砌体 蒸压加气混凝土砌块砌体	60 ～ 80
石砌体	30 ～ 50

3.7.5 现场拌制砌筑砂浆的要求

现场拌制砌筑砂浆时，需要采用机械搅拌，搅拌时间自投料完毕起算，应符合的规定如下。

（1）水泥砂浆、水泥混合砂浆，不得少于 120s。

（2）水泥粉煤灰砂浆、掺用外加剂的砂浆，不得少于 180s。

（3）掺液体增塑剂的砂浆，需要先将水泥、砂干拌混合均匀后，再将混有增塑剂的拌和水倒入干混砂浆中继续搅拌。

（4）掺固体增塑剂的砂浆，需要先将水泥、砂、增塑剂干拌混合均匀后，再将拌和水倒入其中继续搅拌。从加水开始，搅拌时间不得少于 210s。

（5）预拌砂浆、加气混凝土砌块专用砂浆的搅拌时间，需要符合有关技术标准或产品说明书的要求。

为改善砌筑砂浆性能，可掺入砌筑砂浆增塑剂。现场搅拌的砂浆要随拌随用，拌制的砂浆要在 3h 内使用完。

另外，配制砌筑砂浆时，各组分材料需要采用质量计量。配合比计量过程中，水泥、各种外加剂配料的允许偏差为 ±2%。砂、粉煤灰、石灰膏配料的允许偏差为 ±5%。砂子计量时，需要考虑其含水量对配料的影响，砌筑砂浆示意如图 3-28 所示。

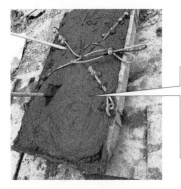

配制砌筑砂浆时，各组分材料需要采用质量计量。配合比计量过程中，水泥、各种外加剂配料的允许偏差为±2%。砂、粉煤灰、石灰膏配料的允许偏差为±5%。砂子计量时，需要考虑其含水量对配料的影响

扫码看视频

砌筑砂浆应达到的要求

图 3-28　砌筑砂浆示意

3.7.6　砖砌体整砖、破砖的要求

砖砌体，不得使用破损砖的部位如下。

（1）砖柱、砖垛、砖拱、砖碹、砖过梁、梁的支承处、砖挑层、宽度小于 1m 的窗间墙部位，不得使用破损砖。

（2）起拉结作用的丁砖，不得使用破损砖。

（3）清水砖墙的顺砖，不得使用破损砖。

砖砌体，使用丁砌层砌筑，并且需要使用整砖的部位如下。

（1）每层承重墙的最上一皮砖。

（2）楼板、梁、柱、屋架的支承处。

（3）砖砌体的台阶水平面上。

（4）挑出层。

3.7.7　砖砌体缝的要求

砖砌体缝的要求如下。

（1）砖砌体，需要随砌随清理干净凸出墙面的余灰。

（2）清水墙砌体，需要随砌随压缝，后期勾缝需要深浅一致，深度宜为 8 ～ 10mm，并且应将墙面清扫干净。

（3）砌筑装饰夹心复合墙时，外叶墙需要随砌随划缝，深度宜为 8 ～ 10mm；应采用专门的勾缝剂勾凹圆或 V 形缝，灰缝应厚薄均匀、颜色一致。

3.7.8　建筑砖墙的砌筑工艺工序

砖墙的砌筑常规工艺工序如下：找平、弹线、摆砖样（也叫做摞底）、立皮数杆、盘角、挂

线（也叫做挂准线）、砌筑、勾缝、楼层轴线标高引测、检查等，具体如图3-29所示。

建筑砖墙勾缝前，需要清除墙面上黏结的灰尘、砂浆等，并且需要洒水湿润。勾缝的顺序，一般是从上而下，先勾横缝，再勾竖缝。横缝、竖缝深浅要勾得一致，并且横平竖直。

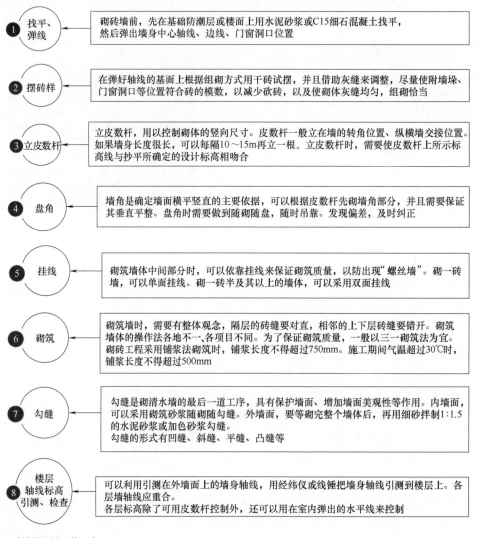

① 找平、弹线 —— 砌砖墙前，先在基础防潮层或楼面上用水泥砂浆或C15细石混凝土找平，然后弹出墙身中心轴线、边线、门窗洞口位置

② 摆砖样 —— 在弹好轴线的基面上根据组砌方式用干砖试摆，并且借助灰缝来调整，尽量使附墙垛、门窗洞口等位置符合砖的模数，以减少砍砖，以及使砌体灰缝均匀，组砌恰当

③ 立皮数杆 —— 立皮数杆，用以控制砌体的竖向尺寸。皮数杆一般立在墙的转角位置、纵横墙交接位置。如果墙身长度很长，可以每隔10～15m再立一根。立皮数杆时，需要使皮数杆上所示标高线与抄平所确定的设计标高相吻合

④ 盘角 —— 墙角是确定墙面横平竖直的主要依据，可以根据皮数杆先砌墙角部分，并且需要保证其垂直平整。盘角时需要做到随砌随盘，随时吊靠。发现偏差，及时纠正

⑤ 挂线 —— 砌筑墙体中间部分时，可以依靠挂线来保证砌筑质量，以防出现"螺丝墙"。砌一砖墙，可以单面挂线。砌一砖半及其以上的墙体，可以采用双面挂线

⑥ 砌筑 —— 砌筑墙时，需要有整体观念，隔层的砖缝要对直，相邻的上下层砖缝要错开。砌筑墙体的操作法各地不一、各项目不同。为了保证砌筑质量，一般以三一砌法为宜。砌砖工程采用铺浆法砌筑时，铺浆长度不得超过750mm。施工期间气温超过30℃时，铺浆长度不得超过500mm

⑦ 勾缝 —— 勾缝是砌清水墙的最后一道工序，具有保护墙面、增加墙面美观性等作用。内墙面，可以采用砌筑砂浆随砌随勾缝。外墙面，要等砌完整个墙体后，再用细砂拌制1∶1.5的水泥砂浆或加色砂浆勾缝。勾缝的形式有凹缝、斜缝、平缝、凸缝等

⑧ 楼层轴线标高引测、检查 —— 可以利用引测在外墙面上的墙身轴线，用经纬仪或线锤把墙身轴线引测到楼层上。各层墙轴线应重合。各层标高除了可用皮数杆控制外，还可以用在室内弹出的水平线来控制

图 3-29 砖墙的砌筑工艺工序

3.7.9 建筑砖墙的砌筑质量基本要求

建筑砖墙的砌筑质量基本要求，就是横平竖直、灰缝厚薄均匀、砂浆饱满、上下错缝、内外搭砌、接槎可靠等，具体如图3-30所示。

砖砌体抗压性能好，但是抗剪抗拉性能差。为了使砌体均匀受压，不产生剪切、水平推力，则墙、柱等承受竖向荷载的砌体，其灰缝需要横平竖直，厚薄均匀。以免在竖向荷载作用下，沿水平灰缝与砖块的结合面产生剪应力。

砖砌体水平灰缝厚度、竖向灰缝宽度，一般宜为10mm，不得小于8mm，也不得大于12mm。

　　砂浆饱满程度，可以用砂浆饱满度来表示。为了保证砌体的抗压强度，一般要求砖墙水平灰缝砂浆饱满度不低于 80%。竖向灰缝，一般宜采用挤浆或加浆方法使其饱满，不得出现透明缝、瞎缝、假缝等现象。砖柱水平灰缝、竖向灰缝饱满度，一般要求不得低于 90%。

　　砌砖时，错缝、搭砌长度一般不小于 60mm，同时还需要考虑砌筑方便、少砍砖等要求。砖柱严禁采用包心砌法。

　　为了保证砌体的整体性，砖砌体的转角位置、交接位置应同时砌筑。严禁无可靠措施的内外墙分砌施工。

　　在抗震设防烈度为 8 度及 8 度以上的地区，对不能同时砌筑而又必须留置的临时间断位置需要砌成斜槎。普通砖砌体斜槎水平投影长度，一般不小于高度的 2/3。多孔砖砌体的斜槎长高比，一般不小于 1/2。斜槎高度，一般不得超过一步脚手架的高度。接槎砂浆需要饱满。

图 3-30　建筑砖墙的砌筑质量基本要求

　　接槎是指相邻砌体不能同时砌筑，而又必须设置的临时间断，以便于先、后砌筑的砌体间接合。

3.8　装修砌墙

3.8.1　硬装施工墙体的改建

　　硬装施工墙体改建，就是对整个居室空间结构利用的初步规划，也是所有硬装施工工作的基础。铲墙、砌墙、搭建隔断，为家装施工工作的前面几步，以确定家装大体的空间结构、功能性设备的细化具体工作。

　　砌墙的红砖一定要先泡湿，使其充分吸水，以免红砖砌墙后水泥吸收水分，造成开裂现象，如图 3-31 所示。

吸水前的状态　　　吸水后的状态

砌墙的红砖一定要先泡湿，充分吸水，以免红砖砌墙后水泥吸收水分，造成开裂现象

图 3-31　红砖充分吸水

一点通

　　装修后墙漆裂开，有可能是砖墙返潮将漆撕裂造成的。如果砌墙时砌得太快，没完全干透就做后续面饰工作，则水汽会被封在里面，散发出来会很慢，并且会造成水泥开裂。这就是返潮现象。另外，每日的砌筑高度，不宜超过 1.8m。雨天施工，不宜超过 1.2m。

3.8.2　家装新砌墙砖的选择

　　砌墙常用的砖，可以选择红砖、轻质砖、加气混凝土砌块等。家装新砌墙砖，一般选择使用红砖。红砖砌墙，结实耐用。加气混凝土砌块如图 3-32 所示。

加气混凝土砌块

图 3-32　加气混凝土砌块

　　红砖，可以分为 85 砖、95 砖、多孔砖。85 砖、95 砖，均为实心砖，比较结实且隔声。85 砖比较小，规格为 190mm×35mm×90mm，一般用于矮墙、灶台等场所。85 砖一般不用于砌墙。95 砖比较大，一般用于砌墙。95 砖又叫做标准砖，实际尺寸为 240mm×115mm×53mm。

　　新建红砖墙，一般只能够砌在多层、小高层、别墅一楼以上部分的梁下、别墅一楼的任何地方。梁下，也就是指下一层楼的砖墙位置上部的梁。

为使砖对楼板的承重影响小，则尽量选择轻体砖，例如，空心砖、泡沫砖等。

砌墙，可以选择使用砖，也可以选择石膏板。

红砖建筑具有呼吸特性，能够调节室内外湿度。目前，黏土红砖已禁止生产和使用。页岩红砖、多孔红砖有节能、隔热、隔声等作用。高档的页岩多孔砖，可以用于室内外墙装饰。

3.8.3　家装新砌墙墙体的选择

家装常见的墙体厚度，有6分墙、12墙、18墙等。一般普通墙，砌12墙。有承重要求的墙，可以砌18墙。

6分墙轻薄、稳定性差，墙面容易开裂。6分墙，不能挂热水器，也不能装毛巾架。

一砖墙、半砖墙，可以在砌墙抹灰干燥后再开槽铺管线。

四分之一砖墙不方便开槽，只能将水电管线一起砌进墙内。

非梁下、高层，一般不允许砌砖墙，因为砖墙质量大，会对楼板产生较大压力。如果没有梁，或者不是底楼的情况下砌墙，则可能会把楼板压弯压裂。如果不得不在非梁下或高层砌墙，则可以采用轻质砖或者石膏板作为隔墙。

如果遇到不满意的户型，新房装修时很多业主都会选择拆改，这就涉及拆墙、砌墙工作。拆墙时应注意一切承重墙都不能拆。

总之，承重墙不得擅自移位、承重结构不得随意改动、承重墙上不得开门窗。

拆墙之前，需要把门、窗等设施用纸皮包好，用塑料袋把下水全部封闭。

拆墙之前，应拿粉笔或者弹线把需要拆的墙体画出来，以免拆了不该拆的墙。

家装这些墙面不能拆改：建筑物的外墙、房屋顶面、地面、房屋中的梁柱、卫生间的墙体、厨房的墙体等。家装新砌墙水泥、黄砂用量，按照32.5号水泥进行估算，也就是每平方墙面需要15kg水泥，75kg黄砂。卫生间管道砌墙包覆时，需要首先用吸声棉的凹凸面包在卫生间管道上，再用铁丝固定好，然后再砌墙。

3.8.4　家装新砌墙施工注意点

家装新砌墙施工一些注意点如下。

（1）先提前把砖块浸水。

施工时，不得现浇现用，更不得用干砖砌墙。如果采用干砖砌墙会则干砖会吸收水泥砂浆里的水分，影响墙体的稳定性。

浸砖，要充分浸泡、浇透，砖与砂浆才"吃得住"。一般提前两天预先浸泡好即可。

（2）清理好基层、抄平。

砌墙施工前，需要将地面浮浆残渣清理干净，并且要洒水湿润地面。有的需要抄平，也就是先在基础面或楼板上根据标准的水准点定出各层标高，然后用水泥砂浆或C10细石混凝土找平。

（3）放线放样。

施工前，必须现场放线、弹线，以便准确确定位置。无论砌墙的尺寸是多少，一定要进行正规的放线，并且还应确保倾斜度保持在 2% 内。

放线弹墨线，最好运用激光水平仪辅助确认线条是否垂直，这样砌的墙才不会歪斜。

墙体的头尾两侧，可以利用铅垂或者激光水平仪以钢钉固定垂直向尼龙线，作为水平向尼龙线移动的基准。水平向尼龙线必须以活结固定，以方便移动。

砌墙时，需要拉水平与垂直两条基准线（图 3-33）。如果不拉线或者只拉一条线，则施工会不够精准，带来麻烦。

植入钢筋

绳子一端固定一只钉子，有利于插入缝隙固定

拉线从砖边角平行拉通

拉线

图 3-33　拉线

（4）植入钢筋加固。

新旧墙是一字相连或 L 形交接、混凝土结构与砖砌结构连接的情况，则可以用拉结筋来固定连接。也就是在新旧墙交接位置植入钢筋，一般钢筋长度大约 60cm 以上，并且植入旧墙大约 10cm，并需要用植筋胶固定。如果植入钢筋间的间距（高度）大于 60cm，则应植入两根 L 形钢筋。

植筋胶如图 3-34 所示。

拉结筋一般为直径 6mm 的钢筋，间距大约 500mm，伸入墙内大约 700mm。末端需要做 90° 弯钩。

植入钢筋加固，可以维护整个结构的整体性，同时起到抗震的作用。

植入钢筋固定也称为壁栓。

如果不方便插钢筋，需要把老墙表层凿毛后再砌新墙或者凿出一个凹槽后将新墙的红砖嵌在里面。

植筋胶

图 3-34　植筋胶

1/4 墙因墙体较薄，植入钢筋后墙体对钢筋的抱握力不够，布设钢筋的意义不大。

（5）砌砖。

砖块与砖块间的缝隙距离，大约 1cm，并且应用水泥砂浆填充。砌砖墙时，砖块需要以交丁方式堆叠。

与原墙相接处砌筑前，需要将原墙的粉刷层铲剥干净，并且洒水湿润后再进行砌筑施工。

砌体砂浆要饱满，不允许出现空缝、瞎缝。砌砖的要求如图 3-35 所示。

砌砖时，严格控制垂直度、平整度，每三皮测一次垂直度，每两皮测一次平整度，如图3-36所示。两皮砖间，必须错缝砌筑，不允许出现两皮以上的通缝。

1/2 砖墙，宜在两天完成。1/4 砖墙，宜分三天完成，以保证墙体的稳定性。家装砌砖墙，不能一天砌完，最多砌到 1.2m。赶工的话，勉强可以砌到 1.5m，但是绝对不能一天就把墙砌到上天花板。

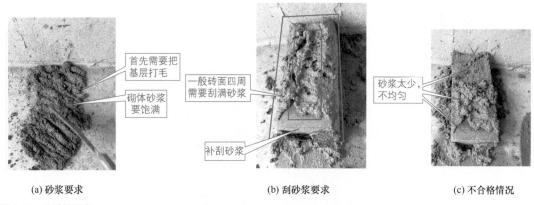

(a) 砂浆要求 　　　　　　(b) 刮砂浆要求 　　　　　　(c) 不合格情况

首先需要把基层打毛

砌体砂浆要饱满

一般砖面四周需要刮满砂浆

补刮砂浆

砂浆太少，不均匀

图 3-35　砌砖的要求

砌砖时，严格控制垂直度、平整度，每三皮测一次垂直度，每两皮测一次平整度

(a) 每三皮测一次垂直度，每两皮测一次平整度

破砖

排砖，避免通缝

整砖

上下错缝

(b) 整砖与破砖

图 3-36　砌砖

凡含有门樘的砌体，需要先立樘校正垂直度、平行度后再砌墙。砌筑完毕后，需要做好落手清工作，并且清除凸出墙面的余浆。

（6）斜砌砖。

最上面的砖，最好采用 45° 斜砌挤紧。这样可以使砖能与梁亲密接触，避免出现砂浆不饱满引起的空鼓、裂缝等现象。另外，考虑到框架梁下挠时，斜砌可以起缓冲作用，不至于将填充墙压裂。

隔墙、填充墙的顶部，均需要使用立砖斜砌挤紧，如图 3-37 所示。

斜砖逐块敲紧
砌实满填砂浆

梁或板

隔墙上端

图 3-37 立砖斜砌

（7）隔天砌砖。

新墙的最上面一块砖，必须隔 1 天以上才能够砌上去。目的是为了避免由于新砌墙沉降，导致最上面的砖与梁产生缝隙，从而影响以后的装饰效果。

（8）钢丝网（铁丝网）固定抹灰层。

新旧墙交接位置，需要安放 1cm 格眼的钢丝网，然后重新批荡，以便对原基层进行抓结，防止新旧墙连接位置后期开裂。如果抹灰厚度大于 30 mm 时，则需要加钢丝网。铁丝网的规格，一般选择 8 厘的比较好。

有的地方，可以布纤维网，效果与布钢丝网（铁丝网）是一样的。

（9）门洞加过梁。

门洞施工时，需要使用水泥预制梁体作为门洞过梁，尤其是过梁上方有较大面积的砖体的情况。这样可使房屋在沉降过程中有较大的抗变形能力。

门洞过梁，就是指门窗洞口上方的横梁。门洞过梁主要承受门窗洞口上部的荷载，以及把它传到门窗两侧的墙上，以免门窗框被压坏或变形。

预制梁或者现浇梁，一般是采用砂、石子、水、水泥、钢筋浇筑而成。过梁，一般需要三角钢条，并且最好是镀锡的。不要采用未做防腐处理的木质梁，以免腐烂。

水泥梁体插入两边墙体的长度大约为 24cm，家装中，应保证 12cm 以上。如果遇到一端是柱体的情况，则需要在柱体上开洞，并且植入钢筋加固。

家装门过梁厚度大约 100mm，中间需要加 2 条直径 8mm 的钢筋。

过梁，也可以用钢结构。还有一种角过梁，也就是在门两边敲槽后窝双排角铁。角铁的厚度，可以根据门洞的大小来确定。角铁规格为 4cm×4cm。

（10）有防水要求的房间的砌筑。

卫生间、厨房等有防水要求的房间，砌筑隔墙前需要先浇筑 200mm 高的钢筋混凝土圈梁，以杜绝潮气顺墙体上返，造成墙体受潮，并且应尽量不动原卫生间的水泥防水梁。有的原始的水泥防水梁与楼板是整体浇筑，具有很好的防水渗透力。

防水梁的常规做法：沙、水泥、石子根据一定配比混合搅拌浇筑而成。防水梁高度，原则上不低于 15cm。水泥砂浆中最好加防水剂。

（11）保养干燥。

新砌墙完工后，需要做一定的养护。水泥墙体开始大面积泛白后，需要根据天气情况对墙体进行适当的浇水养护，以防天气急剧变化引起墙体空鼓。

砌好墙后至少要保养 20 天，才考虑继续做墙面的刮白处理，以免出现返碱现象。

（12）平整、垂直度要求。

新建墙体水平面、垂直面，必须平整。抹灰前，可以采用 2m 靠尺检查，其误差应小于 8mm，抹灰后应小于 5mm。

（13）抹灰。

墙砌完后，时间稍等久点最好，最少 1～2 天后再进行抹灰。双面抹灰施工前，对砌好的墙进行挂网处理。挂网的目的就是防止墙面的横向拉力使抹灰产生开裂现象。

砌墙时的水泥与砂浆的比例，通常为 1：3。如果水泥砂浆比例不当，则墙体结构会不稳固，甚至出现龟裂，倒塌等现象。水泥标号不得低于 325。

砌筑砂浆，也可以采用 1：4 水泥砂浆加 < 5% 的 801 建筑胶水拌制。砂浆搅拌要均匀，每次砂浆的搅拌量应控制在 4h 内使用完毕。

3.9　具体砖、砌块的施工

3.9.1　加气混凝土砌块的排列方式

加气混凝土砌块排列方式如图 3-38 所示。

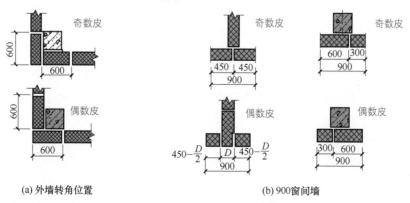

图 3-38

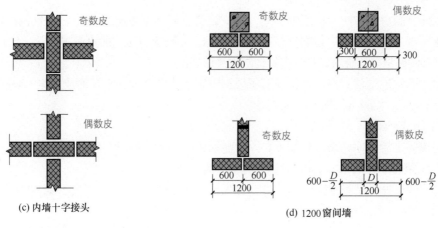

(c) 内墙十字接头　　　　　　　(d) 1200 窗间墙

图 3-38　加气混凝土砌块排列方式

3.9.2　混凝土小型空心砌块的砌筑

3.9.2.1　混凝土小型空心砌块的选择

（1）底层室内地面以下、防潮层以下的砌体，需要采用水泥砂浆砌筑。小砌块的孔洞，需要采用强度等级不低于 Cb20 或 C20 的混凝土灌实。

（2）防潮层以上的小砌块砌体，宜采用专用砂浆砌筑。如果采用其他砌筑砂浆时，则应采取改善砂浆和易性和黏结性的措施。

（3）小砌块砌筑时的含水率，对普通混凝土小砌块，宜为自然含水率，当天气干燥炎热时，可提前浇水湿润。对轻骨料混凝土小砌块，宜提前 1 ～ 2 天浇水湿润。

（4）小砌块表面有浮水时，不得使用。

砌筑芯柱部位的墙体，需要采用不封底的通孔小砌块。每根芯柱的柱脚部位应采用带清扫口的 U 形、E 形、C 形或其他异形小砌块砌留操作孔。

3.9.2.2　混凝土小型空心砌块的砌筑

（1）砌筑墙体时，小砌块产品龄期不得小于 28 天。

（2）承重墙体使用的小砌块，需要完整、无破损、无裂缝。

（3）砌筑厚度大于 190mm 的小砌块墙体时，宜在墙体内外侧双面挂线。

（4）小砌块，需要将生产时的底面朝上反砌于墙上。

（5）小砌块墙内，不得混砌黏土砖或其他墙体材料。如需局部嵌砌时，则采用强度等级不低于 C20 的适宜尺寸的配套预制混凝土砌块。

（6）单排孔小砌块的搭接长度，需要为块体长度的 1/2。多排孔小砌块的搭接长度，不宜小于砌块长度的 1/3。

（7）个别部位不能够满足搭砌要求时，则在此部位的水平灰缝中设 φ4 钢筋网片，并且网片两端与该位置的竖缝距离不得小于 400mm，或采用配块。

（8）墙体竖向通缝不得超过 2 皮小砌块，独立柱不得有竖向通缝。

（9）厚度为 190mm 的自承重小砌块墙体宜与承重墙同时砌筑。厚度小于 190mm 的自承重小砌块墙宜后砌，且根据设计要求预留拉结筋或钢筋网片。

（10）砌筑小砌块时，宜使用专用铺灰器铺放砂浆，且应随铺随砌。未采用专用铺灰器时，则砌筑时的一次铺灰长度不宜大于 2 块主规格块体的长度。

（11）砌筑小砌块墙体时，对一般墙面，需要及时用原浆勾缝，勾缝宜为凹缝，凹缝深度宜为 2mm。装饰夹心复合墙体的墙面，需要采用勾缝砂浆进行加浆勾缝，勾缝宜为凹圆或 V 形缝，凹缝深度宜为 4 ～ 5mm。

（12）小砌块砌体的水平灰缝厚度、竖向灰缝宽度宜为 10mm，但是不应小于 8mm，也不得大于 12mm，并且灰缝应横平竖直。

（13）砌入墙内的构造钢筋网片、拉结筋，需要放置在水平灰缝的砂浆层中，不得有露筋现象。

（14）直接安放钢筋混凝土梁、板或设置挑梁墙体的顶皮小砌块，需要正砌，并且采用强度等级不低于 Cb20 或 C20 混凝土灌实孔洞，其灌实高度、长度需要符合设计要求。

混凝土小型空心砌块的砌筑要点如图 3-39 所示。

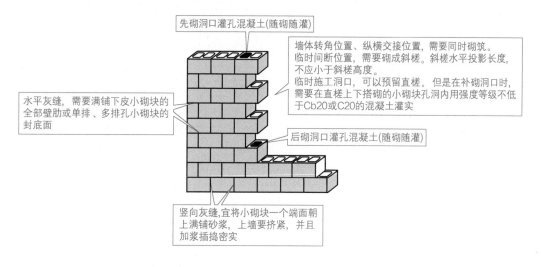

图 3-39　混凝土小型空心砌块的砌筑要点

3.9.3　石砌体工程的砌筑

石砌体工程砌筑要求如下。

（1）石砌体的转角位置、交接位置，需要同时砌筑。对不能同时砌筑而又需留置的临时间断位置，需要砌成斜槎。

（2）石砌体需要采用铺浆法砌筑，砂浆要饱满，叠砌面的粘灰面积应大于 80%。

（3）石砌体每天的砌筑高度不得大于 1.2m。

（4）毛石砌体的第一皮及转角处、交接处和洞口处，需要采用较大的平毛石砌筑。

（5）毛石砌体，宜分皮卧砌，错缝搭砌，并且搭接长度不得小于 80mm，如图 3-40 所示。

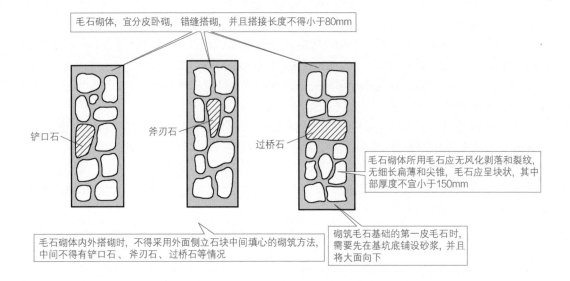

毛石砌体，宜分皮卧砌，错缝搭砌，并且搭接长度不得小于80mm

铲口石

斧刃石

过桥石

毛石砌体所用毛石应无风化剥落和裂纹，无细长扁薄和尖锥，毛石应呈块状，其中部厚度不宜小于150mm

毛石砌体内外搭砌时，不得采用外面侧立石块中间填心的砌筑方法，中间不得有铲口石、斧刃石、过桥石等情况

砌筑毛石基础的第一皮毛石时，需要先在基坑底铺设砂浆，并且将大面向下

图 3-40　毛石砌体

（6）阶梯形毛石基础的上级阶梯的石块，需要至少压砌下级阶梯的 1/2，相邻阶梯的毛石需要相互错缝搭砌。

（7）毛石基础砌筑时，需要拉垂线、水平线。

（8）毛石砌体拉结石需要均匀分布、相互错开。毛石基础同皮内，宜每隔 2m 设置一块拉结石。毛石墙，每 0.7m² 墙面至少设置一块拉结石，并且同皮内的中距不得大于 2m。

（9）毛石砌体砌筑，基础宽度或墙厚不大于 400mm 时，拉结石的长度需要与基础宽度或墙厚相等。如果基础宽度或墙厚大于 400mm 时，可以用两块拉结石内外搭接，搭接长度不应小于 150mm，并且其中一块的长度不得小于基础宽度或墙厚的 2/3。毛石砌体砌筑拉结石如图 3-41 所示。

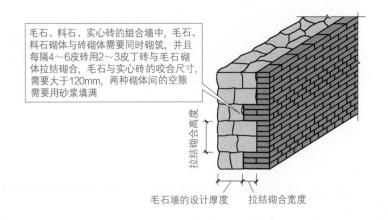

毛石、料石、实心砖的组合墙中，毛石、料石砌体与砖砌体需要同时砌筑，并且每隔4～6皮砖用2～3皮丁砖与毛石砌体拉结砌合，毛石与实心砖的咬合尺寸，需要大于120mm，两种砌体间的空隙需要用砂浆填满

拉结砌合高度

毛石墙的设计厚度　　拉结砌合宽度

图 3-41　毛石砌体砌筑拉结石

（10）料石砌体各种砌筑用料石的宽度、厚度，均不宜小于 200mm，长度不宜大于厚度的 4 倍。除了设计有特殊要求外，料石加工的允许偏差需要符合的规定见表 3-16。

表 3-16　料石加工的允许偏差需要符合的规定

料石种类	允许偏差	
	宽度、厚度 /mm	长度 /mm
毛料石	±10	±15
细料石	±3	±5
粗料石	±5	±7

（11）料石砌体的水平灰缝，需要平直，竖向灰缝，需要宽窄一致。其中，细料石砌体灰缝不宜大于 5mm，粗料石与毛料石砌体灰缝不宜大于 20mm。

（12）料石墙砌筑法，可以采用丁顺叠砌、二顺一丁、丁顺组砌、全顺叠砌等。料石墙的第一皮、每个楼层的最上一皮，均需要丁砌。

（13）石砌体勾凹缝时，需要将灰缝嵌塞密实，缝面宜比石面深 10mm，并把缝面压平溜光。

毛石砌体的灰缝应饱满密实，表面灰缝厚度不宜大于 40mm，石块间不得有相互接触现象。石块间较大的空隙应先填塞砂浆，后用碎石块嵌实，不得采用先摆碎石后塞砂浆或干填碎石块的方法。砌筑时，不应出现通缝、干缝、空缝、孔洞等现象，如图 3-42 所示。

石块间较大的空隙应先填塞砂浆，后用碎石块嵌实，不得采用先摆碎石后塞砂浆或干填碎石块的方法

石砌体勾凹缝时，需要将灰缝嵌塞密实，缝面宜比石面深 10mm，并把缝面压平溜光

砌筑时，不应出现通缝、干缝、空缝、孔洞等现象

图 3-42　石砌体勾缝

　一点通

石砌体勾平缝时，需要将灰缝嵌塞密实，缝面应与石面相平，并应把缝面压光。石砌体勾凸缝时，需要先用砂浆将灰缝补平，待初凝后再抹第二层砂浆，压实后应将其将成宽度为 40mm 的凸缝。

3.9.4　石砌挡土墙的砌筑

石砌挡土墙的砌筑要求、方法如下。

（1）砌筑毛石挡土墙毛石的中部厚度，不宜小于 200mm。

（2）砌筑毛石挡土墙，每砌 3 ～ 4 皮宜为一个分层高度，并且每个分层高度需要找平一次。

（3）砌筑毛石挡土墙，外露面的灰缝厚度不得大于 40mm，并且两个分层高度间的错缝不得小于 80mm。

（4）料石挡土墙，宜采用同皮内丁顺相间的砌筑形式。如果中间部分用毛石填砌时，则丁砌料石伸入毛石部分的长度不得小于200mm。

（5）石砌挡土墙，需要根据设计要求架立坡度样板收坡或收台，并且需要设置伸缩缝、泄水孔。泄水孔宜采取抽管或埋管方法留置。

（6）石砌挡土墙必须按设计规定留设泄水孔。

（7）石砌挡土墙泄水孔需要在挡土墙的竖向、水平方向均匀设置，并且在挡土墙每米高度范围内设置的泄水孔水平间距不得大于2m。

（8）石砌挡土墙泄水孔，泄水孔直径不得小于50mm。

（9）石砌挡土墙泄水孔，泄水孔与土体间需要设置长宽不小于300mm、厚不小于200mm的卵石或碎石疏水层。

（10）石砌挡土墙内侧回填土，需要分层夯填密实，并且密实度需要符合设计要求。

（11）石砌挡土墙墙顶土面，需要有排水坡度。

3.9.5 烧结空心砖砌体砌筑要求

烧结空心砖砌体砌筑要求、方法如下。

（1）烧结空心砖墙，需要侧立砌筑，孔洞要呈水平方向。

（2）空心砖墙底部，宜砌筑3皮普通砖，并且门窗洞口两侧一砖范围内需要采用烧结普通砖砌筑。

（3）砌筑空心砖墙的水平灰缝厚度、竖向灰缝宽度，宜为10mm，并且不小于8mm，也不应大于12mm。竖缝需要采用刮浆法，并且先抹砂浆后再砌筑。

（4）砌筑时，墙体的第一皮空心砖需要进行试摆。排砖时，不够半砖处采用普通砖或配砖补砌，半砖以上的非整砖宜采用无齿锯加工制作。

（5）烧结空心砖砌体组砌时，需要上下错缝。交接位置，需要咬槎搭砌，掉角严重的空心砖不宜使用。转角、交接位置，需要同时砌筑，不得留直槎。留斜槎时，斜槎高度不宜大于1.2m。

（6）外墙采用空心砖砌筑时，需要采取防雨水渗漏的措施。

3.9.6 蒸压加气混凝土砌块砌体砌筑要求

蒸压加气混凝土砌块砌体砌筑要求如下。

（1）填充墙砌筑时，需要上下错缝，搭接长度不宜小于砌块长度的1/3，并且不得小于150mm。如果不能满足时，则在水平灰缝中设置2φ6钢筋或φ4钢筋网片加强，并且加强筋从砌块搭接的错缝部位起，每侧搭接长度不小于700mm。

（2）蒸压加气混凝土砌块采用薄层砂浆砌筑法砌筑时，需要符合下列规定：砌筑砂浆采用专用黏结砂浆、砌块不得用水浇湿，砌块其灰缝厚度宜为2～4mm，砌块与拉结筋的连接需要预先在相应位置的砌块上表面开设凹槽，砌筑时钢筋需要居中放置在凹槽砂浆内，砌筑时的水平面和垂直面上有超过2mm的错边量时采用钢齿磨板或磨砂板磨平才可以进行下道工序施工。

（3）用非专用黏结砂浆砌筑时，水平灰缝厚度和竖向灰缝宽度不得超过15mm。

（4）蒸压加气混凝土砌块的锯块工具如图3-43所示。

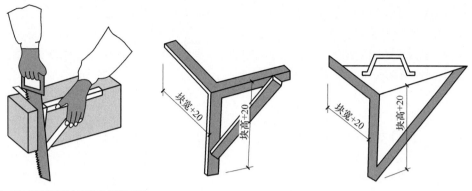

图 3-43　蒸压加气混凝土砌块的锯块工具

3.10　质量要求、保证质量措施

3.10.1　轻质空心砌块隔墙允许偏差

轻质空心砌块隔墙允许偏差见表 3-17。

表 3-17　轻质空心砌块隔墙允许偏差

项目	允许偏差 /mm	检查方法
轴线位移	≤ 3	用钢尺量
表面平整	≤ 3	用 2m 靠尺和塞尺检查
门窗洞中心偏差	≤ 3	用钢尺量
门窗洞口尺寸偏差	≤ 4	用钢尺量
纵缝宽（黏结剂必须饱满）	≤ 6	用钢尺量
门头板竖缝玻纤网格布搭接	≥ 30	用钢尺量
垂直偏差	≤ 3	用 2m 托线板或经纬仪
接缝高差	≤ 2	用直尺和塞尺
转角偏差	≤ 4	用 200 方尺、特殊角尺、塞尺检查

3.10.2　砌筑墙体质量保证措施

砌筑墙体质量保证措施如下。

（1）雨天不宜在露天砌筑墙体。下雨当日砌筑的墙体，需要进行遮盖。

（2）继续雨天砌筑的墙体，则首先需要复核墙体的垂直度。如果墙体垂直度超过允许偏差，则需要拆除重新砌筑。

（3）多孔砖的孔洞，需要垂直于受压面砌筑。

（4）分段施工时，砌体相邻施工段的高差，不得超过一层楼，并且也不得大于 4m。

（5）搁置预制梁、预制板的砌体顶面，需要找平，并且安装时要坐浆，如果设计无具体要求时，则一般采用 1 ： 2.5 的水泥砂浆。

（6）弧拱式、平拱式过梁的灰缝，需要砌成楔形缝，并且拱底灰缝宽度不宜小于 5mm，拱顶灰缝宽度不应大于15mm。拱体的纵向灰缝、横向灰缝，均需要填实砂浆。

（7）宽度超过300mm的洞口上部，需要设置钢筋混凝土过梁。

（8）梁下面、梁垫下面、变截面砖砌体的台阶水平面、砌体的挑出层（挑檐、腰线）等位置，需要用丁砖层砌筑，以保证砌体的整体强度。

（9）平拱式过梁拱脚下面，需要伸入墙内不小于20mm。砖砌平拱过梁底，需要有1%的起拱。

（10）砌体施工时，楼面、屋面堆载，均不得超过楼板的允许荷载值。

（11）砌筑墙体时，做到"三皮一吊、五皮一靠"，以便保证墙面平整度、垂直度。

（12）设计要求的管道、洞口、沟槽在墙体砌筑时，需要正确留出或预埋。如果没有经设计同意，则不得打凿墙体，不得在墙体上开水平沟槽，也不得在截面长边小于500mm的承重墙体与独立柱内埋设管线。

（13）正常施工条件下，砖砌体、小砌块砌体，每日砌筑高度宜控制在1.5m或一步脚手架高度内。正常施工条件下，石砌体砌筑高度一般不宜超过1.2m。

（14）砖过梁底部的模板及其支架拆除时，其灰缝砂浆强度不得低于设计强度的75%。

（15）砖墙体砌筑时，各层承重墙的最上一皮砖需要砌丁砖层。

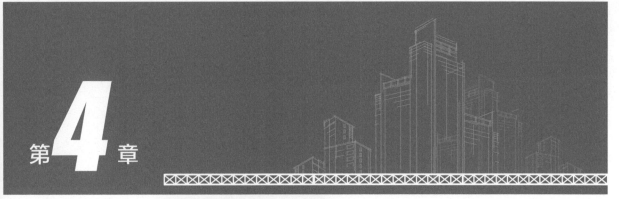

第**4**章

筑围墙技能

4.1 围墙的基础知识

4.1.1 围墙的特点与分类

围墙，主要是围着建筑体的墙，也就是环绕房屋、园林、场院等起拦挡作用的墙，如图 4-1 所示。可以用于建造围墙的材料有很多，例如石材、砖、混凝土、木材、金属材料等均是可以用于建造围墙的材料。

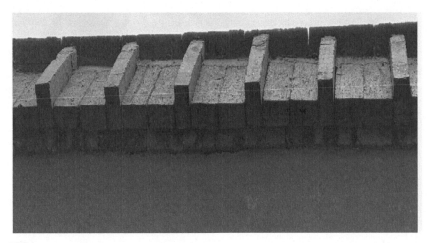

图 4-1 围墙

目前，常见的围墙有新型砌块围墙、实心混凝土砖围墙、混凝土墙板围墙、栅栏、花格围墙等。围墙施工，可以分为实体围墙施工、透空围墙施工等类型。

一般情况，围墙所采用的材料要求如图 4-2 所示。

4.1.2 砖砌围墙施工的流程

砖砌围墙施工的流程如图 4-3 所示。

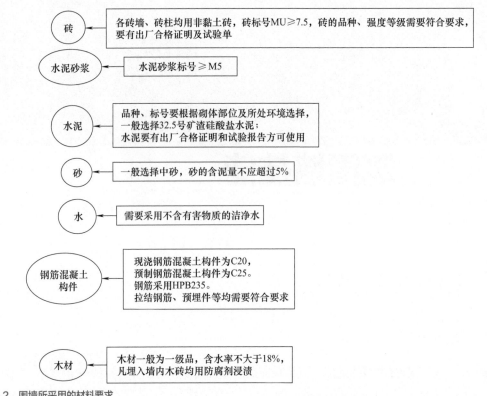

图 4-2　围墙所采用的材料要求

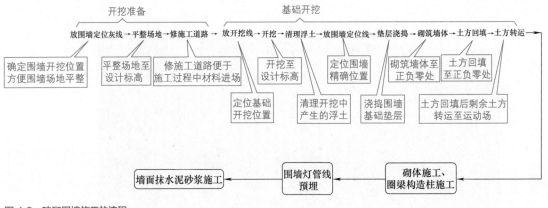

图 4-3　砖砌围墙施工的流程

4.1.3　预制混凝土花格规格与尺寸

一些预制混凝土花格规格与尺寸示例如图4-4所示。

4.1.4　施工现场围挡围墙要求与规范

施工现场围挡围墙的一些要求与规范如下。

（1）施工工地一般需要四周连续设置围挡围墙。有的施工工地，必须采用砖砌体结构的围挡围墙。

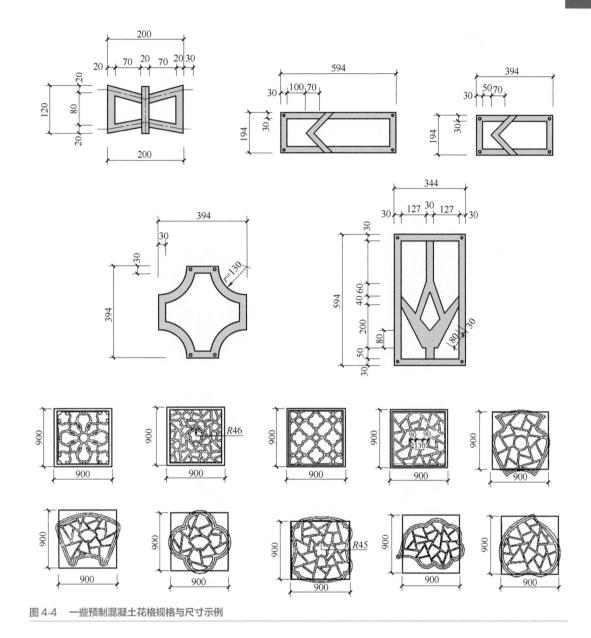

图 4-4　一些预制混凝土花格规格与尺寸示例

（2）施工现场围挡围墙的地基，需要满足地基承载力，并且保证围墙安全、稳固、整洁、美观。

（3）市区主要路段，围墙高度不低于 3m。其他路段，围墙高度不低于 2.5m。

（4）施工现场围墙内外需要抹灰。有的地方，还规定了涂料的颜色，压顶琉璃瓦的颜色。

（5）施工现场围墙壁柱顶端一般还设置了灯座，以便安装照明灯。

（6）施工现场围墙大门，有的地方规定不小于 6m，净高不小于 4m。门头部位有企业标志、项目名称。门柱有安全生产、文明施工、创优内容等。门头有灯箱或霓虹灯，供夜晚照明。

（7）加强围挡围墙日常使用管理与组织检查。

4.2　具体围墙的施工

4.2.1　实心围墙的特点、要求

围墙主墙体，一般采用 24 墙，高度大约 2.5m，也有的高度大约 1.8m、2.9m。围墙基础有 37 墙与 49 墙等类型。围墙主墙体上，一般需要设排雨水压顶，每 3～4m 长设有一扶壁柱，围墙内外墙面需要水泥砂浆抹面保护。一些实心围墙如图 4-5 所示。

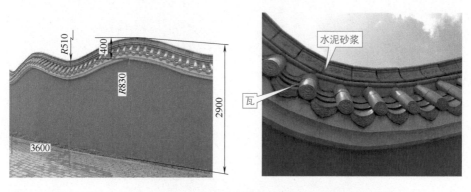

(a) 实心围墙1

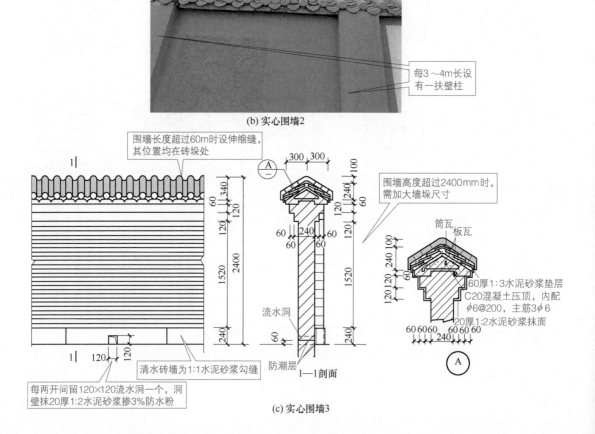

(b) 实心围墙2

(c) 实心围墙3

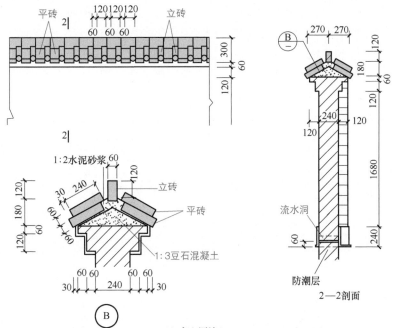

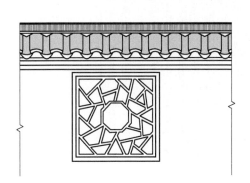

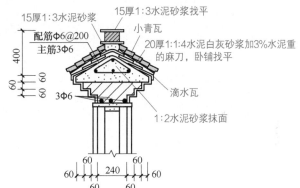

(d) 实心围墙4

(e) 实心围墙5

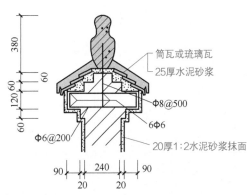

(f) 实心围墙6

图 4-5　实心围墙

4.2.2 花格围墙的特点、要求

花格围墙示例如图 4-6 所示。预制混凝土竖板花格，一般是由上、下两端固定在梁（板）与地面的预制钢筋混凝土竖板和装在竖板间的花格等组成。

花格安装，常见的步骤包括锚固准备、立板连接、插入花格、勾缝涂饰等。因花格种类不同，安装方式与具体步骤会有差异。

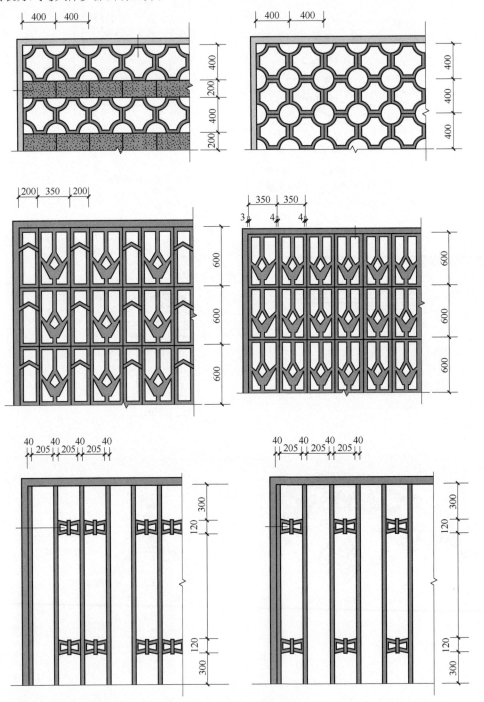

图 4-6 花格围墙示例

① 锚固准备。施工时根据竖板间隔尺寸预埋铁件或预留凹槽，以便竖板间插入花格。有的采用膨胀螺栓、射钉紧固，则无需埋件、留槽；有的采用水泥砂浆或者黏结剂来固定。

② 如果采用立板紧固花格，则应拉控制线，以便确定安装位置。

③ 插入花格。根据图形特点插入相应编号的花格，并且注意水平线、垂直度、花格间的连接要求。花格间常见连接方式有插筋连接、螺钉连接、焊接、凹槽连接等方式。如果是凹槽连接方式，则中间的竖板需要同时准确就位。

④ 竖板与主体结构间的缝隙、花格与竖板间的缝隙，可以采用（1：2）～（1：2.5）的水泥砂浆勾实，再根据要求涂刷涂料。

4.2.3　钢围栏（围墙）的特点、安装

钢围栏（围墙）如图 4-7 所示。钢围栏常见高度有 1.5m、1.8m、2m、2.3m 等。每节大约 3.3m、3.6m、3.9m、4.2m、5m 等规格需要安装柱固定。安装柱，有的采用金属材料制作，有的采用砖砌柱、混凝土柱；有的采用方柱，有的为圆柱。柱上，有的设有照明灯具，有的还安装了监控设备。

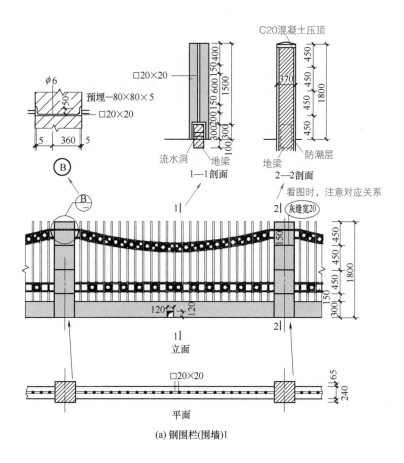

(a) 钢围栏（围墙）1

图 4-7

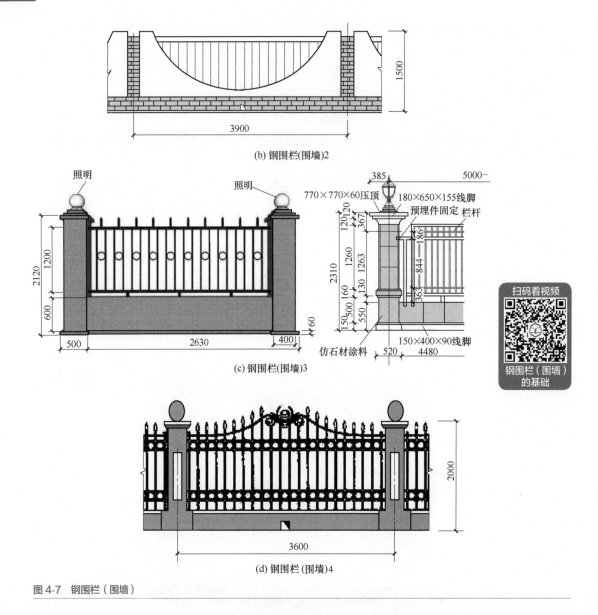

(b) 钢围栏(围墙)2

(c) 钢围栏(围墙)3

扫码看视频

钢围栏（围墙）
的基础

(d) 钢围栏(围墙)4

图 4-7　钢围栏（围墙）

　　钢围栏混凝土柱，一般需要采用钢筋混凝土打基础，基础要比柱大。有采用 500mm×500mm。钢筋采用 4 根直径 16mm 的竖筋，间距 120mm、100mm 等。钢筋混凝土柱间距一般小于 4m。

　　围墙柱装饰，有采用涂料的，也有采用铺贴瓷砖的。

4.2.4　庭院大门的安装

　　庭院大门，根据材质，可以分为木门、铁艺门、钢门（包括不锈钢门）、铝艺门、铜门等，其构成如图 4-8 所示。

　　根据安装方式，庭院大门分为中装、后装。中装，就是门在柱中间安装。后装，就是门在柱后面安装。

　　对于泥水工而言，主要是进行做门柱、装预埋件等工作。如果采用膨胀螺栓来固定，则无需装预埋件，但是需要采用符合要求的砌块。有照明灯、弱电管的，均需要预留线管，并且强电、弱电分开布管, 门柱照明示意如图 4-9 所示。

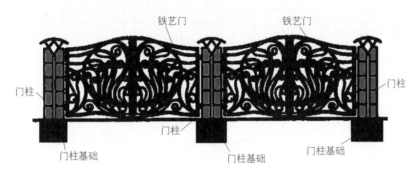

图 4-8　庭院大门构成

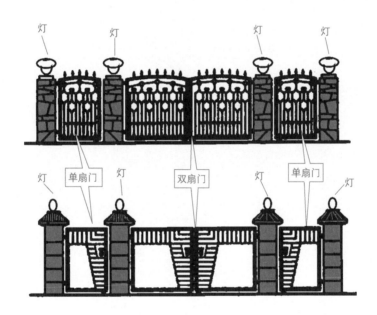

图 4-9　门柱照明示意

　　中装时, 大门的实际宽度尺寸小于门洞完成面。如果门柱有腰线, 则门洞需要以腰线最窄距离为准。如果合页在门框侧面安装, 则需要根据合页的同心圆球的直径与加工方式、样式来确定。如果是上下安装方式, 有的门比门洞的实际宽度窄 7cm, 也就是大门的门框与柱子的距离需要左右各留 3cm, 门缝缝隙需要留 1cm。因门所采用具体材料、具体材料尺寸等有差异。

　　后装时, 大门的实际宽度尺寸大于门洞完成面。如果门柱有腰线, 则可以将安装门的那一面尽量做平, 以免门与门柱间缝隙过大。如果合页在门框的侧面安装, 则需要根据合页的同心圆球的直径、加工方式、样式来确定。如果是上下安装方式, 则门比门洞的实际宽度宽, 也就是大门的门框要与柱子的距离左右各预留一部分距离。

　　对于泥水工而言, 也可以预留门洞, 后采用定制门。庭院大门洞宽大小参考如图 4-10所示。

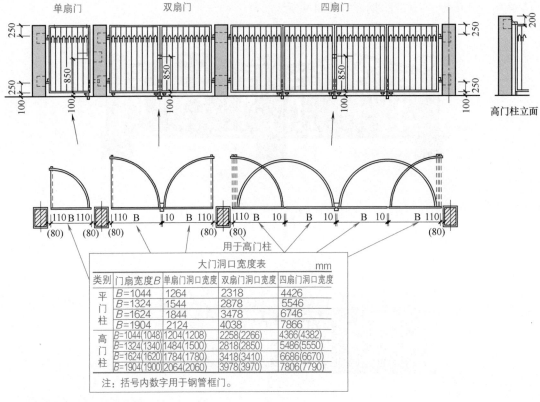

大门洞口宽度表 mm

类别	门扇宽度B	单扇门洞口宽度	双扇门洞口宽度	四扇门洞口宽度
平门柱	B=1044	1264	2318	4426
	B=1324	1544	2878	5546
	B=1624	1844	3478	6746
	B=1904	2124	4038	7866
高门柱	B=1044(1048)	1204(1208)	2258(2266)	4366(4382)
	B=1324(1340)	1484(1500)	2818(2850)	5486(5550)
	B=1624(1620)	1784(1780)	3418(3410)	6686(6670)
	B=1904(1900)	2064(2060)	3978(3970)	7806(7790)

注：括号内数字用于钢管框门。

图 4-10　庭院大门洞宽大小参考

第 **5** 章

浇筑混凝土技能

5.1 砂浆的基础知识

5.1.1 砂浆的特点

砂浆，就是以胶凝材料、细骨料、掺加料（可以为石灰膏、电石膏、矿物掺合料、黏土膏等一种或多种）和水等为主要原材料进行拌和，硬化后具有强度的一种工程材料，如图5-1所示。

水泥砂浆是以水泥、细骨料、水为主要原材料，也可以根据需要加入矿物掺合料等配制而成

(a) 砂浆　　　　　　　　(b) 砂浆搅拌机

图 5-1　砂浆

砂浆，分为砌筑砂浆、抹面砂浆等种类。砂浆又可以分为人工拌制砂浆、机拌制砂浆等类型。

人工拌制砂浆时，注意采用"三干三湿"法：水泥与砂根据标号配制后，先干拌三次，加水后再湿拌三次，如图5-2所示。砂浆拌好后，颜色需要一致。人工拌制砂浆，一般需要随拌随用，并且拌制好的砂浆一般在 2h 内用完。如果气温低于 10℃时，则可以延长为 3h 内用完。

水泥与砂根据标号配制后，先干拌三次，加水后再湿拌三次。

"三干"　　　　"三湿"

图 5-2　人工拌制砂浆的"三干三湿"法

拌制混凝土，一般是在铁板或灰盘上进行，一般也采用"三干三湿"法：先在砂中加入水泥并且干拌两遍，然后加入石子翻拌一遍，然后将砂、水泥、石子的混合料反复湿拌三遍，如图5-3所示。拌制混凝土，要求颜色一致，并且石子与水泥浆无分离现象即可。

先在砂中加入水泥并且干拌两遍，然后加入石子翻拌一遍，然后将砂、水泥、石子的混合料反复湿拌三遍

"三干"　　　"三湿"

图 5-3　拌制混凝土的"三干三湿"法

混凝土界面剂，就是用于改善砂浆、混凝土基层表面黏结性能的材料。砂浆有关术语解说见表 5-1。

表 5-1　砂浆有关术语解说

术语	解说
干混砂浆	在专业生产厂将干燥的原材料按比例混合，运到使用地点，交付后再加水（或配套组分）拌和使用的砂浆
聚合物改性水泥砂浆	掺有聚合物乳液或聚合物胶粉的水泥砂浆
砌筑砂浆	将砖、石、砌块等黏结成为砌体的砂浆
湿拌砂浆	在搅拌站生产的、在规定时间内运送并使用、交付时处于拌合物状态的砂浆
水泥混合砂浆	以水泥、细骨料、水为主要原材料，并且加入石灰膏、电石膏、黏土膏中的一种或多种，也可根据需要加入矿物掺合料等配制而成的砂浆
水泥砂浆	水泥砂浆是以水泥、细骨料、水为主要原材料，也可以根据需要加入矿物掺合料等配制而成
预拌砂浆	由专业生产厂生产的湿拌砂浆或干混砂浆

一点通

石灰人工拌和时，也就是使用生石灰粉或没有熟化透的石灰时，其混合料需要采用"三干三湿"+闷料法。堆放闷料，一般需要 1～3 天，目的是让石灰充分熟化。石灰充分熟化后，应再拌一次才能够使用。采用机拌砂浆时，注意洒水要细而匀，其量控制在最优含水率范围内。如果灰土过湿，则会发生粘滚筒现象。

5.1.2　砂浆的强度等级

砌筑砂浆按抗压强度，分为 M20、M15、M10、M7.5、M5、M2.5 等六个强度等级。砂浆所对应的数值越大其强度等级越高。根据用途，砂浆可以分有砌筑砂浆、抹灰砂浆、接缝砂浆等类型，与标号无关。标号高的砂浆，用在需要砂浆强度高的地方。

砂浆的强度，除了受砂浆本身的组成材料与配比影响外，还与基层的吸水性能有关。

水泥砂浆，就是水泥、砂子和水的混合物。平时说的水泥砂浆 1：3，往往是指水泥与砂子的配比，也就是 1 份重量的水泥和 3 份重量的砂子，忽略了水的成分（水重量大约为 0.6）。比较完整的表达为：水泥、砂子、水的配比为 1：3：0.6。

根据水泥砂浆密度 2000kg/m³ 计算为水泥 385kg、砂子 1450kg、水 180～200kg，即对应 M30。

每立方米水泥砂浆材料的用量见表 5-2。

表 5-2　每立方米水泥砂浆材料的用量

强度等级	水泥 /（kg/m³）	砂 /（kg/m³）	用水量 /（kg/m³）
M5	200～230	砂的堆积密度值	270～230
M7.5	230～260		
M10	260～290		
M15	290～330		
M20	340～400		
M25	360～410		
M30	430～480		

注：1. M15 及 M15 以下强度等级水泥砂浆，水泥强度等级为 32.5 级。M15 以上强度等级水泥砂浆，水泥强度等级为 42.5 级。

2. 施工现场气候炎热或干燥季节，可酌情增加用水量。

3. 当采用细砂或粗砂时，用水量分别取上限或下限。

4. 稠度小于 70mm 时，用水量可小于下限。

每立方米水泥粉煤灰砂浆材料的用量见表 5-3。

表 5-3　每立方米水泥粉煤灰砂浆材料的用量

强度等级	水泥和粉煤灰总量 /（kg/m³）	粉煤灰	砂 /（kg/m³）	用水量 /（kg/m³）
M5	210～240	粉煤灰掺量可占胶凝材料总量的 15%～25%	砂的堆积密度值	270～330
M7.5	240～270			
M10	270～300			
M15	300～330			

注：1. 表中水泥强度等级为 32.5 级。

2. 施工现场气候炎热或干燥季节，可酌情增加用水量。

3. 当采用细砂或粗砂时，用水量分别取上限或下限。

4. 稠度小于 70mm 时，用水量可小于下限。

 一点通

水泥砂浆标号，就是指水泥砂浆硬结 28 天后的强度，此强度是水泥砂浆的物理指标。

5.2　预拌砂浆

5.2.1　预拌砂浆术语的理解

预拌砂浆，就是专业生产厂生产的湿拌砂浆或干混砂浆。预拌砂浆有关术语解说见表 5-4。

表 5-4　预拌砂浆有关术语解说

术语	解说
保水增稠材料	保水增稠材料就是改善砂浆可操作性、保水性能的一种添加剂
保塑时间	保塑时间就是湿拌砂浆自加水搅拌后，在标准存放条件下密闭储存，到工作性能仍能满足施工要求的时间

续表

术语	解说
薄层抹灰砂浆	薄层抹灰砂浆就是砂浆层厚度不大于 5mm 的一种抹灰砂浆
薄层砌筑砂浆	薄层砌筑砂浆就是灰缝厚度不大于 5mm 的一种砌筑砂浆
地面预拌砂浆	地面砂浆就是用于建筑地面及屋面找平层的一种预拌砂浆
防水预拌砂浆	防水砂浆就是用于有抗渗要求部位的一种预拌砂浆
干混预拌砂浆	干混砂浆就是胶凝材料、干燥细骨料、添加剂，以及根据性能确定的其他组分，根据一定比例，在专业生产厂经过计量、混合而成的一种干态混合物。往往在使用地点根据规定比例加水或配套组分拌和使用
机喷抹灰砂浆	机喷抹灰砂浆就是采用机械泵送喷涂工艺进行施工的一种抹灰砂浆
抹灰预拌砂浆	抹灰砂浆就是涂抹在建（构）筑物表面的一种预拌砂浆
普通抹灰预拌砂浆	普通抹灰预拌砂浆就是砂浆层厚度大于 5mm 的一种抹灰砂浆
普通预拌砌筑砂浆	普通预拌砌筑砂浆就是灰缝厚度大于 5mm 的一种砌筑砂浆
砌筑预拌砂浆	砌筑预拌砂浆就是将砖、石、砌块等块材砌筑成为砌体的一种预拌砂浆
湿拌预拌砂浆	湿拌预拌砂浆就是将水泥、细骨料、矿物掺合料、外加剂、添加剂、水，根据一定比例，在专业生产厂经过计量、搅拌后，运到使用地点，在规定时间内使用的一种拌合物
添加剂	添加剂就是指除混凝土（砂浆）外加剂以外，改善砂浆性能的一种材料
填料	填料就是起填充作用的一种矿物材料

　　预拌砂浆与现拌砂浆的比较如图5-4所示。现拌砂浆时，水泥进场使用前，需要对其强度等进行复验。使用中，对水泥质量有怀疑或者水泥出厂超过三个月时，需要复查试验。不合格的水泥，不得使用。不同品种的水泥，也不得混合使用。

图 5-4　预拌砂浆与现拌砂浆的比较

一点通

　　预拌商品砂浆，选用与设计要求相同的，进场时需要验收质保书、出厂检验报告、包装、生产日期、准用证、数量等是否符合要求。

5.2.2　湿拌砂浆的分类、代号

　　根据用途，湿拌砂浆可以分为湿拌砌筑砂浆、湿拌抹灰砂浆、湿拌地面砂浆、湿拌防水砂浆，其代号如图5-5所示。根据施工方法，湿拌抹灰砂浆可以分为普通抹灰砂浆、机喷抹灰砂浆。根据强度等级、抗渗等级、稠度、保塑时间，湿拌砂浆的分类、代号见表5-5。

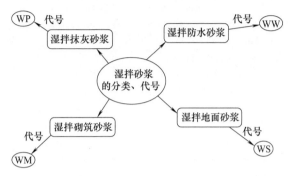

图 5-5　湿拌砂浆的分类、代号

表 5-5　湿拌砂浆的分类

项目	湿拌砌筑砂浆	湿拌地面砂浆	湿拌防水砂浆	湿拌抹灰砂浆	
				普通抹灰砂浆（G）	机喷抹灰砂浆（S）
强度等级	M5、M7.5、M10、M15、M20、M25、M30	M15、M20、M25	M15、M20	M5、M7.5、M10、M15、M20	
抗渗等级	—	—	P6、P8、P10	—	
稠度/mm	50、70、90	50	50、70、90	70、90、100	90、100
保塑时间/h	6、8、12、24	4、6、8	6、8、12、24	6、8、12、24	

5.2.3　干混砂浆的分类、代号

根据用途，干混砂浆分为普通干混砂浆、特种干混砂浆等类型。

普通干混砂浆，包括用于砌筑工程的干混砌筑砂浆、地面工程的干混地面砂浆、抹灰工程的干混抹灰砂浆、一般防水工程的干混普通防水砂浆。普通干混砂浆符号如图5-6所示。

图 5-6　普通干混砂浆符号

特种干混砂浆，就是工程上对性能有特殊要求的干混砂浆。

干混砂浆主要分为干混砌筑砂浆、干混界面砂浆、干混抹灰砂浆、干混地面砂浆、干混陶瓷砖黏结砂浆、干混聚合物水泥防水砂浆、干混普通防水砂浆、干混自流平砂浆、干混耐磨地坪砂浆、干混填缝砂浆、干混饰面砂浆、干混修补砂浆，其代号见表5-6。

表 5-6　干混砂浆的分类、代号

品种	干混填缝砂浆	干混饰面砂浆	干混修补砂浆	干混聚合物水泥防水砂浆	干混自流平砂浆	干混耐磨地坪砂浆	干混普通防水砂浆	干混陶瓷砖黏结砂浆	干混界面砂浆	干混砌筑砂浆	干混抹灰砂浆	干混地面砂浆
代号	DTG	DDR	DRM	DWS	DSL	DFH	DW	DTA	DIT	DM	DP	DS

根据施工厚度，干混砌筑砂浆可以分为普通砌筑砂浆、薄层砌筑砂浆。根据施工厚度或施工方法，干混抹灰砂浆可以分为普通抹灰砂浆、薄层抹灰砂浆、机喷抹灰砂浆，其型号见表5-7。

表5-7　干混砂浆的型号

项目	干混抹灰砂浆			干混地面砂浆	干混普通防水砂浆	干混砌筑砂浆	
	普通抹灰砂浆（G）	薄层抹灰砂浆（T）	机喷抹灰砂浆（S）			普通砌筑砂浆（G）	薄层砌筑砂浆（T）
强度等级	M5、M7.5、M10、M15、M20	M5、M7.5、M10	M5、M7.5、M10、M15、M20	M15、M20、M25	M15、M20	M5、M7.5、M10、M15、M20、M25、M30	M5、M10
抗渗等级	—	—	—	—	P6、P8、P10	—	—

5.2.4　预拌砂浆原材料的要求

预拌砂浆原材料的要求见表5-8。带包装的预拌砂浆如图5-7所示。

表5-8　预拌砂浆原材料的要求

名称	要求
骨料	（1）细骨料需要符合国家规定，且不应含有粒径大于4.75mm的颗粒。天然细骨料的含泥量应小于5%，泥块含量应小于2%。 （2）再生细骨料、铁尾矿砂，均需要符合国家规定或通过试验验证，以及不应对砂浆性能产生不良影响。 （3）铁尾矿砂不宜用于抹灰砂浆。 （4）细骨料的最大粒径、颗粒级配等，均需要满足相应品种砂浆的要求
矿物掺合料	（1）粉煤灰、粒化高炉矿渣粉、天然沸石粉、硅灰，均需要符合国家规定。 （2）矿物掺合料的掺量需要符合国家规定且应通过试验来确定
水泥	（1）通用硅酸盐水泥、硫铝酸盐水泥、铝酸盐水泥、白色硅酸盐水泥，均需要符合国家规定。 （2）通用硅酸盐水泥可以采用散装水泥
添加剂	（1）保水增稠材料、可再分散乳胶粉、颜料、纤维等，均需要符合国家规定或通过试验验证。 （2）砌筑砂浆增塑剂需要符合国家规定
填料	轻质碳酸钙、石英粉、重质碳酸钙、滑石粉等，均需要符合国家规定或通过试验验证
外加剂	（1）外加剂均需要符合国家规定。 （2）外加剂的掺量需要符合相关标准的规定且应通过试验来确定

图5-7　带包装的预拌砂浆

5.2.5　湿拌砂浆抗压强度的要求

湿拌砂浆抗压强度要求见表 5-9。湿拌砂浆如图 5-8 所示。

表 5-9　湿拌砂浆抗压强度要求   单位：MPa

强度等级	M5	M7.5	M10	M15	M20	M25	M30
28 天抗压强度	≥ 5	≥ 7.5	≥ 10	≥ 15	≥ 20	≥ 25	≥ 30

细骨料

水

湿拌砂浆就是水泥、细骨料、矿物掺合料、水，根据一定比例，经过计量、搅拌后在规定时间内使用的一种拌合物

搅拌

图 5-8　湿拌砂浆

5.2.6　湿拌防水砂浆抗渗压力的要求

湿拌防水砂浆抗渗压力要求见表 5-10。

表 5-10　湿拌防水砂浆抗渗压力要求   单位：MPa

抗渗等级	P6	P8	P10
28 天抗渗压力	≥ 0.6	≥ 0.8	≥ 1

5.2.7　湿拌砂浆稠度值允许偏差

湿拌砂浆稠度实测值与合同规定的稠度值的允许偏差需要符合的规定见表 5-11。

表 5-11　湿拌砂浆稠度值允许偏差

规定稠度	允许偏差 /mm	规定稠度	允许偏差 /mm
< 100	± 10	≥ 100	−10 ～ +5

5.3　混凝土与其结构、材料

5.3.1　混凝土与其分类

混凝土，就是指用胶凝材料将粗细骨料胶结成整体的一种复合固体材料的总称。

根据表观密度，混凝土可以分为重混凝土、普通混凝土、轻混凝土，如图5-9所示。根据使用功能与特性，混凝土可以分为结构混凝土、道路混凝土、耐酸混凝土、防辐射混凝土、补偿收缩混凝土、水工混凝土、耐热混凝土、防水混凝土、泵送混凝土、高强混凝土、高性能混凝土、自密实混凝土、纤维混凝土、聚合物混凝土等。

根据胶凝材料的品种，混凝土可以分为水泥混凝土、水玻璃混凝土、石膏混凝土、硅酸盐混凝土、沥青混凝土、聚合物混凝土、粉煤灰混凝土等。

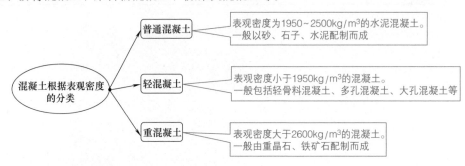

图5-9 混凝土根据表观密度的分类

一些混凝土的特点见表5-12。

表5-12 一些混凝土的特点

名称	特点
泵送混凝土	可在施工现场通过压力泵及输送管道进行浇筑的混凝土
大流动性混凝土	拌合物坍落度不低于160mm的一种混凝土
大体积混凝土	体积较大的、可能由胶凝材料水化热引起的温度应力导致有害裂缝的结构混凝土
干硬性混凝土	拌合物坍落度小于10mm，并且须用维勃稠度（s）表示其稠度的一种混凝土
高强混凝土	强度等级不低于C60的混凝土
抗冻混凝土	抗冻等级不低于F50的混凝土
抗渗混凝土	抗渗等级不低于P6的混凝土
流动性混凝土	拌合物坍落度为100～150mm的一种混凝土
塑性混凝土	拌合物坍落度为10～90mm的一种混凝土

混凝土中的胶凝材料，就是混凝土中水泥与活性矿物掺合料的总称。胶凝材料用量，就是每立方米混凝土中水泥用量与活性矿物掺合料用量之和。

矿物掺合料掺量，就是混凝土中矿物掺合料用量占胶凝材料用量的质量百分比。外加剂掺量，就是混凝土中外加剂用量相对于胶凝材料用量的质量百分比。另外，混凝土中的水胶比，就是混凝土中用水量与胶凝材料用量的质量比。

一般而言，防水砂浆就是由普通水泥砂浆调和防水剂制成。常见成分有水泥、细砂、石子、防水剂。水泥细砂比例一般为2：3，防水剂含量0.5%。

混凝土一般是根据主要胶凝材料的品种以其名称命名的。如果加入了特种改性材料，则以其命名。例如，水泥混凝土中掺入钢纤维时，则叫做钢纤维混凝土。

5.3.2 混凝土强度等级与抗渗等级

混凝土的强度等级，就是指混凝土的抗压强度。混凝土的强度等级，是以混凝土立方体抗压强度标准值来划分，常采用符号"C"与立方体抗压强度标准值（单位为 N/mm²，或者 kg/cm²、MPa）来表示的。C 是英文 Concrete 的首字母，表示混凝土。

混凝土按标准抗压强度划分的强度等级，分为 C10、C15、C20、C25、C30、C35、C40、C45、C50、C55、C60、C65、C70、C75、C80、C85、C90、C95、C100 共 19 个等级。

普通混凝土强度等级，分为 C15、C20、C25、C30、C35、C40、C45、C50、C55、C60、C65、C70、C75、C80。

混凝土强度等级，俗称为标号、强度标号。例如，100 号水泥砂浆，则说明其强度为 100kg/cm²。现在采用 MPa 为单位，则 100 号水泥砂浆对应为 M10。

混凝土标号越大，则其强度越高，例如：

C15 代表混凝土 28 天强度至少达到 15MPa；

C20 代表混凝土 28 天强度至少达到 20MPa；

C25 代表混凝土 28 天标准强度每厘米抗压强度为 25MPa；

C30 代表混凝土 28 天标准强度每厘米抗压强度为 30MPa；

C35 代表混凝土 28 天标准强度每厘米抗压强度为 35MPa。

基础、地圈梁一般要用 C30，其他梁板柱一般用 C25，基础垫层、室内地面一般要用 C10，如图 5-10 所示。具体选择需要根据设计要求来确定。

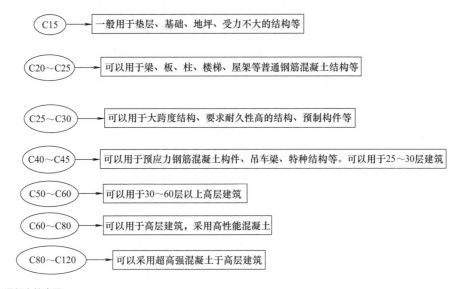

图 5-10　混凝土的应用

影响混凝土强度等级的因素主要有水泥等级、水灰比、集料、龄期、养护温度、养护湿度等。另外，混凝土的抗拉强度仅为其抗压强度的 1/20 ～ 1/10。

正常养护条件下，混凝土强度随着龄期的增长而增长。最初 7 ～ 14 天内，强度增长较快，以后逐渐变慢。标准条件养护下，普通水泥制成的混凝土，龄期不小于 3 天的混凝土强度发展大致与其龄期的对数成正比。

养护温度、养护湿度均为养护条件。养护环境温度高，则水泥水化速度快，混凝土早期强度高。反之则反。因此，为了加快水泥的水化速度，可以采用湿热养护法进行养护。空气相对湿度低，则混凝土中的水分挥发会快，混凝土缺水停止水化，强度发展受阻。混凝土浇筑完毕后 12h 内，一般需要开始对其加以覆盖或浇水养护，如图 5-11 所示。

覆盖塑料薄膜保养

图 5-11　覆盖或浇水养护

由于混凝土试块尺寸会影响混凝土抗压强度值的评定，为此，国家标准规定以边长为 150mm 的立方体试件作为标准试件。如果采用非标准尺寸试件时，应将其抗压强度折算为标准试件抗压强度。

混凝土的抗渗性一般用抗渗等级（P）或渗透系数来表示。混凝土的抗渗等级分为 P4、P6、P8、P10、P12、P12。

混凝土质量的主要指标之一就是抗压强度，混凝土抗压强度与混凝土所用水泥的强度成正比。

高层建筑混凝土强度等级参考选择见表 5-13。

表 5-13　高层建筑混凝土强度等级参考选择

混凝土等级	混凝土类型	建筑结构参考选择
C15	普通混凝土	基础垫层（42.5 水泥）
C25	普通混凝土	建筑工程支护桩、锁口梁、连续梁（32.5 水泥）
C30	普通混凝土	建筑标高 40m 以上结构（42.5 水泥）
C35	水下混凝土	地下水下桩基（42.5 水泥）
C35	P6 防水混凝土	地下室基础工程梁、柱、板（42.5 水泥）
C35	普通混凝土	建筑上部结构（42.5 水泥）
C35	普通混凝土	建筑标高 15～40m 结构（42.5 水泥）
C40	P6 防水混凝土	地下室剪力墙柱（42.5 水泥）
C40	普通混凝土	建筑标高 0.6～15m 剪力墙、柱（42.5 水泥）

一点通

水泥强度越高，水灰比越小，配制的混凝土强度越高。反之，水泥强度越低，水灰比越大，配制的混凝土的强度越低。碎石表面粗糙，黏结力比较大；卵石表面光滑，黏结力比较小。

5.3.3　混凝土的变形与收缩

混凝土在荷载或温湿度作用下会产生变形，包括非荷载作用下的变形、荷载作用下的变形。变形的具体种类有塑性变形、弹性变形、温度变形、收缩变形、膨胀变形等。混凝土在短期荷载作用下的弹性变形，主要用弹性模量来表示。混凝土的变形，主要来自外加荷载因素、环境因素等。

松弛就是在长期荷载作用下，应变不变，应力持续减小的现象。徐变就是在长期荷载作用下，应力不变，应变持续增加的现象。

收缩是由于水泥水化、水泥石碳化、水泥石失水等原因引起的体积变形。

如果水泥用量过多，则混凝土的内部易产生化学收缩而引起微细裂缝。

5.3.4　混凝土的耐久性

混凝土耐久性，就是混凝土在使用过程中抵抗各种破坏因素作用的能力。混凝土耐久性的好坏，决定了混凝土工程的寿命。为了提高混凝土的耐久性，需要从作用力、抵抗力等方面入手。

普通混凝土的耐久性，包括抗渗性、抗冻性、抗侵蚀性等。抗渗性就是指混凝土抵抗压力水（或油）渗透的能力。抗冻性就是指混凝土在使用环境中，经过受多次冻融循环作用，能够保持强度与外观完整性的能力。环境介质对混凝土的侵蚀主要是对水泥石的侵蚀，常包括酸碱盐侵蚀、软水侵蚀等。

提高混凝土的强度、密实性，常有利于混凝土耐久性的改善。通过改善环境，也可以削弱外界作用力，提高混凝土的耐久性。采用合适的外加剂，也可以提高混凝土的耐久性。

寒冷地区，特别是在饱水状态下受到频繁冻融交替作用与水位变化的工程部位，混凝土是容易损坏的。为此，对混凝土需要具有一定的抗冻性。

在不透水工程中，则要求混凝土具有良好的抗渗性、抗侵蚀性。

5.3.5　混凝土的其他特点

混凝土的其他特点见表 5-14。

表 5-14　混凝土的其他特点

特点	解说
中性化作用	中性化作用，就是指空气中的某些酸性气体，在适当湿度、温度条件下使混凝土中液相的碱度降低，引起某些组分的分解，以及使混凝土体积发生变化
钢筋锈蚀作用	钢筋锈蚀作用，就是在钢筋混凝土中钢筋因电化学作用生锈，引起体积增加，胀坏混凝土保护层
碱集料反应	碱集料反应，就是水泥或水中的碱成分 Na_2O、K_2O 与某些活性集料中的 SiO_2 起反应，在界面区生成碱的硅酸盐凝胶，从而使混凝土体积膨胀，并且可能会使混凝土建筑物产生崩解等现象

混凝土的破坏作用，还具有随共存叠加、循环交替而加剧等特点。

5.3.6　混凝土结构的特点

某别墅坡顶浇筑混凝土结构中的钢筋结构如图 5-12 所示。

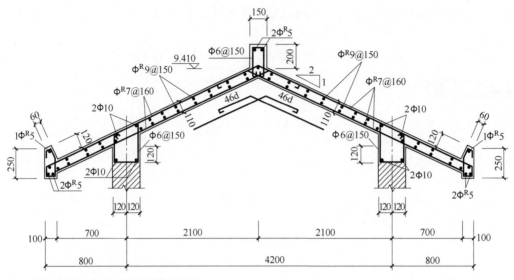

图 5-12 某别墅坡顶浇筑混凝土结构中的钢筋结构

5.3.7 骨料的特点、分类

骨料，就是在混凝土或砂浆中起骨架、填充作用的如岩石颗粒等粒状松散材料。常用骨料的分类、特点见表 5-15。另外，骨料也包括了卵石、碎石、砂。

表 5-15　常用骨料的分类、特点

分类	特点
粗骨料	粒径大于 4.75mm 的一种骨料
细骨料	粒径小于等于 4.75mm 的一种骨料
轻骨料	堆积密度不大于 1200kg/m³ 的一种骨料
人造轻骨料	采用无机材料经加工制粒、高温焙烧而制成的一种轻骨料
天然轻骨料	由火山爆发形成的多孔岩石经破碎、筛分而制成的一种轻骨料
工业废渣轻骨料	由工业副产品或固体废弃物经破碎、筛分而制成的一种轻骨料
高强轻骨料	密度等级为 600、700、800、900，筒压强度和强度标号对应达到 4MPa 和 25、5MPa 和 30、6MPa 和 35、6.5MPa 和 40 的一种粗骨料
超轻骨料	堆积密度不大于 500kg/m³ 的一种粗骨料
再生骨料	利用废弃混凝土或碎砖等生产的一种骨料

5.3.8 矿物掺合料的特点、分类

混凝土中的矿物掺合料，就是以硅、铝、钙等的一种或多种氧化物为主要成分，具有规定细度、掺入混凝土中能改善混凝土性能的粉体材料。常见矿物掺合料的分类、特点见表 5-16。

表 5-16　常见矿物掺合料的分类、特点

分类	特点
粉煤灰	从煤粉炉烟道气体中收集的一种粉体材料
复合矿物掺合料	两种或两种以上矿物掺合料根据一定比例复合形成的一种粉体材料
钢渣粉	从炼钢炉中排出的、以硅酸盐为主要成分的熔融物，经过消解稳定化处理后粉磨所得的一种粉体材料

续表

分类	特点
硅灰	在冶炼硅铁合金或工业硅时，通过烟道排出的粉尘，经过收集得到的以无定形二氧化硅为主要成分的一种粉体材料
粒化高炉矿渣粉	从炼铁高炉中排出的，以硅酸盐、铝硅酸盐为主要成分的熔融物，经过淬冷成粒后粉磨所得的一种粉体材料
磷渣粉	用电炉法制黄磷所得到的以硅酸钙为主要成分的熔融物，经过淬冷成粒后粉磨所得的一种粉体材料

5.3.9　混凝土用水的要求

混凝土用水，包括混凝土拌和用水、混凝土养护用水，如图 5-13 所示。

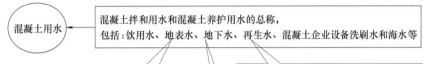

> 混凝土用水
>
> 混凝土拌和用水和混凝土养护用水的总称，
> 包括：饮用水、地表水、地下水、再生水、混凝土企业设备洗刷水和海水等
>
> 地表水：存在于江、河、湖、塘、沼泽和冰川等中的水
>
> 再生水：指污水经适当再生工艺处理后具有使用功能的水
>
> 地下水：存在于岩石缝隙或土壤孔隙中可以流动的水

> 混凝土用水不溶物：在规定的条件下，水样经过滤，未通过滤膜部分干燥后留下的物质
>
> 混凝土用水可溶物：在规定的条件下，水样经过滤，通过滤膜部分干燥蒸发后留下的物质

图 5-13　混凝土用水

凡是符合国家标准的生活饮用水，均可以拌制各种混凝土。海水，可以拌制素混凝土。但是，海水不宜拌制有饰面要求的素混凝土，更不能拌制钢筋混凝土与预应力混凝土。混凝土拌和用水的要求见表 5-17 及图 5-14。

表 5-17　不同类型混凝土拌和用水的要求

项目	预应力混凝土	钢筋混凝土	素混凝土
pH 值	≥ 5.0	≥ 4.5	≥ 4.5
不溶物 /（mg/L）	≤ 2000	≤ 2000	≤ 5000
可溶物 /（mg/L）	≤ 2000	≤ 5000	≤ 10000
Cl⁻/（mg/L）	≤ 500	≤ 1000	≤ 3500
SO_4^{2-}/（mg/L）	≤ 600	≤ 2000	≤ 2700
碱含量 /（mg/L）	≤ 1500	≤ 1500	≤ 1500

注：碱含量按 $Na_2O+0.658K_2O$ 计算值来表示。采用非碱活性骨料时，可不检验碱含量。

① 混凝土拌和用水不应有漂浮明显的油脂和泡沫，不应有明显的颜色和异味

② 对于设计使用年限为100a的结构混凝土，氯离子含量不得超过500mg/L；对使用钢丝或经热处理钢筋的预应力混凝土，氯离子含量不得超过350mg/L

③ 混凝土设备洗刷水不宜用于预应力混凝土、装饰混凝土、加气混凝土和暴露于腐蚀环境的混凝土；混凝土设备洗刷水不得用于使用碱活性或潜在碱活性骨料的混凝土

④ 未经处理的海水严禁用于钢筋混凝土和预应力混凝土

⑤ 无法获得水源的情况下，海水可以用于素混凝土，但是不宜用于装饰混凝土

图 5-14　混凝土拌和用水的要求

如果在野外、山区施工采用天然水拌制混凝土时，则均要对水的有机质、氯离子含量等进行检测，只有其含量合格后，才能够使用。如果是污染严重的河道或池塘水，则拌制混凝土用水一般不得取自该水域。

混凝土养护用水的要求，如图 5-15 所示。

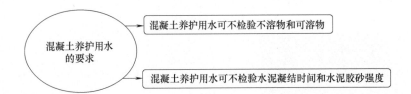

图 5-15　混凝土养护用水的要求

使用期间混凝土用水的检查频率要求如图 5-16 所示。

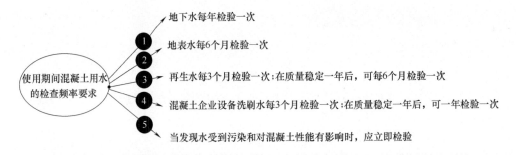

图 5-16　使用期间混凝土用水的检查频率要求

5.3.10　混凝土入仓铺料的方法

混凝土入仓铺料的方法，有平铺法、台阶法、斜层浇筑法等，具体特点如图 5-17 所示。

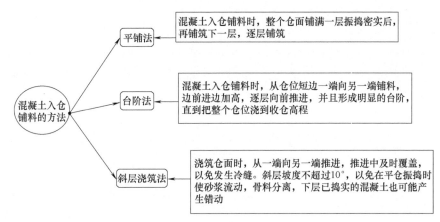

图 5-17　混凝土入仓铺料的方法

5.3.11　混凝土浇筑层的最大允许厚度

混凝土浇筑层的最大允许厚度见表 5-18。

表 5-18　混凝土浇筑层的最大允许厚度

振捣器类型		浇筑层的最大允许厚度
表面式振捣器	无筋或单层钢筋结构	25cm
	双层钢筋结构	12cm
插入式振捣器	软轴振捣器	振捣器壳体长度的 1.25 倍
	硬轴振捣器	振捣器工作长度的 80%

插入式振捣器的振捣方法有垂直振捣、斜向振捣。具体选择哪种振捣方法，应根据工艺方案来选择。混凝土振捣时应及时把入模的混凝土振捣均匀密实，不得随意加密振点、不得漏振，并且每点的振捣时间一般宜为 20～30s。振捣时，以混凝土不出现气泡、不再沉落，表面泛浆为度。振捣时，也需要防止过振。

平板式振捣器在每个位置上，需要连续振捣一定时间，正常情况下大约为 25～40s。振捣器如图 5-18 所示。

振捣器

图 5-18　振捣器

混凝土振捣设备的类型有混凝土平仓振捣机、风动振捣器、电动软轴式振捣器、电动硬轴式振捣器等。

5.3.12　普通混凝土的配合比设计

混凝土配合比，就是指 1m³ 混凝土中各组成材料的用量，或者各组成材料之重量比。也就是指混凝土中各组成材料（水泥、水、砂、石等）之间的比例关系。配合比设计需要满足的基本要求如图 5-19 所示。

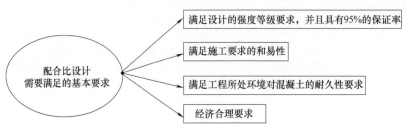

图 5-19　配合比设计需要满足的基本要求

混凝土配合比设计的基本方法有体积法、重量法等。

普通混凝土的配合比设计，往往需要控制好水灰比、单位用水量、砂率。

其中，水灰比根据设计要求的混凝土强度、耐久性来确定。确定原则：满足混凝土设计强度、耐久性要求的基础上，选择较大水灰比，以节约水泥，降低成本。

单位用水量主要根据坍落度要求、粗骨料品种、最大粒径来确定。确定原则：满足施工和易性的基础上，尽量选择较小的单位用水量，以节约水泥。

合理砂率的确定原则：砂子的用量填满石子的空隙略有富余，尽可能选择最优砂率。

普通混凝土的配合比设计中的初步计算配合比，可以根据经验公式、经验图表估算得到。然后，根据实际情况通过试拌验证、试验室配合比确定、施工配合比确定。

5.3.13　装修中水泥砂浆比例的把控

装修找平，就是将建筑物的原始地面通过找平使地面平整度达到标准要求。一般地面找平，分为原始水泥砂浆地面找平、运用自流平水泥找平。

装修水泥砂浆，可以分为水泥砂浆、水泥混合砂浆。

装修找平层，采用水泥标号不宜太高，可以选择 R32.5，即常说的 425 号水泥。

如果采用 R32.5 普通硅酸盐水泥、含水率为 2% 的中砂，则拌制 1m³ 标号为 M15 的水泥砂浆所需要材料用量：水泥用量大约 330kg、砂用量大约 1500kg、水用量大约 300kg。

袋装普通硅酸盐水泥的标准净含量一般为 50kg，如果装修找平层厚度为 3cm，一袋普通硅酸盐水泥配 230kg 砂，则大约可以铺设 5m² 的找平层。

装修地面找平的水泥砂浆参考配合比，水泥：砂 =1 ：2。装修地面找平的水泥砂浆，需要搅拌均匀。满铺水泥砂浆后，可以用长木杠拍实搓平，并且使砂浆与基层密实结合。

装修抹灰打底用的水泥砂浆参考配比 1 ：3，也就是水泥、砂子的重量比。水的比例，可以根据便于施工的程度进行调整。

装修抹灰抹面用的水泥砂浆参考配比（1 ：2）~（1 ：2.5），也就是水泥、砂子的重量比。水的比例，也可以根据便于施工的程度进行调整。

使用水泥浆时，一般需要的原材料以水泥为主，以及掺和或者不掺和一些砂土或者其他的材料，另外添加水。

贴砖水泥砂子比例——湿铺贴墙面瓷砖，水泥与砂的比例一般为 1 : 2；干铺贴地面瓷砖，水泥与砂的比例一般为 1 : 3。

5.3.14　1m³ 混凝土配合用量

1m³ 混凝土估计要用多少水泥、砂、石子、水，首先需要确定混凝土的强度等级。因为混凝土强度等级不同，其材料的用量也不同。常用的 C15、C20、C25、C30 强度混凝土用的水泥、砂、石子量见表 5-19。

配合比根据原材料的不同、砂浆用途不同、黏稠度不同而不同。具体 1m³ 混凝土水泥、砂子、碎石与水的用量，也可以通过做配比试验来确定。

表 5-19　不同混凝土强度用水泥、砂子、石子量

混凝土强度	材料用量
C15	坍落度——35 ～ 50mm。 材料——水泥强度：32.5MPa。 　　　　粗骨料最大粒径：20mm。 　　　　水泥富余系数：1。 每立方米用料量——水用量：180kg/m³。 　　　　　　　　　水泥用量：310kg/m³。 　　　　　　　　　砂子用量：645kg/m³。 　　　　　　　　　石子用量：1225kg/m³。 配合比——0.58 : 1 : 2.081 : 3.952。 其他——砂率：34.5%。水灰比：0.58
C20	坍落度——35 ～ 50mm。 材料——砂子种类：中砂； 　　　　配制强度：28.2MPa； 　　　　石子最大粒径：40mm； 　　　　水泥强度：32.5 级。 每立方米用量——水泥用量：331kg/m³。 　　　　　　　　砂子用量：656kg/m³。 　　　　　　　　碎石用量：1218kg/m³。 　　　　　　　　水用量：182kg/m³。 配合比（水泥:砂子:碎石:水）——1 : 1.98 : 3.68 : 0.55
C25	坍落度——35 ～ 50mm， 材料——砂子种类：中砂。 　　　　配制强度：33.2MPa。 　　　　石子最大粒径：40mm。 　　　　水泥强度：32.5 级。 每立方米用量——水泥用量：372kg/m³。 　　　　　　　　砂子用量：576kg/m³。 　　　　　　　　碎石用量：1282kg/m³。 　　　　　　　　水用量：175kg/m³。 配合比（水泥:砂子:碎石:水）——1 : 1.55 : 3.45 : 0.47

续表

混凝土强度	材料用量
C30	坍落度——35～50mm。 材料——砂子种类：中砂。 　　　　配制强度：38.2MPa。 　　　　石子最大粒径：40mm。 　　　　水泥强度：32.5级。 每立方米用量——水泥用量：427kg/m³。 　　　　　　　砂子用量：525kg/m³。 　　　　　　　碎石用量：1286kg/m³。 　　　　　　　水用量：175kg/m³。 配合比（水泥∶砂子∶碎石∶水）——1∶1.23∶3.01∶0.41

抹灰混凝土、砌墙混凝土的比例一般不作配合比，可以根据体积来计量。

C30 混凝土参考配比：水大约 130kg、水泥大约 270kg、中砂大约 750kg、碎石大约 1122kg、外加剂大约 7.1kg、缓凝剂大约 41kg、膨胀剂大约 20kg。

5.3.15　混凝土的质量检验与评定

混凝土施工过程中，原材料、气候因素、试验条件、施工养护情况的变化，均可能造成混凝土质量的波动，进而影响到混凝土的性能。

为防止原材料因素可能引起的混凝土质量波动，现场施工、预拌生产混凝土时，需要对原材料质量加以控制，进行必要的检测与调整。

为防止施工养护情况变化可能引起混凝土质量波动，应加强混凝土搅拌时间、计量、养护时间、运输时间的控制。

混凝土强度的均匀性，可以采用数理统计方法加以评定，主要评定参数有强度平均值、混凝土强度标准差、混凝土配制强度、强度保证率、变异系数等。

5.4　外加剂

5.4.1　外加剂的特点、分类

外加剂，就是在混凝土搅拌之前或拌制过程中加入的、用以改善新拌和硬化混凝土性能的一些材料。一些外加剂的特点见表 5-20。

表 5-20　一些外加剂的特点

名称	特点
泵送剂	能够改善混凝土拌合物泵送性能的一种外加剂
防冻剂	能够使混凝土在负温下硬化，并在规定时间内达到足够防冻强度的一种外加剂

续表

名称	特点
防水剂	能够提高水泥砂浆和混凝土抗渗性能的一种外加剂
高效减水剂	在混凝土坍落度基本相同的条件下，能够大幅度减少拌和用水的一种外加剂
缓凝高效减水剂	兼有缓凝功能和高效减水功能的一种外加剂
缓凝剂	延长混凝土凝结时间的一种外加剂
缓凝减水剂	兼有缓凝功能和减水功能的一种外加剂
膨胀剂	能够使混凝土在硬化过程产生一定体积膨胀的一种外加剂
普通减水剂	在保持混凝土坍落度基本相同的条件下，能够减少拌和用水的一种外加剂
速凝剂	能够使混凝土迅速凝结硬化的一种外加剂
引气剂	在混凝土搅拌过程中能引入大量均匀分布的、闭合和稳定的微小气泡的一种外加剂
引气减水剂	兼有引气和减水功能的一种外加剂
早强剂	加速混凝土早期强度发展的一种外加剂
早强减水剂	兼有早强和减水功能的一种外加剂
阻锈剂	能够抑制或减轻混凝土中钢筋锈蚀的一种外加剂

根据主要功能，混凝土外加剂的分类如图 5-20 所示。

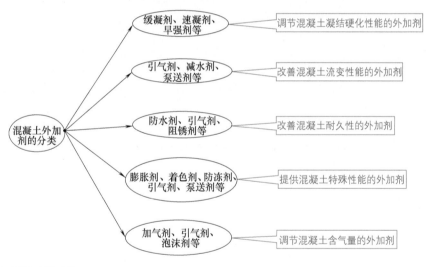

图 5-20　混凝土外加剂的分类

5.4.2　减水剂的特点、分类

减水剂，就是指在混凝土配合比与用水量均不变的情况下，能够增加混凝土坍落度的外加剂；或者在混凝土坍落度相同的条件下，能够减少拌和用水量的外加剂。

减水剂提高混凝土拌合物流动性的作用，主要包括分散作用、润滑作用等。

根据减水率大小或坍落度增加幅度，减水剂可以分为普通减水剂、高效减水剂等。

常见的减水剂品种有木质素系减水剂、树脂系减水剂、萘磺酸盐系减水剂、糖蜜类减水剂、复合减水剂等。

木质素磺酸钙减水剂（简称木钙、代号 MG）主要适用于夏季混凝土施工、滑模施工、大体积混凝土施工、泵送混凝土施工，也可以用于一般混凝土工程。木质素磺酸钙减水剂不宜用于蒸汽养护混凝土制品、工程。

萘系减水剂，主要适用于配制高强、早强的流态、蒸养混凝土制品与工程，也可以用于一般工程。

糖蜜减水剂通常作为缓凝剂使用。

复合型减水剂是具有多种作用的减水剂。缓凝减水剂，就是同时具有延缓凝结时间等作用的减水剂。

5.4.3　早强剂的特点、分类

早强剂，就是指能够加速混凝土早期强度发展的一种外加剂。早强剂主要作用是缩短混凝土施工养护期。

早强剂有氯盐、硫酸盐、有机胺等类型。

工程上最常用的氯化钙早强剂为白色粉末状的氯化钙。由于其氯离子对钢筋有腐蚀作用，因此，钢筋混凝土中掺量需要控制在 1% 内。为了消除氯化钙对钢筋的锈蚀作用，往往要求与阻锈剂亚硝酸钠复合使用。

电力设施系统混凝土结构、含有活性骨料的混凝土结构、预应力混凝土结构、使用冷拉钢筋或冷拔低碳钢丝的结构等工程中不得使用氯化钙早强剂及氯盐复合早强剂。

硫酸盐类早强剂主要有硫酸钠、硫代硫酸钠、硫酸钙、硫酸铝、硫酸铝钾等。建筑工程中最常用的为硫酸钠早强剂。

硫酸钠为白色粉末，适宜掺量为 0.5% ～ 2%。含有活性骨料的混凝土结构、使用直流电源的工厂及电气化运输设施的钢筋混凝土结构、外露钢筋预埋件而无防护措施的结构等工程不得使用硫酸钠早强剂。

有机胺类早强剂有三乙醇胺、三异丙醇胺等类型。工程上最常用的为三乙醇胺。为了改善三乙醇胺的早强效果，往往与其他早强剂复合使用。

5.5　普通混凝土

5.5.1　普通混凝土的特点

普通混凝土，也就是水泥混凝土，其是由水泥、粗骨料（碎石或卵石）、细骨料（砂）、外加剂、水拌和，经硬化而成的一种材料。其中，砂、石在混凝土中起骨架作用，并且能够抑制水泥的收缩。水与水泥形成水泥浆，能够包裹在粗细骨料表面，并且能够填充骨料间的空隙。水泥浆体在硬化前可以起润滑作用，使混凝土拌合物具有良好工作性能。水泥浆体硬化后能够将骨料胶结在一起，起到形成坚固整体的作用。

普通混凝土，是干表观密度为 2000 ～ 2800kg/m^3 的混凝土。

混凝土的性质包括混凝土拌合物的和易性、混凝土强度、抗变形能力、耐久性等。

混凝土的强度，就是混凝土硬化后的主要力学性能，其反映混凝土抵抗荷载的量化能力。混凝土强度包括抗拉、抗剪、抗压、抗弯、抗折、握裹等强度。

普通混凝土的抗压强度，一般为 7.5～60MPa。如果掺入高效减水剂、掺合料时，其强度可达 100MPa 以上。混凝土与钢筋，具有良好的匹配性，可以浇筑成钢筋混凝土，应用于各种结构部位。

普通混凝土具有抗拉强度低、自重大、收缩变形大等缺点，如图 5-21 所示。

对于一些基础建设、砌筑工程，有可能还需要其他的原材料。例如增添防水粉、石子等，不仅能起到防水作用，还能够增加泥浆的黏稠度，以确保使用后的坚固性与稳定性。

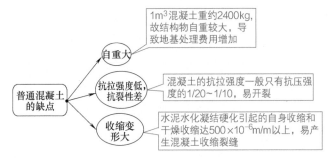

图 5-21　普通混凝土的缺点

一点通

选择使用普通混凝土时，需要四个满足：一、满足设计要求的强度等级。二、满足工程所处环境条件所需要的耐久性。三、满足运输、搅拌、浇捣密实的施工和易性。四、在满足前三项的前提下，满足经济合理性。

5.5.2　普通混凝土的和易性特点

和易性，是指混凝土拌合物在一定的施工条件下，便于各种施工工序的操作，以保证获得均匀密实的混凝土的性能。和易性包括流动性（稠度）、黏聚性、保水性等性能。

新拌混凝土的和易性，也叫做工作性。混凝土拌合物的流动性，可以先测坍落度，再观察混凝土拌合物的黏聚性、保水性，来判断其和易性。

混凝土和易性常用流动性、黏聚性、保水性来表示。流动性，就是指拌合物在自重或外力作用下产生流动的难易程度。黏聚性，就是指拌合物各组成材料间不产生分层离析现象。保水性，就是指拌合物不产生严重的泌水现象。

通常情况，混凝土拌合物的流动性越大，则保水性、黏聚性越差，反之亦然。和易性良好的混凝土，就是指既具有满足施工要求的流动性，又具有良好的保水性与黏聚性。

一点通

黏聚性的观察方法：将捣棒在已坍落的混凝土锥体侧面轻轻敲打，如果混凝土锥体逐渐下降，则说明其黏聚性良好；如果锥体倒塌或崩裂，则说明其黏聚性不好。

保水性的观察办法：如果提起坍落筒后发现较多浆体从筒底流出，则说明其保水性不好。

混凝土拌合物和易性的测定，往往采用坍落度法、维勃稠度法、探针法、斜槽法等。

坍落度法是测定混凝土在自重作用下的坍落，并且常用坍落高度（单位一般为 mm）代表混凝土的流动性。坍落度越大，则说明流动性越好。对坍落度小于 10mm 的干硬性混凝土，坍落度值不能准确反映其流动性大小。

根据坍落度值大小，混凝土可以分为大流动性混凝土、流动性混凝土、塑性混凝土、干硬性混凝土，具体如图 5-22 所示。

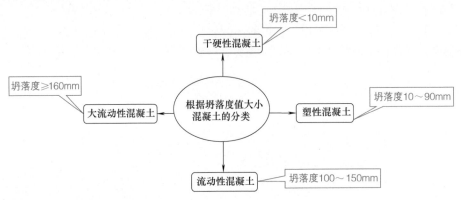

图 5-22　根据坍落度值大小混凝土的分类

实际施工时采用的坍落度大小，参考选择如图 5-23 所示。

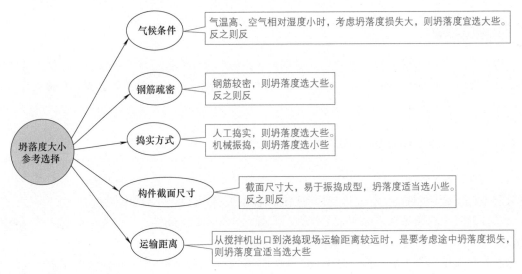

图 5-23　坍落度大小参考选择

一般情况下，结构坍落度参考选择见表 5-21。

表 5-21　结构坍落度参考选择

构件	混凝土浇筑时的坍落度 /mm
大型及中型截面的柱子，板、梁等结构	30～50
配筋密列的结构（薄壁、细柱等）	50～70
配筋特密的结构	70～90
无配筋的大体积结构（挡土墙、基础等）或配筋稀疏的结构、基础或地面等的垫层等结构	10～30

影响和易性的主要因素有单位用水量、浆骨比、水灰比、砂率、水泥品种及细度、外加剂、时间条件、气候条件等。

混凝土单位用水量是混凝土流动性的决定因素。如果用水量增大，则流动性随之增大。用水量大，则混凝土黏聚性、保水性均变差，并且容易产生泌水分层离析现象，影响混凝土的匀质性、耐久性、强度。

每立方米干硬性或塑性混凝土的用水量，混凝土水胶比在 0.4 ～ 0.8 范围时，可以根据表 5-22、表 5-23 来参考选取。如果混凝土水胶比小于 0.4 时，则可以通过试验来确定。

表 5-22　塑性混凝土的用水量　　　　　　　　单位：kg/m³

拌合物稠度		卵石最大公称粒径 /mm				碎石最大公称粒径 /mm			
项目	指标	10.0	20.0	31.5	40.0	16.0	20.0	31.5	40.0
坍落度 /mm	10 ～ 30	190	170	160	150	200	185	175	165
	35 ～ 50	200	180	170	160	210	195	185	175
	55 ～ 70	210	190	180	170	220	205	195	185
	75 ～ 90	215	195	185	175	230	215	205	195

表 5-23　干硬性混凝土的用水量　　　　　　　　单位：kg/m³

拌合物稠度		卵石最大公称粒径 /mm			碎石最大公称粒径 /mm		
项目	指标	10.0	20.0	40.0	16.0	20.0	40.0
维勃稠度 /s	16 ～ 20	175	160	145	180	170	155
	11 ～ 15	180	165	150	185	175	160
	5 ～ 10	185	170	155	190	180	165

砂率，就是指砂子占砂石总重量的百分率。砂率需要根据骨料的技术指标、混凝土拌合物性能、施工要求，参考既有历史资料来确定。如果缺乏砂率历史资料，则混凝土砂率的确定需要符合的规定：坍落度小于 10mm 的混凝土，其砂率需要经试验来确定；坍落度为 10 ～ 60mm 的混凝土，其砂率可以根据粗骨料品种、最大公称粒径、水胶比，参考表 5-24 来选取。

表 5-24　混凝土的砂率

水胶比	混凝土的砂率 /%					
	卵石最大公称粒径			碎石最大公称粒径		
	10mm	20mm	40mm	16mm	20mm	40mm
0.4	26 ～ 32	25 ～ 31	24 ～ 30	30 ～ 35	29 ～ 34	27 ～ 32
0.5	30 ～ 35	29 ～ 34	28 ～ 33	33 ～ 38	32 ～ 37	30 ～ 35
0.6	33 ～ 38	32 ～ 37	31 ～ 36	31 ～ 41	35 ～ 40	33 ～ 38
0.7	36 ～ 41	35 ～ 40	34 ～ 39	39 ～ 44	38 ～ 43	36 ～ 41

注：1. 如果坍落度大于 60mm 的混凝土，其砂率可以经试验来确定，也可以在参考本表的基础上，根据坍落度每增大 20mm、砂率增大 1% 的幅度来调整。

2. 本表数值系中砂的选用砂率。如果是细砂或粗砂，则可以相应地减小或增大砂率。

3. 如果采用人工砂配制混凝土，则砂率可以适当增大。如果只用一个单粒级粗骨料配制混凝土，则砂率需要适当增大。

浆骨比，就是指水泥浆用量与砂石用量之比值。合理的浆骨比是混凝土拌合物和易性的良好保证。混凝土凝结硬化前，水泥浆主要赋予流动性；混凝土凝结硬化后，主要赋予黏结强度。水灰比一定前提下，浆骨比越大，混凝土流动性越大。调整浆骨比大小，可以调整流动性，进而实现黏聚性、保水性的良好。浆骨比不宜太小，以免骨料间缺少黏结体，使拌合物发生崩塌现象。浆骨比不宜太大，以免产生流浆现象。

水灰比，就是指水用量与水泥用量之比。合理的水灰比是混凝土拌合物保水性、流动性、黏聚性的良好保证。水泥用量、骨料用量不变的情况下，水灰比增大，则相当于单位用水量增大，从而使水泥浆变稀，拌合物流动性增大、泌水增大，即保水性降低。反之则反。如果水灰比太小，会影响混凝土振捣的密实。

一般而言，水灰比与混凝土强度成反比。如果水灰比不变，用增加水泥用量来提高混凝土强度是错误的，此时只能增大混凝土和易性，增大混凝土的收缩与变形。

气温高、湿度小、风速大等环境，会加速混凝土流动性的损失。

一点通

改善混凝土和易性的外加剂，主要有减水剂、引气剂，其能够使混凝土在不增加用水量的条件下增加流动性，以及达到良好的保水性、黏聚性。

5.5.3 普通混凝土和易性的调整与改善

普通混凝土和易性的调整与改善的方法、措施如图 5-24 所示。

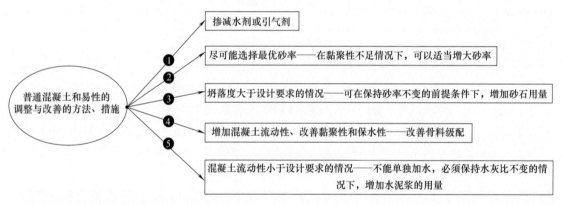

图 5-24 普通混凝土和易性的调整与改善的方法、措施

5.5.4 普通混凝土的凝结时间

混凝土的凝结时间与水泥的凝结时间有相似的地方，但也有不同的地方。混凝土中，往往掺入了骨料，因此，混凝土中外加剂的添加、水灰比等有差异。混凝土水灰比增大，凝结时间延长。

混凝土中添加早强剂、速凝剂，使会其凝结时间缩短。混凝土中添加缓凝剂，则会使凝结时间延长。

混凝土的凝结时间，分为初凝、终凝。一般希望初凝时间适当延长，以便施工操作。此外，终凝与初凝的时间差越短越好。

一点通

混凝土实际凝结时间的影响因素有水泥细度、外加剂、水灰比、水泥品种、气候条件等。

5.5.5　普通混凝土中水泥的选择

普通混凝土组成材料的选择，包括水泥的选择、细骨料的选择、粗骨料的选择等。其中，普通混凝土中水泥的选择，包括水泥的品种选择、水泥强度等级的选择、水泥用量的选择等。

一般而言，混凝土中的水泥量要合适，也就是说不能过少，也不要过多。水泥用量过多，增加成本，对经济性不利，混凝土收缩也增大，对耐久性不利。水泥用量过少，则引起黏聚性变差，均匀密实变差，耐久性受到严重影响。

选择水泥品种，一般需要根据工程结构特点、工程所处环境、施工条件等来确定。

水泥强度等级的选择：混凝土设计强度等级越高，则水泥强度等级也宜选越高的。如果设计强度等级低，则水泥强度等级也相应选择低的。

控制好混凝土质量，最重要的是控制好水泥质量、混凝土的水灰比等。

以下水泥强度等级的选择供参考：

（1）C40 以下混凝土，一般选择用 32.5 级的水泥。

（2）C45 ～ C60 混凝土，一般选择用 42.5 级的水泥。如果在采用高效减水剂等条件下，也可以选择用 32.5 级的水泥。

（3）大于 C60 的高强混凝土，一般选择用 42.5 级或更高强度等级的水泥。

（4）C15 以下的混凝土，则宜选择 32.5 级的水泥。

5.5.6　普通混凝土中细骨料的选择

普通混凝土中细骨料，就是公称粒径在 0.15 ～ 5.0mm 间的骨料，一般就是指砂子。

砂子的主要质量指标包括有害杂质含量、颗粒形状与表面特征、坚固性、粗细程度与颗粒级配、砂的含水状态等。

5.5.7　砂子中有害杂质含量的限值

砂子中有害杂质包括有机质、硫化物与硫酸盐、黏土与云母等，如图 5-25 所示。为此，建筑用砂，需要对其有害杂质含量进行限制。建筑用砂有害杂质含量的限值见表 5-25。

图 5-25　砂子的有害杂质含量

表 5-25　建筑用砂有害杂质含量的限值

项目名称		Ⅰ类	Ⅱ类	Ⅲ类
云母（按质量计）/%	<	1	2	2
轻物质（按质量计）/%	<	1	1	1

续表

项目名称		Ⅰ类	Ⅱ类	Ⅲ类
硫化物与硫酸盐含量（按 SO_3 质量计）/%	≤	0.5	0.5	0.5
有机物含量（用比色法试验）	<	合格	合格	合格
氯化物含量（以氯离子质量计）/%	≤	0.01	0.02	0.06

砂子过筛的要求见表 5-26。砂颗粒级配区分类见表 5-27。配制混凝土特细砂细度模数的要求见表 5-28。

表 5-26　砂子过筛的要求

砂的公称粒径	砂筛筛孔的公称直径	方孔筛筛孔边长	砂的公称粒径	砂筛筛孔的公称直径	方孔筛筛孔边长
5.00mm	5.00mm	4.75mm	315μm	315μm	300μm
2.50mm	2.50mm	2.36mm	160μm	160μm	150μm
1.25mm	1.25mm	1.18mm	80μm	80μm	75μm
630μm	630μm	600μm			

注：1. 砂筛应采用方孔筛。

2. 除特细砂外，砂的颗粒级配可按公称直径 630μm 筛孔的累计筛余量（以质量百分率计），分成三个级配区。

表 5-27　砂颗粒级配区分类

公称粒径	累计筛余 /%		
	Ⅰ区	Ⅱ区	Ⅲ区
5mm	10 ～ 0	10 ～ 0	10 ～ 0
2.50mm	35 ～ 5	25 ～ 0	15 ～ 0
1.25mm	65 ～ 35	50 ～ 10	25 ～ 0
630μm	85 ～ 71	70 ～ 41	40 ～ 16
315μm	95 ～ 80	92 ～ 70	85 ～ 55
160μm	100 ～ 90	100 ～ 90	100 ～ 90

注：1. 配制混凝土时宜优先选用Ⅱ区砂。当采用Ⅰ区砂时，应提高砂率，并保持足够的水泥用量，满足混凝土的和易性；当采用Ⅲ区砂时，宜适当降低砂率。当采用特细砂时，应符合相应的规定。

2. 配制泵送混凝土，宜选用中砂。

表 5-28　配制混凝土特细砂细度模数的要求

强度等级	C50	C40 ～ C45	C35	C30	C20 ～ C25	C20
细度模数（不小于）	1.3	1.0	0.8	0.7	0.6	0.5

注：1. 配制 C60 以上混凝土，不宜单独使用特细砂，应与天然砂、粗砂或人工砂按适当比例混合使用。

2. 用特细砂配制的混凝土拌合物黏度较大，因此，主要结构部位的混凝土必须采用机械搅拌和振捣。搅拌时间要比中、粗砂配制的混凝土延长 1 ～ 2min。

一点通

由于氯离子对钢筋有严重的腐蚀作用，预应力混凝土不宜采用海砂，如果必须采用海砂时，则必须经淡水冲洗到氯离子含量小于 0.02%。如果采用海砂配制钢筋混凝土时，则海砂中氯离子含量要求小于 0.06%（以干砂重计）。如果采用海砂配制素混凝土，则氯离子含量可以不予限制。

5.5.8　砂的粗细程度、颗粒级配

河砂、海砂经水流冲刷，颗粒多为近似球状，表面多为少棱角、较光滑，配制的混凝土流动性一般比采用山砂、机制砂要好。但是，其与水泥的黏结性能相对较差。

山砂、机制砂表面多粗糙、多棱角，其混凝土拌合物流动性相对较差。但是其与水泥的黏结性能相对较好。

流动性相同时，山砂、机制砂用水量较大。因此，河砂、海砂混凝土强度与山砂、机制砂混凝土强度相近。水灰比相同时，山砂、机制砂混凝土强度比河砂、海砂混凝土强度略高。

某些重要工程、特殊环境下工作的混凝土用砂，需要做坚固性检验，以排除砂含有大量风化岩体而继续风化的可能。

砂的粗细程度，就是指不同粒径的砂粒混合体平均粒径大小，一般用细度模数表示，其值不等于砂的平均粒径。砂的细度模数越大，则表示砂越粗，单位质量总表面积越小；砂的细度模数越小，则表示砂比表面积越大。

砂颗粒级配，可以反映其空隙率大小。砂的颗粒级配就是指不同粒径的砂粒搭配比例。良好的级配是指粗颗粒的空隙恰好由中颗粒填充，中颗粒的空隙又恰好由细颗粒填充，如此逐级填充，从而使砂形成最密致的堆积状态，达到空隙率最小值，堆积密度最大值，这样，可以节约水泥、提高混凝土综合性能。

砂粗细用细度模数表示，砂级配用级配区表示。

5.5.9　砂的掺配使用

普通混凝土的配制，一般选择中砂、Ⅱ级区。实际中，会出现使用砂偏细或偏粗的情况。为此，需要合理掺配砂，具体方法如下。

方法 1：同砂源，降细砂、提粗砂。意思是只有一种砂源时，对偏粗砂适当增加用砂量，即增加粗砂率。对偏细砂适当减少用砂量，即降低细砂率。

方法 2：同时供，按比例掺配用。意思是粗砂、细砂，可以同时提供时，则细砂与粗砂按一定比例掺配使用。掺配比例，可以根据砂资源状况、粗细砂各自的细度模数、粗细砂级配情况，通过试验与计算来确定。

5.5.10　砂的含水状态

砂的含水状态，分为绝干状态、气干状态、饱和面干状态、湿润状态，各状态特点如图 5-26所示。

5.5.11　普通混凝土中粗骨料的选择

粗骨料，也就是颗粒粒径大于 5mm 的骨料。混凝土工程中常用的粗骨料，有卵石、碎石等。其中，碎石为岩石经过破碎、筛分而得到的。有的碎石是采用大块卵石经过破碎、筛分而得到的。卵石，一般是自然形成的河卵石经过筛分而得到的。

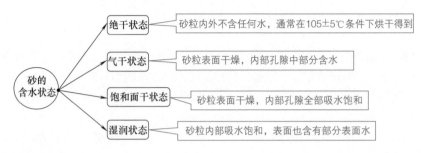

图 5-26 砂的含水状态特点

卵石、碎石的主要技术指标包括有害杂质、颗粒形态及表面特征、粗骨料最大粒径、粗骨料的颗粒级配、粗骨料的强度、粗骨料的坚固性等。

粗骨料卵石、碎石有害杂质主要有硫化物、硫酸盐、黏土、有机物等。

石子的粒级，可以分为连续粒级、单位级等类型。连续粒级，就是指5mm以上到最大粒径，各粒级均占一定比例，并且在一定范围内。单粒级，就是指从1/2最大粒径开始到最大粒径。

单粒级可以与连续粒级混合使用，也可以组成具有要求级配的连续粒级使用，以配成较大密实度的或者满足改善级配的需要。单粒级，一般不宜单独用来配制混凝土，如果必须单独使用，则需要作技术经济分析，并且通过试验证明不发生离析或不影响混凝土的质量。

石子的级配与砂的级配一样，均是通过一套标准筛筛分试验，计算累计筛余率来确定的。碎石、卵石的颗粒级配范围见表5-29。石筛一般采用方孔筛，石筛的要求见表5-30。

表 5-29 碎石、卵石的颗粒级配范围

级配情况	公称粒级/mm	累计筛余，按质量 /%											
		方孔筛筛孔边长尺寸 /mm											
		2.36	4.75	9.5	16.0	19.0	26.5	31.5	37.5	53	63	75	90
连续粒级	5～10	95～100	80～100	0～15	0	—	—	—	—	—	—	—	—
	5～16	95～100	85～100	30～60	0～10	0	—	—	—	—	—	—	—
	5～20	95～100	90～100	40～80	—	0～10	0	—	—	—	—	—	—
	5～25	95～100	90～100	—	30～70	—	0～5	0	—	—	—	—	—
	5～31.5	95～100	90～100	70～90	—	15～45	—	0～5	0	—	—	—	—
	5～40	—	95～100	70～90	—	30～65	—	—	0～5	0	—	—	—
单粒级	10～20	—	95～100	85～100	—	0～15	0	—	—	—	—	—	—
	16～31.5	—	95～100	—	85～100	—	—	0～10	0	—	—	—	—
	20～40	—	—	95～100	—	80～100	—	—	0～10	0	—	—	—
	31.5～63	—	—	—	95～100	—	—	75～100	45～75	—	0～10	0	—
	40～80	—	—	—	—	95～100	—	—	70～100	—	30～60	0～10	0

表 5-30　石筛的要求

石的公称粒径 /mm	石筛筛孔的公称直径 /mm	方孔筛筛孔边长 /mm	石的公称粒径 /mm	石筛筛孔的公称直径 /mm	方孔筛筛孔边长 /mm
2.5	2.5	2.36	31.5	31	31.5
5	5	4.75	40	40	37.5
10	10	9.5	50	50	53
16	16	16	63	63	63
20	20	19	80	80	75
25	25	26.5	100	100	90

注：1. 混凝土用石应采用连续粒级。

2. 单粒级宜用于组合成满足要求的连续粒级，也可与连续粒级混合使用，以改善其级配或配成较大粒度的连续粒级。

粗骨料的颗粒形状一般以近立方体或近球状体为最佳，但在岩石破碎生产碎石过程中常会产生一定量的针状、片状料，从而会使骨料空隙率增大，降低混凝土的强度。

针状料，也就是针状颗粒，就是指长度大于该颗粒所属粒级平均粒径的 2.4 倍的颗粒。片状料，也就是片状颗粒，就是指厚度小于平均粒径 40% 的颗粒。

粗骨料表面特征，就是指表面粗糙程度。卵石表面比碎石表面光滑，并且少棱角。因此，卵石拌合物的流动性较好，但卵石黏结性能较差，强度相对也较低。碎石表面比卵石表面要粗糙，并且多棱角。因此，碎石拌合物的流动性较差，但碎石与水泥的黏结强度较高。卵石、碎石配合比相同时，碎石混凝土强度相对卵石混凝土强度较高。如果保持流动性相同，因卵石比碎石用水量少，则卵石混凝土强度相对碎石混凝土强度并不一定会低。

粗骨料最大粒径，就是混凝土所用粗骨料的公称粒级上限。骨料粒径越大，则其表面积越小，通常空隙率相应减小，进而所需的水泥浆或砂浆数量也相应减少。为此，条件许可的情况下，应尽量选择使用较大粒径的粗骨料。但在实际中，不是想要采用较大粒径的粗骨料就能够实现，而是要受到一些条件的限制，例如：

（1）大体积混凝土、疏筋混凝土，常受到搅拌设备、成型设备以及运输等条件限制。有时可在大体积混凝土中抛入大块石（或者叫做毛石），这种混凝土，也叫做抛石混凝土。

（2）混凝土实心板，最大粒径一般不宜超过板厚的 1/3，并且不得大于 40mm。

（3）最大粒径不得大于构件最小截面尺寸的 1/4，并且同时不得大于钢筋净距的 3/4。

（4）泵送混凝土，泵送高度在 50m 以下时，则需要考虑最大粒径与输送管内径之比，采用卵石时该比不宜大于 1：2.5，采用碎石时该之比不宜大于 1：3。

 一点通

碎石、卵石的强度，可以采用岩石的抗压强度或压碎值指标来表示。各类骨料的压碎值指标，需要符合要求。

5.6 特殊混凝土

5.6.1 高强高性能混凝土的特点、要求

高强混凝土，就是强度等级大于等于 C60 的混凝土。高性能混凝土，就是具有良好的施工和易性、优异耐久性，并且均匀密实的混凝土。高强高性能混凝土，就是同时具有高强混凝土和高性能混凝土特点的混凝土。

获得高强高性能混凝土的途径，主要是掺高性能混凝土外加剂与活性掺合料，并且同时采用高强度等级的水泥、优质骨料。

高强高性能混凝土，水泥的品种常选择硅酸盐水泥、普通水泥、矿渣水泥等。水泥强度等级选择一般情况：C50～C80 混凝土宜选择强度等级 42.5 级的水泥；C80 以上的混凝土则宜选用更高强度的水泥。1m³ 混凝土中的水泥用量，一般控制在 500kg 内，并尽可能降低水泥用量。

高强混凝土中掺入硅粉掺合料，可提高混凝土密实度、强度。一般情况，硅粉的适宜掺量为水泥用量的 5%～10%。

高效减水剂、泵送剂，是高强高性能混凝土最常用的外加剂品种，减水率一般要求大于20%，以提高强度。

高强混凝土，一般宜选用级配良好的中砂，细度模数宜大于 2.6，一般要求含泥量不大于1.5%，配制 C70 以上混凝土时，含泥量要求不大于 1%。

一点通

高强混凝土，石子宜选用碎石，一般要求最大骨料粒径不宜大于 25mm，强度宜大于混凝土强度的 1.2 倍。强度等级大于 C80 的混凝土，一般要求最大骨料粒径不宜大于 20mm。

5.6.2 粉煤灰混凝土的特点、要求

粉煤灰混凝土，就是指以一定量粉煤灰取代部分水泥配制而成的一种混凝土。粉煤灰混凝土宜采用硅酸盐水泥、普通硅酸盐水泥配制。如果采用其他品种的硅酸盐水泥时，需要根据水泥中混合材料的品种和掺量，以及通过试验确定粉煤灰的合理掺量。粉煤灰与其他掺合料同时掺用时，其合理掺量一般通过试验来确定。粉煤灰可与各类外加剂同时使用，粉煤灰与外加剂的适应性一般通过试验来确定。

混凝土中掺入粉煤灰后，可以改善混凝土的某些性能，但也会降低混凝土的碱度，影响混凝土的抗碳化性能，减弱混凝土对钢筋锈蚀的保护作用。为此，对于粉煤灰取代水泥有限量要求，具体见表 5-31。

表 5-31 粉煤灰的最大掺量

混凝土种类	硅酸盐水泥 /%		普通硅酸盐水泥 /%	
	水胶比 ≤ 0.4	水胶比 > 0.4	水胶比 ≤ 0.4	水胶比 > 0.4
预应力混凝土	30	25	25	15
钢筋混凝土	40	35	35	30
素混凝土	55		45	
碾压混凝土	70		65	

注：粉煤灰掺量超过本表规定时，应进行试验论证。对浇筑量比较大的基础钢筋混凝土，粉煤灰最大掺量可增加5%～10%。 特殊情况下，工程混凝土不得不采用具有碱硅酸反应活性骨料时，粉煤灰的掺量需要通过碱活性抑制试验来确定。

粉煤灰混凝土的配合比，一般根据混凝土的强度等级、强度保证率、耐久性、拌合物的工作性等要求，采用工程实际使用的原材料进行设计。

粉煤灰混凝土的设计龄期，需要根据建筑物类型、实际承载时间等来确定，并且宜采用较长的设计龄期。地上、地面工程宜为 28 天或 60 天，地下工程宜为 60 天或 90 天，大坝混凝土宜为 90 天或 180 天。

粉煤灰混凝土的配合比设计，可以按体积法或重量法来计算。

粉煤灰混凝土拌合物，需要搅拌均匀，并且搅拌时间应根据搅拌机类型由现场试验来确定。掺入混凝土中粉煤灰的称量允许偏差宜为 ±1%。粉煤灰混凝土浇筑时不得漏振或过振。振捣后的粉煤灰混凝土表面不得出现明显的粉煤灰浮浆层。粉煤灰混凝土浇筑完毕后，需要及时进行保湿养护，养护时间不宜少于 28 天。现场施工不能满足养护条件要求时，需要降低粉煤灰掺量。粉煤灰混凝土负温施工时，需要采取相应的技术措施。

掺引气型外加剂的粉煤灰混凝土，每 4h 需要至少测定 1 次含气量，其测定值允许偏差宜为 ±1%。

现场施工中，应每 4h 至少测定 1 次粉煤灰混凝土的坍落度，其测定值允许偏差见表 5-32。

表 5-32　粉煤灰混凝土的坍落度允许偏差　　　　　　单位：mm

坍落度≤ 40	40 <坍落度≤ 100	坍落度> 100
± 10	± 20	± 30

粉煤灰混凝土的质量检验项目，包括坍落度、强度。掺引气型外加剂的粉煤灰混凝土，需要测定混凝土含气量。有耐久性或其他特殊要求时，则需要测定耐久性或其他检验项目。

5.6.3　轻混凝土的特点、要求

轻混凝土，就是指表观密度小于 1950kg/m³ 的一种混凝土，可以分为轻骨料混凝土、多孔混凝土、无砂大孔混凝土等类型。

轻骨料混凝土，就是用轻粗骨料、轻细骨料（或普通砂）和水泥配制而成的混凝土，其干表观密度不大于 1950kg/m³。全轻混凝土，就是粗细骨料均为轻骨料的轻混凝土。砂轻混凝土就是细骨料为普通砂的轻混凝土。

多孔混凝土，可以分为加气混凝土、泡沫混凝土等类型。其中，泡沫混凝土就是将由水泥等拌制的料浆与由泡沫剂搅拌形成的泡沫混合搅拌，然后经过浇筑、养护硬化而成的多孔混凝土。

轻混凝土，具有保温性能良好、易于加工、表观密度小、力学性能良好等特点。大孔混凝土适用于制作墙体小型空心砌块、砖、各种板材、现浇墙体等。

5.6.4　特种混凝土的特点、要求

一些特种混凝土的特点、要求见表 5-33。

表 5-33　一些特种混凝土的特点、要求

名称	特点、要求
泵送混凝土	泵送混凝土，就是坍落度不小于 100mm 并且用泵送施工的一种混凝土
彩色混凝土	彩色混凝土，就是用彩色水泥或白水泥加颜料根据一定比例配制成彩色饰面料，先铺于模底，再在其上浇筑普通混凝土
防辐射混凝土	防辐射混凝土，就是能遮蔽 X 射线、γ 射线等对人体有辐射危害的一种混凝土
聚合物混凝土	聚合物混凝土，就是由有机聚合物、无机胶凝材料、骨料结合而成的一种混凝土。聚合物混凝土分为聚合物浸渍混凝土、聚合物水泥混凝土等类型
抗渗混凝土	抗渗混凝土，就是指抗渗等级不低于 P6 级的混凝土。常用的防水混凝土的配制方法有富水泥浆法、骨料级配法、外加剂法等
耐热混凝土	耐热混凝土，就是指能够长期在高温（200 ～ 900℃）作用下保持所要求的物理、力学性能的一种特种混凝土。耐热混凝土有矿渣水泥耐热混凝土、铝酸盐水泥耐热混凝土、水玻璃耐热混凝土等类型
耐酸混凝土	耐酸混凝土，就是能够抵抗多种酸与大部分腐蚀性气体侵蚀作用的一种混凝土。耐酸混凝土分为水玻璃耐酸混凝土、硫磺耐酸混凝土等类型
碾压式水泥混凝土	碾压式水泥混凝土，就是以较低的水泥用量与很小的水灰比配制而成的超干硬性混凝土，并且经过机械振动碾压密实而成的一种混凝土
纤维混凝土	纤维混凝土，就是以混凝土为基体，外掺各种纤维材料配制而成的一种混凝土。混凝土中掺入纤维的目的是提高混凝土的抗拉、抗弯、冲击韧性等性能

5.7　现浇板施工

5.7.1　现浇板的施工工艺

混凝土简称为砼，是指由胶凝材料将集料胶结成整体的一种工程复合材料的统称。一般的混凝土，即普通混凝土，是指用水泥作胶凝材料，砂、石作集料，与水或者掺的外加剂、掺合料等根据一定的比例配合，再经过搅拌而成的一种水泥混凝土。

混凝土主要分为两个阶段状态：一是凝结硬化前的塑性状态，也就是新拌混凝土或者混凝土拌合物。二是硬化后的坚硬状态，也就是硬化混凝土或者混凝土。

现浇钢筋混凝土楼板，就是指在现场根据设计位置进行支模、绑扎钢筋、浇筑混凝土，再经养护、拆模板而制作的楼板。

现浇板常见施工工艺流程如图 5-27 所示。现浇板如图 5-28 所示。

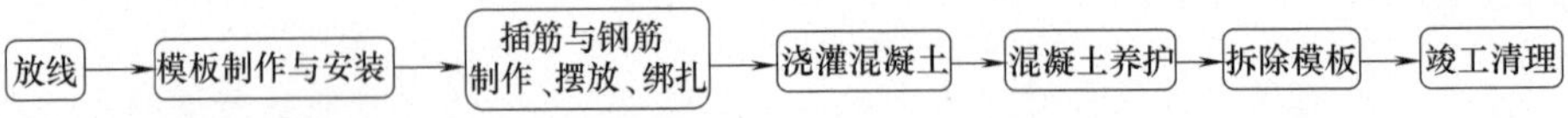

放线 → 模板制作与安装 → 插筋与钢筋制作、摆放、绑扎 → 浇灌混凝土 → 混凝土养护 → 拆除模板 → 竣工清理

图 5-27　现浇板常见施工工艺流程

扫码看视频

现浇板施工

图 5-28　现浇板

5.7.2　现浇板施工工艺注意事项

现浇板施工工艺注意事项如下。

（1）现浇板什么时候可以拆模，需要看混凝土养护后的强度。跨度在 8m 以上的混凝土板强度 ≥ 100%，8m 及 8m 以下楼板强度 ≥ 75%，才可以拆模。混凝土强度 ≥ 1.2MPa 时，现浇混凝土楼面才可以上人与施工。

（2）正常养护情况下，每天洒水养护不得少于 2 次，并且每次要确保楼面有 11 ～ 16min 的积水。当日最低温度低于 5℃时，不应采用洒水养护。

（3）楼层砼浇筑完后的养护一般宜 ≥ 24h。

（4）现浇板模板的要求如图 5-29 所示。另外，现浇板模板支架也需要满足要求。

（5）模板拆除时，可采取先支的后拆、后支的先拆，先拆非承重模板、后拆承重模板的顺序，并且需要从上到下拆除。

（6）拆下的模板、支架杆件不得抛掷，需要分散堆放在指定地点，并且及时清运。

（7）现浇混凝土结构的拆模期限。

① 不承重的侧面模板，需要在混凝土强度能够保证其表面、棱角不因拆模板而受损坏才可以拆除，一般是 12h 后。

② 混凝土结构底模、支架，需要在混凝土强度达到设计要求后再拆除。当设计无具体要求时，同条件养护的混凝土立方体试件抗压强度需要符合表 5-34 的规定（根据设计强度等级的百分率来计）。

表 5-34　混凝土结构底模拆除时的混凝土强度要求与时间参考表

构件	构件跨度 L/m	达到设计的混凝土立方体抗压强度标准的百分率 /%	参考天数 /d	
			夏季	冬季
板	$L \leqslant 2$	≥ 50	5 ～ 6	7 ～ 8
	$2 < L \leqslant 8$	≥ 75	11 ～ 12	19 ～ 20
	$L > 8$	≥ 100	28	28
梁、拱、壳	$L \leqslant 8$	≥ 75	11 ～ 12	19 ～ 20
	$L > 8$	≥ 100	28	28
悬臂构件	—	$L \geqslant 100$	28	28

注：当夏天气温 ≥ 35℃，连续 3 天以上时，拆模时间可提前 1 ～ 2 天。

木料应堆放在下风向，离火源不得小于30m，且料场四周应设置灭火器材

当模板安装高度超过3m时，必须搭设脚手架，除操作人员外，脚手架下不得站其他人

预埋件和预留孔洞的允许偏差		
项目		允许偏差/mm
预埋钢板中心线位置		3
预埋管、预留孔中心线位置		3
插筋	中心线位置	5
	外漏长度	+10.0
预埋螺栓	中心线位置	2
	外漏长度	+10.0
预留洞	中心线位置	10
	尺寸	+10.0

安装模板应保证工程结构和构件各部分形状、尺寸和相互位置的正确，防止漏浆，构造应符合模板设计要求。模板应具有足够的承载能力、刚度和稳定性，应能可靠承受新浇混凝土自重和侧压力以及施工过程中所产生的荷载

(a) 现浇板模板预留孔洞

预埋线盒、线管

板钢筋

接缝：接缝处不应漏浆
湿润：在浇筑混凝土前，木模板应浇水湿润，但模板内不应有积水
杂物清理：浇筑混凝土前，模板内的杂物应清理干净

马镫

混凝土模板

垫块，保证钢筋保护层厚度

在涂刷模板隔离剂时，不得玷污钢筋和混凝土接槎处

梁钢筋

起拱：对跨度不小于4m的现浇钢筋混凝土梁、板，其模板应按设计要求起拱；设计无具体要求时，起拱高度宜为跨度的1/1000～3/1000

(b) 现浇板模板要求现场图解

图 5-29　现浇板模板的要求

快拆支架体系的支架立杆间距不应大于2m。拆模时，需要保留立杆并且顶托支承楼板。另外，拆模时，严禁用大锤、撬棍硬砸硬撬。

5.7.3　现浇板裂缝的原因

现浇混凝土楼板出现变形裂缝，不仅有损外观、影响使用功能，而且可能破坏结构的整体性，降低楼板刚度，引起楼板钢筋腐蚀，进而影响楼板持久性强度与耐久性要求。

引发现浇板裂缝的原因如图 5-30 所示。为避免现浇板裂缝应注意材料的选择使用、施工工艺的准确性，以及环境所带来的影响。

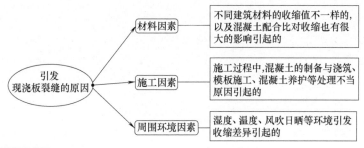

图 5-30　引发现浇板裂缝的原因

现浇板出现裂缝需要控制在一定的范围内，即允许裂缝宽度一般控制在 0.1 ～ 0.5mm 间，具体情况如下：

（1）在无侵蚀且没有防渗要求的位置，现浇板裂缝宽度一般要控制在 0.3 ～ 0.4mm 内；

（2）有轻微侵蚀且有防渗要求的位置，裂缝的宽度一般不得超过 0.2 ～ 0.3mm；

（3）严重侵蚀的位置，裂缝的宽度一般不能大于 0.1 ～ 0.2mm。

5.7.4　模板的拆除时间

现浇混凝土结构模板拆除时间见表 5-35。水泥品种不同，达到相同流动性的需水量常有差异，需水量会影响混凝土流动性。水泥品种不同，对水的吸附作用也常不同，即水泥品种会影响混凝土的保水性、黏聚性。

混凝土中水泥的作用是胶凝各种掺合料，以及影响砂浆工作性能。一般情况，在其他掺合料与水掺加量固定时，水泥量越多，则混凝土流动性下降，硬化后基体强度上升。

表 5-35　现浇混凝土结构模板拆除时间

水泥品种类型	水泥标号	达到设计强度百分率 /%	硬化时昼夜平均温度						
			1℃	5℃	10℃	15℃	20℃	25℃	30℃
			对应拆模天数 /d						
普通水泥	32.5	50	18	12	8	6	4	3	3
	42.5		15	10	7	6	5	4	3
矿渣水泥	32.5		> 28	22	14	10	8	7	6
	42.5		> 28	16	11	9	8	7	6
普通水泥	32.5	70	—	28	20	14	10	8	7
	42.5		—	20	14	11	8	7	6
矿渣水泥	32.5		—	32	25	17	14	12	10
	42.5		—	30	20	15	13	12	10
普通水泥	32.5	100	—	55	45	35	28	21	18
	42.5		—	50	40	30	28	20	18
矿渣水泥	32.5		—	60	50	40	28	24	20
	42.5		—	60	50	40	28	24	20

一点通

楼梯模板的拆模顺序为梯级板→梯级侧板→梯板底板。火山灰水泥、矿渣水泥配制的混凝土流动性比普通水泥配制的混凝土流动性小。流动性相同的情况下，矿渣水泥的保水性能比普通水泥差，黏聚性也比普通水泥差。同品种水泥越细，一般流动性越差，但是黏聚性、保水性越好。

第 6 章

门窗改动、找平技能

6.1　门窗改动技能

6.1.1　改动门窗的位置要求

改动门窗位置时，也就是敲墙前，必须想好、设计好，敲哪里，敲多少，敲多大，能不能敲。承重墙，一定是不能敲的。没有相关工具与设备时，应请开门窗洞的专业人士或者公司。

一定要保证墙体上门洞或窗洞的宽度不超过门页的宽度+门套线宽度×2。开门洞、窗洞时，需要首先吊线、打水平尺、量角尺等，以确保墙体上门洞、窗洞两侧与现地面垂直，以及所有转角呈90°。

敲（掉）门洞墙前，一般采用专用切墙机、切割机切出门洞在该墙上的三周或者四周切割缝，然后采用电锤或者开孔机在墙中间开稍微大的孔，再利用大锤开始敲墙。这样可以避免敲洞时震动过大震脱非门洞墙的粉刷层等情况。同时，避免把不想动的墙给震松或者震掉。

由于墙所处的具体环境不同，采取的敲墙方法也会有差异。无论采用哪种敲墙方法，安全第一。

门窗的尺寸需要符合模数，门窗的材料、功能、质量等要满足使用要求。门窗的配件，一般要与门窗主体相匹配，并且满足相应技术要求。

门窗与墙体需要连接牢固，不同材料的门窗与墙体的连接位置，需要采用相应的密封材料与构造做法。

有卫生要求、经常有人员居住、活动房间的外门窗，宜设置纱门、纱窗。

改动门窗位置或者尺寸，需要考虑窗扇的开启形式要方便使用、安全、易于维修、易于清洗等要求，如图 6-1 所示。

图 6-1　改动门窗位置或者尺寸

为了保证新砌墙体的牢固，新砌墙体的门洞上方，需要放置预制过梁。

6.1.2　住宅门窗的要求

住宅门窗的要求如下。

（1）无前室的卫生间的门不得直接开向起居室（厅）或厨房。

（2）窗外没有阳台或平台的外窗，窗台距楼面、地面的净高低于 0.9m 时，需要设置防护设施。

（3）底层外窗和阳台门，下沿低于 2m 且紧邻走廊或共用上人屋面上的窗、门，需要采取防卫措施。

（4）面临走廊、共用上人屋面或凹口的窗，需要避免视线干扰，向走廊开启的窗扇不得妨碍交通。

（5）户门需要采用具备防盗、隔声功能的防护门。向外开启的户门，不得妨碍公共交通与相邻户门开启。

（6）厨房、卫生间的门，需要在下部设置有效截面积不小于 $0.02m^2$ 的固定百叶，也可以距地面留出不小于 30mm 的缝隙。

（7）设置凸窗时需要符合的要求如下。

① 窗台高度低于或等于 0.45m 时，防护高度从窗台面起算不应低于 0.9m。

② 可开启窗扇窗洞口底距窗台面的净高低于 0.9m 时，窗洞口位置需要有防护措施。其防护高度从窗台面起算不得低于 0.9m。

（8）严寒和寒冷地区不宜设置凸窗。

（9）各部位门洞的最小尺寸需要符合的规定见表 6-1。

扫码看视频

轻质砖、加气砖门洞要求

表 6-1　各部位门洞的最小尺寸需要符合的规定

类别	门洞高度 /m	门洞宽度 /m	类别	门洞高度 /m	门洞宽度 /m
卧室门	2.20	1.00	储藏室门	2.20	0.70
厨房门	2.20	0.90	共用外门	2.30	1.20
卫生间门	2.20	0.90	户（套）门	2.20	1.10
阳台门（单扇）	2.20	0.90	起居室（厅）	2.20	1.00

注：表中门洞口高度不包括门上亮子高度，宽度以平开门为准。洞口两侧地面有高低差时，以高地面为起算高度。

铝合金门窗安装方式如图 6-2 所示。

6.1.3　公共、建筑门窗的要求

公共、建筑门窗的要求如下。

（1）公共走道的窗扇开启时，不得影响人员通行。其底面距走道地面高度，不得低于 2m。

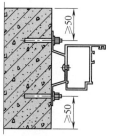

(a) 自动螺钉连接方式

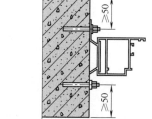

(b) 卡槽连接方式

图 6-2　铝合金门窗安装方式

（2）公共建筑临空外窗的窗台距楼地面净高不得低于0.8m，否则需要设置防护设施，并且防护设施的高度由地面起算不得低于0.8m。

（3）居住建筑临空外窗的窗台距楼地面净高不得低于0.9m，否则需要设置防护设施，防护设施的高度由地面起算不得低于0.9m。

（4）民用建筑凸窗窗台高度低于或等于0.45m时，其防护高度从窗台面起算不应低于0.9m；当凸窗窗台高度高于0.45m时，其防护高度从窗台面起算不应低于0.6m。

（5）门设置需要开启方便、坚固耐用。

（6）民用建筑手动开启的大门扇要有制动装置，推拉门要有防脱轨的措施。

（7）民用建筑，推拉门、旋转门、电动门、卷帘门、吊门、折叠门不应作为疏散门。

（8）民用建筑，开向疏散走道、楼梯间的门扇开足后，不得影响走道、楼梯平台的疏散宽度。开向疏散走道、楼梯间的门扇开足后，不得影响走道与楼梯平台的疏散宽度。

（9）金属门框安装时，其框与洞口的宽度、高度参考间隙如图6-3所示。

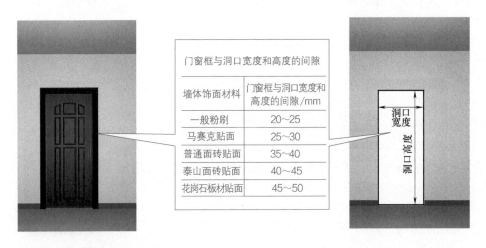

门窗框与洞口宽度和高度的间隙	
墙体饰面材料	门窗框与洞口宽度和高度的间隙/mm
一般粉刷	20～25
马赛克贴面	25～30
普通面砖贴面	35～40
泰山面砖贴面	40～45
花岗石板材贴面	45～50

图6-3　框与洞口的宽度、高度参考间隙

民用建筑，门的开启不得跨越变形缝。民用建筑，设有门斗时，门扇同时开启时两道门的间距不应小于0.8m。

6.1.4　室内门的要求与规范

室内门的要求与规范如下。

（1）安装折叠门、推拉门，一般采用吊挂式门轨或吊挂式门轨与地埋式门轨组合的形式，以及采取安装牢固的构造措施。

（2）餐厅、厨房、阳台的推拉门，宜采用透明的安全玻璃门。

（3）非成品门，要采取安装牢固、密封性良好的构造。

（4）门把手中心距楼地面的高度，宜为0.95～1.1m。

（5）门的地面限位器，不得安装在通行位置上。

（6）推拉门要采取防脱轨的构造措施。

6.1.5　室内窗的要求与规范

室内窗的要求与规范如下。

（1）窗扇的开启把手距装修地面高度，不宜低于 1.1m 或高于 1.5m。

（2）窗台板、窗宜采用环保、硬质、耐久、光洁、不易变形、防水、防火的材料。

（3）非成品窗，需要采取安装牢固、密封性良好的构造措施。

（4）紧邻窗户的位置设有地台或其他可踩踏的固定物体时，需要重新设计防护设施，并且防护高度应符合有关的规定。

6.2　找平的方法

6.2.1　自流平找平

自流平找平，具有不离析、不起砂、不起尘、不裂纹、无接缝等特点。自流平找平施工厚度大约 2 ～ 5mm，并且施工后 4 ～ 8h 表面可以走人，36 ～ 48h 后可进行地板铺装。自流平找平，不能做局部，需要整个地面一起做。自流平找平，适用层高较矮、地热采暖的房间等。如果地面平整度差得不多，不必调节不同地面材料的高差，可以采用水泥自流找平。

自流平施工的条件，就是要求水泥地面清洁、干燥、平整等。水泥平面要求 2m 范围内高低差小于 4mm。自流平水泥施工前，需要用打磨机对基础地面进行打磨，磨掉地面的杂质、浮尘、砂粒，并且清洁好地面。

自流平砂浆找平的流程如图 6-4 所示。

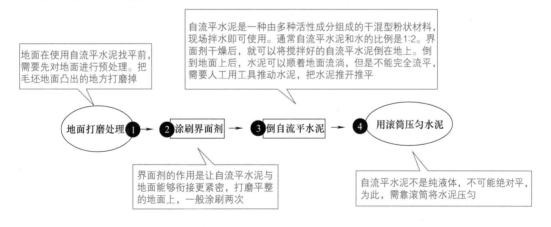

图 6-4　自流平砂浆找平的流程

自流平施工前，还需要用表面处理剂处理施工面，根据要求把处理剂稀释。

自流平施工层，可以分为底层、面层。底层，又可以分为普通型、高强型。其中，普通型可以是自流平上面铺设 PVC 运动地板。

自流平施工的一些注意事项如下。

（1）施工中，避免留下施工印记。施工时，可以穿鞋底下面布满钉子的鞋子。

（2）自流平风干快，一般3天后就可以铺装木地板了。风干前的3d，需要做好成品保护。

6.2.2 水泥砂浆找平

水泥砂浆地面找平，找平厚度为25～35mm。房子层高较高、暖气片采暖、实木地板铺设、复合地板铺设前的找平，可以采用水泥砂浆地面找平。地面平整度差比较多，采用水泥砂浆找平，可一次解决其平整度、高差问题。水泥砂浆找平地面后，一定要等地面干透，才能够安装地板。为此，需要首先铺贴塑料膜，再铺设地面地板。如果水泥砂浆配比不好，则会使面层产生粉化起砂、起灰、裂纹等异常现象。

水泥砂浆找平的流程如图6-5所示。

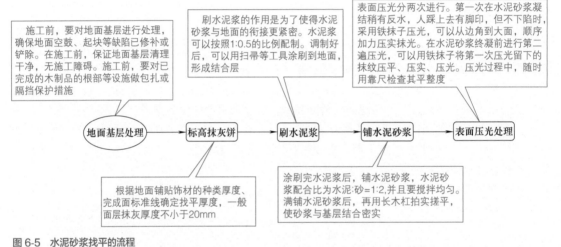

施工前，要对地面基层进行处理，确保地面空鼓、起块等缺陷已修补或铲除。在施工前，保证地面基层清理干净，无施工障碍。施工前，要对已完成的木制品的根部等设施做包扎或隔挡保护措施

刷水泥浆的作用是为了使得水泥砂浆与地面的衔接更紧密。水泥浆可以按照1:0.5的比例配制。调制好后，可以用扫帚等工具涂刷到地面，形成结合层

表面压光分两次进行。第一次在水泥砂浆凝结稍有反水，人踩上去有脚印，但不下陷时，采用铁抹子压光，可以从边角到大面，顺序加力压实抹光。在水泥砂浆终凝前进行第二遍压光，可以用铁抹子将第一次压光留下的抹纹压平、压实、压光。压光过程中，随时用靠尺检查其平整度

地面基层处理 → 标高抹灰饼 → 刷水泥浆 → 铺水泥砂浆 → 表面压光处理

根据地面铺贴饰材的种类厚度、完成面标准线确定找平厚度，一般面层抹灰厚度不小于20mm

涂刷完水泥浆后，铺水泥砂浆，水泥砂浆配合比为水泥:砂=1:2，并且要搅拌均匀。满铺水泥砂浆后，再用长木杠拍实搓平，使砂浆与基层结合密实

图6-5 水泥砂浆找平的流程

地面找平砂浆的水泥与砂子体积配合比例一般为1：3，然后加水均匀搅拌。

水泥砂浆找平，要求地面面层与基层黏结牢固，不得有空鼓、不允许裂缝脱皮、不允许起砂等，表面要密实压光。

6.3 屋面找平

6.3.1 屋面找平层的注意点

屋面找平层的注意点如下。

（1）屋面防水层的基层要设找平层。屋面找平层，是在保温层铺完后进行的。

（2）屋面找平层的厚度、坡度、含水率等，均需要达到要求，并且隐蔽工程验收合格后再做找平层。

（3）如果采用卷材防水，则屋面找平时，注意基层与突出屋面结构的交接位置、基层的转角位置均需要做成圆弧，具体包括立墙、天窗壁、女儿墙、变形缝、烟囱、天沟、檐沟、水落口、檐口、屋脊等位置。内部排水的水落口周围，需要做成略低的凹坑。

（4）找平层圆弧半径的选择，需要根据采用的卷材种类来确定，具体参考表 6-2。

表 6-2　找平层圆弧半径

卷材种类	圆弧半径 /mm	卷材种类	圆弧半径 /mm
沥青防水卷材	100 ～ 150	合成高分子防水卷材	20
高聚物改性沥青防水卷材	50		

（5）找平层，需要留分格缝，并且采用密封材料嵌缝。分格缝，一般设在屋面板的板端与女儿墙、山墙的根部，以及设在找平层平面、立面转折位置。

（6）找平层纵横分格缝最大间距：沥青砂浆找平层，不宜大于 4m，缝宽 20mm；水泥砂浆、细石混凝土找平层，一般不宜大于 6m。

（7）找平层的厚度，需要符合设计要求。如果设计无要求，则需要符合表 6-3 的要求。

表 6-3　找平层的厚度要求

类别	基层	厚度 /mm	要求
细石混凝土找平层	板状材料保温层	30 ～ 35	混凝土强度等级 C20
混凝土随浇随抹	整体现浇混凝土	—	原浆表面抹平、压光
水泥砂浆找平层	整体现浇混凝土	15 ～ 20	（1：3）～（1：2.5）（水泥：砂）体积比，宜掺抗裂纤维
	整体或板状材料保温层	20 ～ 25	
	装配式混凝土板	20 ～ 30	

（8）找平层用的原材料配合比需要符合的要求如图 6-6 所示。

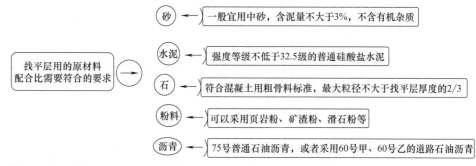

图 6-6　找平层用的原材料配合比需要符合的要求

找平层的排水坡度，平屋面采用结构找坡不得小于 3%、材料找坡宜为 2%。天沟、檐沟纵向找坡不得小于 1%、沟底水落差不得超过 200mm。

6.3.2　屋面找平层的操作流程

屋面找平层的操作流程如图 6-7 所示。一般屋面找平层的流程是先找坡弹线，找好规矩，然后从檐口或女儿墙开始，根据烟囱、天沟、排水口顺序进行，等细部抹灰完成后再抹平面找平层。

图 6-7 屋面找平层的操作流程

6.3.3 屋面细部找平的操作法要点

屋面细部找平的操作法要点如下。

（1）找平层在雨天、雪天、气温低于 -10℃时，不得施工。

（2）找平层在负温施工时，需要加入防冻剂，并且在砂浆冻结后析盐前要及时涂冷底子油一遍。

（3）屋面找平遇到檐口抹灰，则需要掺入适量防水剂，底面要抹出滴水线或鹰嘴，以防雨水回流。

（4）高低跨、女儿墙、烟囱根等出屋面平面、立面转角位置，需要先抹转角位置圆弧，再用半圆弧压板沿准尺长向刮出标准弧度，再抹立面，直到抹到泛水位置。

（5）找平层立面在防水层的封口位置，需要与固定卷材的木砖过渡平滑，抹灰面需要平直、饱满，以保证卷材封口的严密。

（6）抹排水沟时，可以在沟两侧沿沟边线贴准尺，并且从两排水口距离的中间点做分水线，然后放坡抹平，注意纵向排水坡度不得小于 1%，以及注意最低点要对准排水口。

（7）抹排水沟时，排水口与水落管的进水口连接需要平滑、顺畅，不得有积水，以及可以采用弹性密封材料进行密封处理。

（8）细部抹灰完成并且经检查合格，保温层进行复检，填坑找平后，才可以开始平面找平层的抹灰。

（9）屋面板端部接缝处，或者垂直于檐口每隔 4～6m，用砂浆贴一根准尺，从天沟或者檐口，直伸到屋脊，找好排水坡度，并且留好分格缝。纵、横缝间距，一般均要小于 6m，缝宽大约 20mm。

（10）上料前，需要用跳板铺好车道。根据分格块装灰，每块分格基本填满砂浆后，首先采用平铁锹找平，然后采用长杠放在两准尺上刮平，再分块用木抹子搓平、铁抹子压光。

（11）找平层表面，要压实平整。水泥砂浆抹平收水后要二次压光、充分养护。

（12）排汽屋面找平层中需要留排汽道，排汽道的位置需要设在预制板支承端的接缝位置，且要与找平层的分格缝位置一致。

（13）屋面排汽道的宽度，一般为 80～120mm 通缝，并且纵横贯通，以及与排气孔相通。

（14）有的防水材料，对找平层平整度、干燥程度、强度有特殊要求时，则需要根据相应工艺来施工。

（15）细石混凝土，宜采用机械搅拌和、机械振捣，并且要求振捣密实。

（16）沥青砂浆找平层，可以先把基层清理干净，再喷涂两道冷底子油。等油涂刷后表面保持清洁与冷底子油干燥后，再铺设搅拌好的沥青砂浆，虚铺厚度为 20～30mm。沥青砂浆铺设后，宜在当天铺第一层卷材。

（17）找平层施工完后要封闭出入口，设专人浇水养护，养护时间一般不少于 7 天。

铺设防水层前，在排气道的位置、找平层上附加宽度为 200～300mm 的卷材覆盖在排气道上。

第 **7** 章

粉刷、抹灰、涂装技能

扫码看视频

抹灰层

7.1 抹灰的基础知识和常识

7.1.1 抹灰层的组成与要求

墙壁结构需要抹灰层，是为了保护墙壁、装修墙壁。常见的抹灰层的组成与要求如图 7-1 所示。

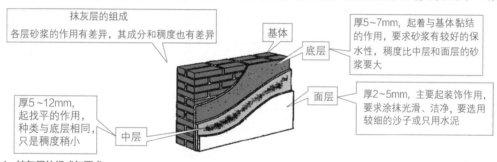

抹灰层的组成

各层砂浆的作用有差异，其成分和稠度也有差异

基体

底层

厚5~7mm，起着与基体黏结的作用，要求砂浆有较好的保水性，稠度比中层和面层的砂浆要大

面层

厚2~5mm，主要起装饰作用，要求涂抹光滑、洁净，要选用较细的沙子或只用水泥

厚5~12mm，起找平的作用，种类与底层相同，只是稠度稍小

中层

图 7-1　抹灰层的组成与要求

一点通

抹灰层的组成——工地现场如图 7-2 所示。

阴角

腻子粉面层

水泥砂浆底层

扫码看视频

抹灰层的特点

图 7-2　抹灰层的组成——工地现场

7.1.2 内墙面抹灰的流程

内墙面抹灰的流程如图 7-3 所示。

图 7-3 内墙面抹灰的流程

7.1.3 抹灰的分类与工具

抹灰的分类与工具如图 7-4、图 7-5 所示。墙壁抹灰的类型，可以分为单面抹灰、双面抹灰，具体见表 7-1。

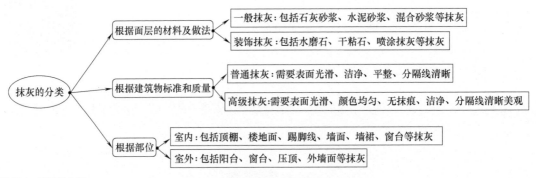

图 7-4 抹灰的分类

图 7-5 抹灰的工具

表 7-1 墙壁抹灰的类型

墙体厚度 /mm	砖型	孔型	砌法	单面抹灰	双面抹灰
240	KP₁-1	圆	一砖		
	KP₁-2 或 KP₁-3	长方			

续表

墙体厚度 /mm	砖型	孔型	砌法	单面抹灰	双面抹灰
365	KP₁-1	圆	一砖半		
	KP₁-2 或 KP₁-3	长方			
190	DM₂-2	长方	单砌		
240	DM₁-2	长方	单砌		

7.2 材料与其应用

7.2.1 抹灰材料的常识

常见的抹灰材料如图 7-6 所示。住宅装饰装修工程抹灰主要材料质量要求如下。

（1）不同品种不同标号的水泥不得混合使用。

（2）抹灰用的水泥宜为硅酸盐水泥、普通硅酸盐水泥，其强度等级不应小于 32.5。

（3）抹灰用砂子宜选用中砂，砂子使用前需要过筛，不得含有杂物。

（4）抹灰用石灰膏的熟化期不得少于 15 天。

（5）抹灰罩面用磨细石灰粉的熟化期不得少于 3 天。

（6）水泥需要有产品合格证书。

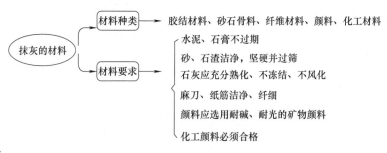

图 7-6　抹灰材料

7.2.2 腻子（粉）的特点、选购与应用

腻子，又叫做腻子粉。其是平整墙体表面的一种装饰性材料，可以用于漆类施工前的一种加水后呈厚浆状的涂料。

腻子可以直接涂施于物体上，以填充施工面的孔隙、矫正施工面的曲线偏差，从而为获得平滑、均匀的漆面打下基础。

腻子中常见的配料有着色颜料、大量填料、少量漆基、助剂等。填料，主要是重碳酸钙、滑石粉等。颜料，主要是铁红、炭黑、铬黄等。

不同施工场所，需要不同特性的腻子。因此，腻子的种类很多，例如内墙耐水腻子、外墙柔性腻子、家具腻子、外墙耐水腻子等。选购腻子注意事项如图 7-7 所示。

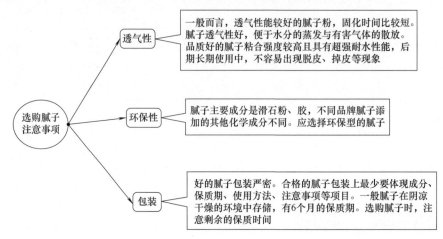

图 7-7　选购腻子注意事项

如果原来刷的是石灰、涂料，现需要改刷乳胶漆，则必须先铲除原来的墙面，重新刮腻子。

抹腻子，应先抹顶棚，后抹墙壁。

袋装的腻子如图 7-8 所示。腻子的拌制如图 7-9 所示。

图 7-8　袋装的腻子

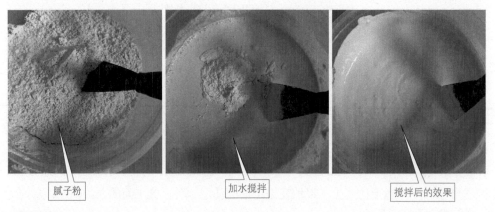

图 7-9　腻子的拌制

7.2.3　选购乳胶漆的方法

选购乳胶漆时，需要查看环保检验报告、掂量分量检查、晃动听声音检查、开罐检查等，具体如图 7-10 所示。

油漆涂料产品不仅关系到居住环境的美观性、舒适性，也关系到人的健康。为此，需要检查乳胶漆名称、商标、净含量、成分、使用方法、注意事项、生产日期、保质期。乳胶漆一般保质期 1 ～ 5 年不等，应尽可能购买近期生产的乳胶漆。

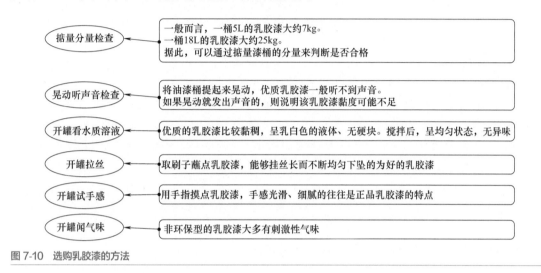

图 7-10　选购乳胶漆的方法

7.2.4　底漆、面漆涂料的特点与应用

7.2.4.1　底漆

底漆涂料，也就是底层的漆涂料，即油漆系统的第一层。底漆就是指直接涂到物体表面作为面漆坚实基础的涂料。

底漆涂料，要附着牢固，增加上层涂料附着力，提高面漆的装饰性。

底漆可以分为头道底漆（第一道）、第二道（遍）底漆等类型。多涂抹几道底漆，可以提高面漆的附着力、丰满度、抗碱性、防腐性等。

家装底漆，有墙面底漆、防锈底漆、木器底漆等，应根据需要进行选择。

7.2.4.2　面漆

面漆涂料，也就是面层的漆涂料，即末道漆、多层涂装中最后的外饰一层涂料。

面漆涂料，需要呈现装修后的效果。户外用面漆涂料，需要选择耐候性涂料。不同品种面漆光泽有差异，例如超亚光、亚光、高光（亮光）等。

7.2.5　墙面涂料粉刷面积的计算

墙面涂料涂刷面积计算公式如下：

$$墙面涂料涂刷面积 =（建筑面积 ×80\%-10）×3$$

该计算方法得出的面积包括天花板。其中，建筑面积即为购房面积，现在实际利用率一般大约为80%。其中，厨房、卫生间，一般采用铺贴瓷砖、设置铝扣板，其面积大约 $10m^2$。

墙面涂料用量的估计如下：

（1）若底漆厚度大约为 $30\mu m$，5L 底漆的施工面积一般为 $65 \sim 70m^2$。

（2）墙面涂料推荐厚度为 $60 \sim 70\mu m$，5L 墙面漆的施工面积一般为 $30 \sim 35m^2$。

底漆用量、面漆用量的估计如下：

$$底漆用量 = 施工面积 \div 70$$
$$面漆用量 = 施工面积 /35$$

举例：

一套房屋建筑面积为 $100m^2$，需要的油漆用量计算如下：

墙面涂料涂刷面积 =（ $100 \times 80\% - 10$ ）$\times 3$ =210（ m^2 ）

底漆用量（涂布率/1 遍）= 施工面积 $\div 70$ =210/70=3（桶），也就是需要 3 桶。

面漆用量（涂布率/2 遍）= 施工面积 $\div 35$ =210/35=6（桶），也就是需要 6 桶。

涂料用量估算方法如下：房间面积（单位为 m^2）除以 4，需要粉刷的墙壁高度（单位为dm）除以 4，两者得数相加，就是所需要涂料的质量（两遍）。

举例：

一间房屋面积为 $32m^2$，墙壁高度为 16dm，则需要涂料的用量

（32/4）+（16/4）=12（kg）

即 12kg 涂料可以粉刷墙壁两遍。

7.2.6 墙面刷漆喷涂与涂刷的对比

墙面上漆的方式有涂刷、喷涂，其对比见表 7-2。

表 7-2 涂刷、喷涂的对比

项目	优点	缺点
喷涂	（1）如果墙面漆采用喷涂方式，往往施工进度比较快，工程质量也有保障。 （2）喷涂过后的墙面摸上去手感特别光滑细腻，并且比较平整。最终呈现出来的效果比较好。 （3）喷涂对于墙面的一些死角、缝隙、拐角之类的地方，也能够很好上漆。 （4）喷涂涂刷均匀。 （5）经过喷涂后的墙面，整体漆膜比较厚	（1）喷涂常会造成一定的浪费。与涂刷的方式相比，喷涂乳胶漆大约会损耗 10%。 （2）局部修补，用涂刷方式即可，不必要采用喷涂修补。但是，这种换方式的修补会使修补区域与其他区域存在明显的差别。喷涂修补时麻烦
涂刷	（1）与喷涂方式相比，涂刷可以节约乳胶漆，并且涂刷后的墙面往往比较有质感，摸上去手感好。 （2）后期修补，可以直接用相同颜色的乳胶漆涂刷即可，后期修补比较简单、方便	（1）涂刷需要一步一步进行操作，因此，效率特别低、劳动力消耗大、人工费高。 （2）如果涂料的流平性比较差，则在涂刷的过程中会留下明显的刷痕，或者出现整体墙面涂刷不均匀等现象。 （3）如果涂料是有光泽的乳胶漆，则经过涂刷后，会变得暗淡、粉化严重，而且还会存在刷痕现象。 （4）涂刷对于施工技术水平要求高。 （5）涂刷对于墙面死角等部位不好处理。因此，涂刷的墙面会存在一定的瑕疵

涂刷、喷涂常用工具如图 7-11 所示。

(a) 毛刷1

(b) 毛刷2

(c) 喷涂机械

(d) 搅拌器

图 7-11　涂刷、喷涂常用工具

实际应用中，喷涂应用居多。喷涂，可以分为无气喷涂、普通喷涂。喷涂乳胶漆，必须使用无气喷涂。油性涂料使用普通喷涂即可。

7.3　墙体粉刷层的厚度

7.3.1　一般室内粉刷层厚度

对于顶棚、内墙、外墙、石墙，不同的抹灰类型抹灰层平均总厚度有差异，但总厚度均不应大于 35mm。一般室内粉刷层具体厚度如图 7-12 所示。

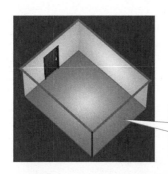

外墙：抹灰层平均总厚度不大于20mm；
勒脚及突出墙面部分抹灰层平均总厚度不大于25mm。
石墙：抹灰层平均总厚度不大于35mm

顶棚：板条、空心砖、现浇混凝土抹灰层平均总厚度不大于15mm；预制混凝土抹灰层平均总厚度不大于18mm；金属网抹灰层平均总厚度不大于20mm

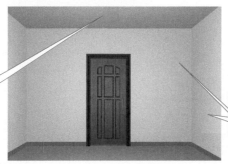

内墙：普通抹灰抹灰层平均总厚度不大于18mm；中级抹灰抹灰层平均总厚度不大于20mm；高级抹灰抹灰层平均总厚度不大于25mm

图 7-12　一般室内粉刷层厚度

基层墙体平整度、垂直度偏差较大，局部抹灰存在较厚的情况，一般每次抹灰厚度控制在

8~10mm 为宜。中层抹灰，要分若干次抹平。水泥砂浆、混合砂浆，需要等前一层抹灰层凝固后，再涂抹后一层。石灰砂浆，要等前一层发白后（大约七八成干），再涂抹后一层。

应分次抹平，以防已抹的砂浆内部产生松动，或者几层湿砂浆合在一起，造成收缩率大，产生裂缝、空鼓等异常现象。

室内墙体腻子粉刷层加壁纸厚度，一般为 2~3mm。

7.3.2 墙体保温板厚度

墙体保温板厚度，不同的种类，规格不同，厚度自然不同。

（1）充气石膏外墙内保温板常见规格尺寸为长度 900mm、宽度 600mm、厚度 50~90mm。

（2）水泥聚苯板外墙内保温板常见规格尺寸为长度 900mm、宽度 600mm、厚度 50~90mm。

（3）聚苯板外墙保温板常见规格尺寸为长度 2500~3000mm、宽度 900~1200mm、厚度 42mm、47mm、52mm 等。

7.4 建筑水泥砂浆的粉刷

7.4.1 建筑水泥砂浆粉刷的准备

建筑水泥砂浆粉刷的准备，包括工具准备、工艺准备、人员准备、技术安全交底、基层处理、测量放样等，也包括已完成结构验收、整改，具体如图 7-13 所示。

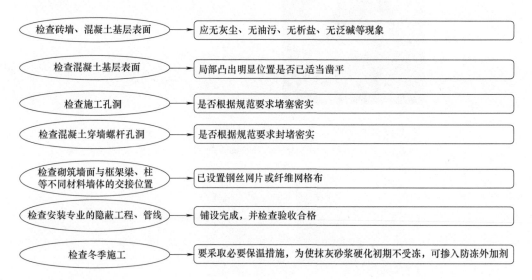

检查砖墙、混凝土基层表面	→	应无灰尘、无油污、无析盐、无泛碱等现象
检查混凝土基层表面	→	局部凸出明显位置是否已适当凿平
检查施工孔洞	→	是否根据规范要求堵塞密实
检查混凝土穿墙螺杆孔洞	→	是否根据规范要求封堵密实
检查砌筑墙面与框架梁、柱等不同材料墙体的交接位置	→	已设置钢丝网片或纤维网格布
检查安装专业的隐蔽工程、管线	→	铺设完成，并检查验收合格
检查冬季施工	→	要采取必要保温措施，为使抹灰砂浆硬化初期不受冻，可掺入防冻外加剂

图 7-13 结构验收、整改

建筑水泥砂浆粉刷前，对基层面要浇水、清理，并且浇水面要均匀，不漏浇。浇水可以采用喷水、水管喷水、喷壶浇水等方式，砌块水量以渗入砌块内深度 8 ～ 10mm 为宜。抹灰前最后一遍浇水或喷水，一般抹灰前一小时进行为好。

不同的墙体、不同的环境，需要的浇水量不同。浇水要分次进行，最终以墙体既湿润又不泌水为宜。

挂衣铁件、预埋铁件、阳台栏杆、管道穿越的墙洞和楼板洞，需要及时安放套管。结构施工时墙面上的预留孔洞，需要提前堵塞严实。柱、过梁等部位凸出墙面的混凝土，需要剔平。柱、过梁等凹处，要提前刷净，并且用水洇透后，再用 1 ：3 水泥砂浆或 1 ：1 ：6 水泥混合砂浆分层补衬平。

如果混凝土墙、顶板等基体表面存在凸出部分，则需要剔平；如果存在蜂窝、麻面、露筋等情况，则需要剔到实处，再用 1 ：3 水泥砂浆分层补平。

一点通

一般对油污，可以先用 5% ～ 10% 浓度的氢氧化钠（火碱）溶液清洗，再用水清洗。对析盐、泛碱的基层，可以用 3% 草酸溶液清洗。

7.4.2　加气混凝土表面缺棱掉角的修补

建筑水泥砂浆粉刷中，如果发现加气混凝土表面缺棱掉角，则需要分层修补，具体方法如图 7-14 所示。

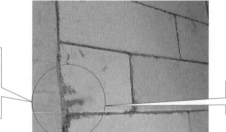

修补具体方法
❶ 首先洇湿基体表面。
❷ 然后刷掺水重10%的107胶水泥浆一道。
❸ 再紧跟抹1:1:6水泥混合砂浆进行修补

加气混凝土表面缺棱掉角的修补

图 7-14　加气混凝土表面缺棱掉角的修补

7.4.3　建筑外墙抹水泥砂浆

建筑外墙抹水泥砂浆，如果是大面积施工，则需要先做样板，经过鉴定合格后，才能够确定施工方法，然后才能够组织施工。

建筑外墙抹水泥砂浆，一般要两遍成活，总厚度为 1.5 ～ 2.5cm。如果粉刷层总厚度超过 5cm，则需要先在墙上打钉挂网后再做抹水泥砂浆，以免产生空鼓、裂缝等异常现象。

抹灰分格缝的设置需要符合设计要求。抹灰分格缝的宽度、深度，需要均匀，表面要光滑，棱角要整齐。有排水要求的位置，需要做滴水线（槽）。

7.4.4　建筑水泥砂浆粉刷施工材料

建筑水泥砂浆粉刷施工材料，包括水泥、砂、添加剂，具体如图 7-15 所示。

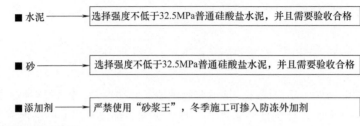

图 7-15　建筑水泥砂浆粉刷施工材料

7.4.5　建筑水泥砂浆粉刷施工主要工艺

建筑水泥砂浆粉刷施工主要工艺，包括基层清理湿润、甩浆、增设钢丝网或网格布等操作，具体如图 7-16 所示。抹灰前先基层清理、湿润，浇水面要均匀不漏浇，以喷水为宜。砌块浇水量以渗入砌块内深度 8～10mm 为宜。甩浆，就是墙面上用素水泥浆甩出浆结合层一道。

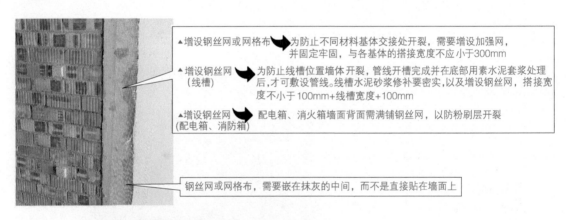

图 7-16　建筑水泥砂浆粉刷施工主要工艺

7.4.6　建筑水泥砂浆粉刷施工主要程序

建筑水泥砂浆粉刷施工主要程序：找规矩、做灰饼、冲筋、做护角、抹底层灰、抹面层灰、成品保护，如图 7-17 所示。

图 7-17　建筑水泥砂浆粉刷施工主要程序

　　找规矩、做灰饼、冲筋，就是先用靠尺、托线板检查墙面平整度、垂直度，然后确定抹灰的厚度，一般最薄位置不小于 7mm。灰饼厚度一般为 15～20mm，并且宜用 1 ：3 水泥砂浆做成 5cm 见方的形状，再用线垂、托线板在灰饼面挂垂直、冲筋。

　　抹灰饼时，首先根据建筑室内抹灰要求，确定灰饼正确位置，再用靠尺板找好垂直与平整。如果房间面积较大，则需要先在地上弹出十字中心线，再根据基层面平整度弹出墙角线，然后在距墙阴角 100mm 处吊垂线、弹出铅垂线，根据地上弹出的墙角线往墙上翻引弹出阴角位置两墙的墙面抹灰层厚度控制线，最后据此做灰饼。灰饼间距、冲筋宽度，一般以不大于 1.5m 为好，如图 7-18、图 7-19 所示。

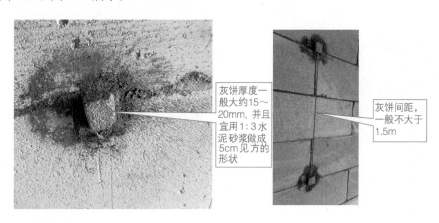

灰饼厚度一般大约15～20mm，并且宜用1：3水泥砂浆做成5cm见方的形状

灰饼间距，一般不大于1.5m

图 7-18　灰饼

　　抹灰饼时，一般先抹上灰饼，再抹下灰饼。灰饼砂浆达到七八成干时，就可以使用与抹灰层相同的砂浆冲筋。冲筋根数根据房间的宽度、高度来确定，一般标筋宽度大约 50mm。墙面高度小于 3.5m 时，宜做立筋。墙面高度大于 3.5m 时，宜做横冲筋。做横冲筋时，灰饼的间距不宜大于 2m。

　　做护角，就是室内阳角、门窗洞口采用 1 ：2 水泥砂浆护角，厚度 10～15mm 做暗护角。室内墙面、柱面、门洞口阳角护角，高度不应低于 2m，每侧宽度不应小于 50mm。窗护角，需要做到窗洞顶。做护角，先根据灰饼厚度进行抹灰，再粘八字靠尺，找方吊直，然后分层抹平，等砂浆稍干后就应用捋角器。

　　冲筋到一定强度后，可以进行抹底层灰操作。判断冲筋是否达到强度，以刮尺操作不致损坏冲筋即可。抹底层灰操作注意点如图 7-20 所示。每层每次抹灰厚度，一般要小于 10mm。如果找平困难要加厚，则应分层、分次逐步加厚，每层粉刷的间歇时间要等第一次抹灰终凝后才进行，不得连续流水作业。

　　如果基层偏差较大，一次抹灰层过厚会干缩产生裂缝。为此，要分层赶平，每遍厚度为7～9mm。

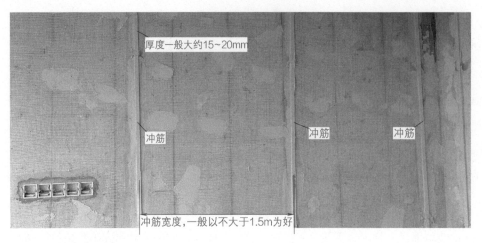

厚度一般大约15~20mm

冲筋　　　冲筋　　　冲筋

冲筋宽度，一般以不大于1.5m为好

图 7-19　找规矩做灰饼冲筋

冲筋

一般从上向下进行抹灰，底层灰宜分两次抹，时间间隔要适宜，并且用铝合金刮条刮平、找直，并且从上向下刮平，然后用木抹子补灰，拉毛

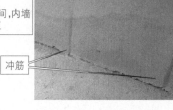

冲筋

增强网铺贴:不同材料墙体交接位置、转角位置，需要增强网铺贴完毕。

底层灰的配制:电梯厅、地下室公共空间可以使用1:1:6混合砂浆打底，面层可以使用1:1:4水泥混合砂浆抹光。
卫生间、厨房等有水房间,内墙面可以使用1:3防水砂浆

铝合金刮条

图 7-20　建筑抹底层灰操作注意点

　　面层灰一般是底层灰抹好后，大概等 24h 以上才开始抹。抹面层灰前，需要检查底层砂浆有无空、裂现象。如果存在空、裂，则需要剔凿返修后再抹面层灰。抹面层灰前，底层砂浆上的污垢、尘土等需要清理干净，然后浇水湿润，再进行面层抹灰。

　　抹灰时，注意水泥砂浆不得抹在石灰砂浆层上，罩面石膏灰不得抹在水泥砂浆层上。

　　水泥砂浆、水泥混合砂浆抹灰时，需要等前一抹灰层凝结后才可以抹后一层。

　　石灰砂浆抹灰时，需要等前一抹灰层七八成干后，才可以抹后一层。

　　底层抹灰层强度，不得低于面层的抹灰层强度。水泥砂浆拌好后，需要初凝前用完，凡是结硬的砂浆，均不得继续使用。抹灰层与基层间、各抹灰层间，必须黏结牢固。抹灰层需要做到无空鼓、无脱层。面层需要做到无裂缝、无爆灰。

　　抹灰前后，注意成品保护。常见的成品保护要求如图 7-21 所示。

抹灰前
需要保护好铝合金门窗框，确保保护膜完整、无破损。
保护好墙上的预埋件、相关洞口。

施工中
电线盒、槽、水暖设备等预留孔洞不污染。
注意保护好楼地面面层，不得在楼地面上直接拌灰。

施工后
不要损坏已抹好的水泥墙面。
各抹灰层在凝结前，要防止快干、暴晒、水冲、撞击、震动，以保证灰层有足够的强度。

图 7-21　常见的成品保护要求

7.4.7　建筑水泥砂浆粉刷施工的质量要求

　　建筑水泥砂浆粉刷施工质量要求，分为主控项目质量要求、一般项目质量要求，具体如图 7-22 所示。

　　水泥砂浆粉刷时，禁止使用干水泥。水泥砂浆粉刷时的砂浆，应随拌随用，不得使用隔夜灰。拌和好的灰浆，一般 4h 内用完。如果施工期间温度超过 30℃时，则需要在 3h 内用完。

　　水泥砂浆粉刷时，墙面内的预留洞不得随意堵抹。水泥砂浆粉刷时，墙上预留构件不得随意挪位、不得随意敲动、不得随意损坏。

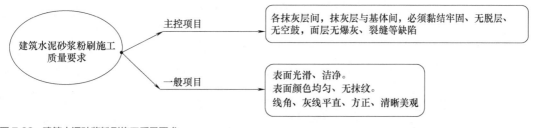

建筑水泥砂浆粉刷施工质量要求

主控项目 → 各抹灰层间，抹灰层与基体间，必须黏结牢固、无脱层、无空鼓，面层无爆灰、裂缝等缺陷

一般项目 → 表面光滑、洁净。
表面颜色均匀、无抹纹。
线角、灰线平直、方正、清晰美观

图 7-22　建筑水泥砂浆粉刷施工质量要求

　　抹灰层的平均总厚度，需要符合设计要求。抹灰构造各层厚度，通常宜为 5 ～ 7mm。抹石灰砂浆、水泥混合砂浆时的厚度，通常宜为 7 ～ 9mm。

7.5　建筑抹灰涂装

7.5.1　建筑墙面抹灰的类型与施工

普通的抹灰材料，包括石灰砂浆、混合砂浆、水泥砂浆等。装饰装修抹灰要求，包括水刷石、干粘石、斩假石、水泥拉毛等。装饰装修抹灰的材料，包括水泥、石灰砂浆、无水型粉刷石膏等。

普通水泥砂浆抹灰，施工时要打毛（拉毛），以免产生空鼓等现象。拉毛效果与工具如图 7-23 所示。

(a) 拉毛效果　　　　　　　　　　　　　　　(b) 拉毛工具

图 7-23　拉毛效果与工具

水泥石灰混合砂浆，就是水泥掺石灰，再加上砂子与水的混合砂浆。水泥石灰混合砂浆可以用来砌筑砌体，也可以用来给墙面抹灰。水泥石灰混合砂浆对砂浆和易性有很大提高。

因为水泥石灰混合砂浆中加入了石灰，所以水泥石灰混合砂浆必须要在干燥的环境中使用，不能在潮湿的环境中使用。

水泥混合砂浆的强度比水泥砂浆要低，水泥石灰混合砂浆的强度也比水泥砂浆要低。水泥石灰混合砂浆应用范围较小。

墙面材料，胶漆、瓷砖、硅藻泥的比较见表 7-3。

表 7-3　胶漆、瓷砖、硅藻泥的比较

项目	硅藻泥	乳胶漆	瓷砖
原料	黏结材料、硅藻土、有机助剂、颜料等	助剂、成膜物、填料、颜料、溶剂等	石英砂、黏土等
分类	目前分类很少，产品主要以粉状形态为主	主要有乙丙乳胶漆、纯丙烯酸乳胶漆、苯丙乳胶漆等品种	分类产品众多，主要有抛光砖、釉面砖、马赛克等
功能	具有甲醛净化、防霉抗菌、调湿性能等功能	一些产品具有抗污、抗菌、防火等功能	产品功能较为单一
外观	色彩、图案较单一。肌理自然大方、立体感强	能够调配各种各样的颜色	花样繁多，铺贴多样
环保性	本身具有吸附甲醛、净化空气功能，环保性相对较好	游离甲醛、挥发性有机物（VOC）、重金属可能超标	辐射可能超标

续表

项目	硅藻泥	乳胶漆	瓷砖
施工	施工工艺较复杂，肌理制作对工艺要求较高	施工复杂，工期较长	施工较复杂，铺贴难度较大
更换	墙面上喷上水，会恢复到泥的状态，铲下来加水搅拌可重新使用	需要把墙皮铲掉，再刮腻子找平后涂刷	更换麻烦，需将瓷砖铲掉，重新处理基层后再铺贴

水泥、石灰、石膏等，都属于无机胶凝材料。胶凝材料，一般可以经过物理、化学作用，从浆体变成石状体，并且还能够把其他固体物胶结成整体。水泥可以在空气中、水中硬化。石灰只能够在空气中硬化。沥青、合成树脂等都属于有机合成材料。

7.5.2 建筑墙面抹灰要点精讲

墙面抹灰，就是指在墙面上抹水泥砂浆、混合砂浆、白灰砂浆的一种装修方式或者工程操作。墙面抹灰可以分为内墙抹灰、外墙抹灰。外墙抹灰可以起到保护墙体不受风雨的侵蚀的作用。

内墙抹灰，应先做好灰饼，再抹底灰，底灰要分层抹，最后抹面层砂浆，如图7-24所示。装饰腻子粉是在砂浆层上刮的，一般刮2～3道腻子粉。

内墙抹灰时，需要处理护角。抹面层砂浆，要与底灰隔一天进行，以免产生脱落。抹面层砂浆时，需要检查表面平整度。如果存在不平整的地方，要及时处理。

外墙抹灰，也要先做灰饼，再抹底灰，底灰涂抹分次进行。抹中层砂浆阶段，需要检查底层有没有脱脚开裂。如果存在开裂现象，则要切开重抹。外墙抹灰后，需要浇水湿润，如果贴瓷砖，则表面要拉毛。

抹底灰前，需要进行基层处理，并且处理基层后的浮灰要处理掉，再用水冲刷，然后才能够粉刷。如果墙表面有浮灰，则会导致砂浆空鼓、裂缝、脱落等现象发生。

墙面涂刷常用的工具有分色纸、滚筒、笔刷、牛皮纸、油灰刀、砂纸等。墙面刮腻子的滚筒刷子，要选择质量好、毛质长短适中、疏密均匀的。

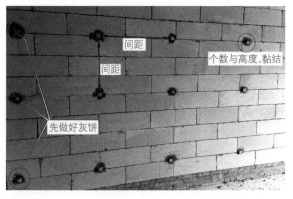

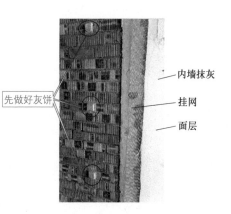

(a) 做好灰饼

图7-24

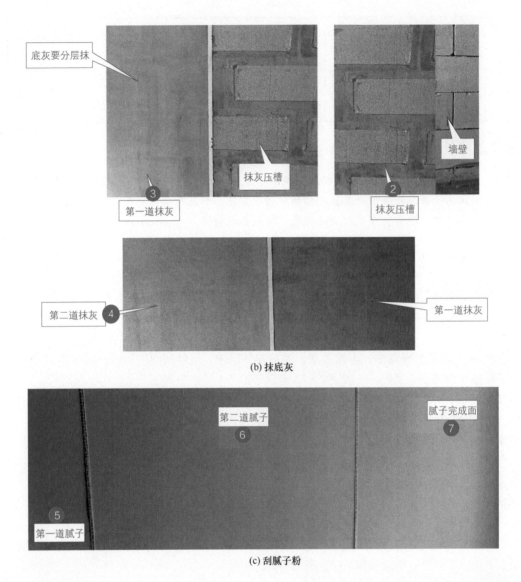

(b) 抹底灰

(c) 刮腻子粉

图 7-24　墙面抹灰

 一点通

　　分层抹灰，是为了保证抹灰面平整牢固。每层抹灰均不要太厚，一般抹三层即可，每抹一层的要求均不一样。

7.5.3　室内轻质砖墙面腻子满批

　　室内轻质砖墙面腻子满批，可以直接采用专用腻子或粉刷石膏腻子批面，而不用水泥砂浆粉刷，如图 7-25 所示。砌筑墙体垂直度偏差应控制在 3mm 以内。顶层、次顶层的填充墙顶与梁底交接位置，需要采用柔性填充材料。

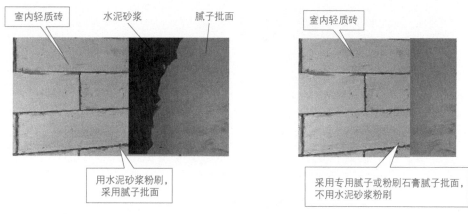

图 7-25　室内轻质砖墙面腻子满批

7.5.4　阴阳角周正施工

阴阳角周正施工方法与要点如图 7-26 所示。

（1）每个竖向阴阳角位置，用线坠放垂直线进行弹线处理，并且以阴阳角垂直线为基准向两边 500mm 分别放平行于阴阳角垂直线的平行线。该平行线，作为阴阳角的标准线，如图 7-26 所示。

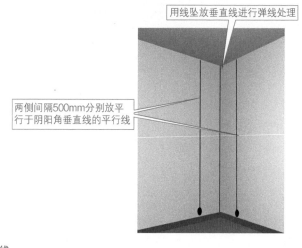

图 7-26　做阴阳角的标准线

（2）根据阴阳角垂直线，判断阴阳角位置墙面的平整度。如果误差为 5mm 内，可以采用墙衬找平。如果误差超过 5mm，则必须用石膏进行找平。采用粉刷石膏对阴阳角两边 500mm 内进行找平，找平达到用 2m 靠尺检测垂直方向误差不超过 2mm 即可，如图 7-27 所示。阴阳角向两边 500mm 外，可以采用粉刷石膏或墙衬找顺平。

如果是面层刮腻子，则在上述基础上，可以刮面层腻子。也就是面批刮腻子前，采用粉刷石膏等对阴阳角两边 500mm 内进行找平。

刷腻子时可以先用腻子沿墨线修直角，等干后，再刷满灰。刷满灰可以采用 2m L 形铝合金靠尺从阴角的一边平行推向阴角，当推到角时，轻轻来回抽动一下后平行刮出。等干后，检查阴阳角是否合格。

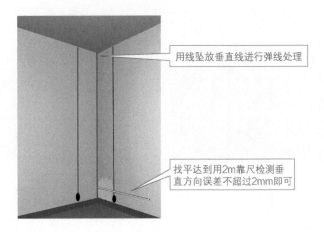

用线坠放垂直线进行弹线处理

找平达到用2m靠尺检测垂直方向误差不超过2mm即可

图 7-27 检测垂直方向误差

目前，为确保阴阳角周正，可采用阴阳角保护塑料条，也就是把阴阳角保护塑料条直接装在阴阳角上，然后在其上刮腻子即可。

弹线前可以采用灰刀把阴阳角及角周边的凸块清理干净，以免弹线碰到障碍物，线弹不直。对于阳角，有的为了防磕碰，可将阳角处理圆滑，并且用砂纸将其打磨成小圆弧，或者安装护角条。

7.5.5 墙上石膏冲筋方法、要点

墙上石膏冲筋的主要方法、要点如下。

（1）石膏冲筋要做好进场材料的验收。

（2）首先进行套方找规矩，再确定石膏厚度，然后根据墙面基层平整度、石膏层厚度的要求找出差距，然后黏结石膏黏结冲筋条作为标筋。标筋的做法：铝合金杠尺的两端各固定一端卷尺，再在杠尺侧面打满石膏，并且对应红外线投影，以及用手敲打到与红外线平齐，然后用抹子清除挤出的多余石膏，然后拿下杠尺，冲筋即完成。

（3）标筋一般是竖直的。

（4）标筋需要具有一定的强度。

（5）标筋距墙阴阳角距离一般不大于 20cm，也就是阴阳角两侧墙边 20cm 内要冲筋。同面墙标筋间距，一般不大于 1.5m。洞口宽度大于 1.2m 的情况，则洞口上、下部要冲筋。门窗洞口两侧墙边 20cm 内，也要冲筋。

（6）冲筋要求上到顶、下到底。

标筋厚一般为 8 ~ 15mm，宽度一般不少于 20mm。房间尺寸偏差较大时，需要进行相关处理后再施工。冲筋要准确，同一面墙冲筋厚度要一致。

7.5.6　内墙涂料涂装工具与方法

内墙装饰的材料包括墙贴、饰面石材、饰面板等。内墙涂料涂装方法，采用辊涂即可。漆膜，具有表面效果最好等特点。采用短毛辊筒工具辊涂，具有不易起泡等特点。刷涂与辊涂方法的要点见表 7-4。

表 7-4　刷涂与辊涂方法的要点

名称	要点
刷涂	（1）刷涂刷子在使用前，要先去除脱落的刷毛。可以用手指彻底地梳理一遍，以确保已经全部清除。 （2）与使用的涂料相同性质的液体润湿一下，漆刷。若用水性漆，则可以用水湿一下刷子。若用油性漆，则先把刷子在溶剂中浸一下。 （3）取用漆料时，把刷子浸到漆料中一半即可，以防油漆回流淤积在刷子后部，难清除或使刷毛变硬。 （4）取料后，把刷子在桶的边沿轻敲几下，不用刮利，以免取料过多。 （5）用漆刷涂大范围时，可先垂直方向涂出刷子般宽的条纹，再水平方向均匀涂刷，直到覆盖为止。最后，垂直方向轻抹一遍。 （6）同时使用刷子与滚筒，则先把要刷部位的边框勾画出来，以 3cm 左右宽的油漆带在墙上画出适合滚筒涂刷的平面
辊涂	（1）辊涂前，先用水（刷水性涂料）或溶剂（刷油性涂料）润湿一下滚刷。 （2）刷天花板时，可先在滚筒手柄上接木杆或铝杆，以方便使用。 （3）把涂料从漆桶中倒入取料盘，一次不要加得过满。然后把滚筒轻轻浸入涂料中，并且前后均匀滚几下，让刷毛的各个部位吸满涂料。 （4）涂刷时，滚筒在墙上涂成"之"字形。第一涂自下而上。 （5）滚筒上的涂料将要刷完时，再往回涂刷之前刷过的地方，以便把涂料均匀地涂抹开。 （6）如果中途休息，则沾有涂料的滚筒不能长时间暴露在空气中，需要用塑料袋包好，或者根据涂料性质，把滚筒浸在水中或溶剂里。 （7）内墙涂料施工完后，工具要即刻清洗，以免涂料干结后损坏工具。 （8）剩余涂料要保持清洁，密闭封存好

刷子刷涂图例如图 7-28 所示。

滚刷

涂刷

加长手柄刷子

图 7-28　刷子刷涂图例

7.5.7　内墙涂料涂装体系

一般的内墙涂料涂装体系，分为两层，也就是底漆、面漆。
底漆具有封闭墙面碱性、提高面漆附着力、增强漆膜外观丰满度等作用。

底漆对面涂性能、表面效果有较大影响。如果不使用底漆，则漆膜附着力会削弱，并且墙面碱性对面漆性能影响大。

面漆是涂装体系中最后的涂层，具装饰功能，也起抗拒环境侵害等作用。内墙涂装常用的涂装顺序为从顶部开始往下刷。实际中，就是从天花板开始，再到墙壁、门窗，最后刷踢脚板、窗橡等。

7.5.8　涂料施工基面要求与处理

新基面需要具备坚固无松散物、无粉尘、干燥无渗水等特点。如果是旧基面的情况，则必须铲除旧涂层或松散物，并且修补平整。如果是旧基面有霉变部位，则需要使用专用清洗剂、防霉溶液清洗或铲刀铲除，再用水冲洗干净。如果旧涂层完好，则清洁表面后可直接重涂。如果旧涂层有起泡、开裂、粉化、剥落等现象，则需要铲除旧涂膜，再重新涂刷一遍底漆后涂两遍面漆。

墙面基面可能出现的问题与处理方法如下。

潮湿——加强通风，延长干燥时间。

尘土、粉末——室外可以用高压水冲洗，室内可以用湿布擦净。

钉子锈蚀——可以用刷去锈迹，再磨光钉头，并且把钉子敲没在漆面 3mm 深位置，再点涂防锈底漆，然后批平磨光。

灰浆——可以用铲、刮刀等除去。

旧漆膜——可以用高压水冲洗，或用刮刀刮除、机械打磨。

裂缝、接缝——可以先刮掉疏松旧漆膜或灰泥，再用不溶于水的填料修补。如果是较大较深的洞，则可以分次批嵌。

霉菌——室外可以用高压水冲洗。室内可以用漂白剂擦洗几分钟，再用清水漂洗、晾干。

油脂——可以使用中性洗涤剂清洗。

如果是竹木器基面，则需要用内墙专用底漆封闭竹木器色素，以防色素渗透到漆面。

如果是木材基面，则需要表面去除或更换磨损、腐烂部分，并且清洁修补表面。门窗与墙面接合位置，需要使用弹性好的填料进行嵌补。

如果是墙纸墙面，则需要撕掉墙纸，再洗去胶水，晾干后根据墙面状况适当处理后，才能够涂料施工。

如果是玻璃纤维表面，则可以直接涂刷面漆。

如果是铁类金属表面，则需要先除去表面锈斑，等清理干净后马上涂刷相应的防锈底漆。如果是非铁类表面，则需要先去除表面油污、去除氧化层等，然后涂刷相应增加附着力的底漆。

内墙粉刷，基面最基本的要求——清洁、牢固、干燥。基面不符合要求，会严重影响漆膜性能。

干燥——水泥墙面保养至少 1 个月（冬季需要大约 7 周）以上，湿度低于 6%，木材表面湿度低于 10%。墙面无渗水、无裂缝等结构问题。墙面湿度大，可能造成漆膜起皮、起泡、剥落、墙面渗碱，漆膜失光、长霉等现象。

牢固——没有粉化松脱物，旧墙面没有松动的漆皮。底材松动、有污物黏附会影响漆膜附着力，导致剥落、起皮、霉菌滋生、漆膜长霉等现象。

清洁——没有油、脂、霉、藻及其他黏附物。

一般轻体墙、保温墙等非承重墙都需要贴布，应尽量选择质地好的墙布或刷白乳胶。还可以选择网格布，防裂效果好一点。

如果墙体平整，则可以不使用腻子。如果使用腻子，宜薄批不宜厚刷。腻子的选择，应选择易批易打磨的、颗粒细度较小的、质地较硬的、具备较高强度与持久性的腻子。外墙的腻子，需要具有更好的黏结性、黏结持久性、耐水性等特点。可以在腻子里添加适量白乳胶，以提高腻子硬度。

家装厨房、卫生间，一般不采用粉刷工艺，往往采用瓷砖铺贴。

基层处理，需要把混凝土构件、门窗过梁、梁垫、圈梁、组合柱等表面凸出的地方凿平，对有露筋、麻面、蜂窝、疏松部分的混凝土表面要凿到实处。

7.6　装饰装修抹灰涂刷

7.6.1　家装墙面的粉刷

家装墙面粉刷的常见流程如图 7-29 所示。

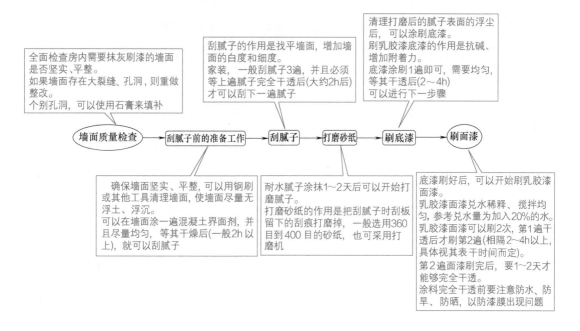

图 7-29　家装墙面粉刷

对于已经抹了水泥砂浆的毛坯房屋（毛坯墙）的装饰粉刷，主要工作内容为墙面质量检查、刮腻子前的准备工作、刮腻子、砂纸打磨（图 7-30）、涂刷乳胶漆。涂刷乳胶漆可以分为刷底漆、刷面漆。墙面刮粉如图 7-31 所示。

打磨也可以采用打磨机来进行，打磨机如图 7-32 所示。阴阳角部位需要采用专用角刷来打磨，如图 7-33 所示。

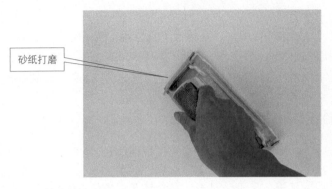

砂纸打磨

图 7-30　砂纸打磨

图 7-31　刮粉

图 7-32　打磨机

图 7-33　专用角刷

刮腻子前需要采用2m以上检测尺测量墙面平整度，以确定刮腻子的方法。一般墙面刮3遍。面腻子，要找平、要能罩住底色。

平整度较差的腻子，需要在局部多刮几遍。如果平整度极差、墙面倾斜严重，则可以先刮一遍石膏进行找平，再刮腻子。墙面找平，包括阴阳角找直处理。石膏找平凹凸差应不超过0.5cm。

打磨可以选择在夜间进行。打磨时，采用100W以上的电灯泡贴近墙面照明，边打磨边查看平整程度，如图7-34所示。

可以利用电灯泡贴近墙面照明来查看平整程度

图 7-34　电灯泡贴近墙面照明查看平整程度

底漆涂刷后的找补打磨，找补的地方一定要用底漆再刷 1 遍。尽量选择较细的砂纸打磨。

一般质地较松软的腻子，可以选择 400 ～ 500 号的砂纸打磨。质地较硬的腻子，可以选择 360 ～ 400 号的砂纸打磨。如果用太粗的砂纸打磨，则会留下较深的砂痕，则刷漆难以覆盖掉。

刷界面剂，是为了起黏结作用，要刷匀、都刷到位。刮石膏一层，是为了防裂、找水平等。

刮腻子的作用是让墙体平整洁白，为刷漆后有较好平整度、白度打基础。

打磨是为了磨平刮腻子时的棱子。

刷底漆是为了抗碱、防潮，以防墙面刷完漆变黄，为刷面漆做铺垫。

墙面面漆是为了保护墙面，可起到抗裂、耐擦洗等作用。

7.6.2　住宅装饰装修内部抹灰施工要求

住宅装饰装修内部抹灰施工要求如下。

（1）抹灰前，需要清除砖砌体表面杂物、尘土。抹灰前，需要洒水湿润。

（2）抹灰前，需要对混凝土表面凿毛或在表面洒水润湿后涂刷 1 ∶ 1 水泥砂浆（加适量胶黏剂）。

（3）加气混凝土需要在湿润后边刷界面剂边抹强度不大于 M5 的水泥混合砂浆。

（4）大面积抹灰前，需要设置标筋。

（5）大面积抹灰，需要分层进行，每遍厚度为 5 ～ 7mm。抹石灰砂浆、水泥混合砂浆，每遍厚度为 7 ～ 9mm。如果抹灰总厚度超出 35mm 时，则需要采取加强措施。

（6）用水泥砂浆和水泥混合砂浆抹灰时，需要等前一抹灰层凝结后方可抹后一层。

（7）用石灰砂浆抹灰时，需要等前一抹灰层七八成干后方可抹后一层。

（8）底层的抹灰层强度不得低于面层的抹灰层强度。

（9）水泥砂浆拌好后，需要在初凝前用完，凡结硬砂浆不得继续使用。

（10）顶棚抹灰层与基层间、各抹灰层间必须黏结牢固，要求无脱层、无空鼓。

（11）不同材料基体交接处表面的抹灰，需要采取防止开裂的加强措施。

（12）水泥砂浆抹灰层，需要在抹灰 24h 后进行养护。抹灰层在凝结前，要防止快干、水冲、撞击、震动。

（13）冬期施工，抹灰时的作业面温度不宜低于 5℃。抹灰层初凝前不得受冻。

室内墙面、柱面、门洞口的阳角做法，需要符合设计要求。如果设计无要求，则需要采用 1:2 水泥砂浆做暗护角，其高度不得低于 2m，并且每侧宽度不得小于 50mm。

7.6.3　家装新砌墙抹灰（抹砂浆）

家装新砌墙 1 ～ 2 天后，就可以抹灰。抹砂浆前，要抹的墙需要提前洒水。

抹灰，分为几道，一般是 2 道底灰，然后就是 2 道腻子粉。

抹灰时，应掌握抹灰层厚度、平直度、砂浆配合比等。如果采用水泥砂浆或者混合砂浆，则需要等前一道抹灰层凝结后再抹后一道抹灰层。如果采用石灰砂浆，则需要等前一道抹灰层达到七八成干后，才可以抹后一道抹灰层。

抹中层砂浆凝固前，也可以在层面上交叉划出斜痕，以增强与面层的黏结。

抹灰墙角角度是否为直角，可以采用角尺来测量。应是直角的地方，需要保证90°，以免装柜子时靠不了墙，留有空隙很大。

7.6.4 旧墙抹灰（抹砂浆）

旧墙抹灰前，需要先铲灰，一般需要铲掉10cm以上。铲灰之前，需要用塑料袋等物件把下水全部封闭，以免发生堵塞。抹砂浆前，要抹的墙需要提前洒水。

抹灰前，新旧墙体交接位置粉刷需要先"挂网"，并且新旧墙体至少各挂15cm宽度，以免发生抹灰层脱落现象，如图7-35所示。

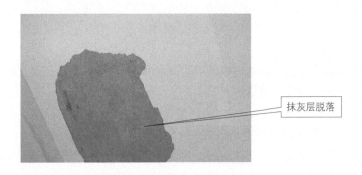

抹灰层脱落

图 7-35 抹灰层脱落

抹砂浆，可以采用1∶3水泥砂浆来刷。抹砂浆厚度，一般不可超过35mm，如果超过此厚度，则需要采用加强网，以免墙面发生空鼓脱落。

挂的网需要固定牢固，尤其是金属网。新旧墙连接阴角，需要贴封处理。

7.6.5 地面灰饼（冲筋）

较大面积地面抹灰前需要首先制作好标准灰饼，然后根据抹灰厚度要求，在地面角上方各做一个标准灰饼，拉线，再在地面中间做灰饼。此外，地面需要冲筋。冲筋的厚度、间距需要符合要求。冲筋的标高所形成的面也一定要符合要求。

7.6.6 墙面灰饼（冲筋）

较大面积墙面抹灰，需要首先制作好标准灰饼，然后根据墙面抹灰的厚度要求，在墙角上方各做一个标准灰饼，再拉线在窗口、垛角位置加做灰饼，最后用线锤吊线做墙下角标准灰饼。

此外，墙面需要冲筋。冲筋是保证抹灰质量的重要环节与步骤，是大面积抹灰时重要的控制标志。

内墙面抹灰筋（冲筋）如图 7-36 所示。

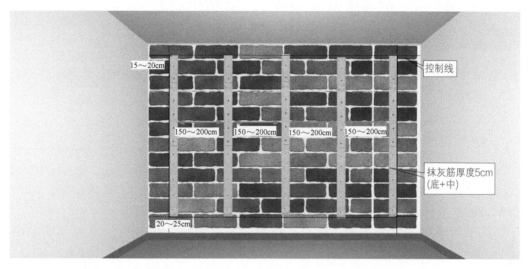

图 7-36　内墙面抹灰筋（冲筋）

墙面冲筋就是在墙面上、下两个灰饼间做砂浆带，其高度与灰饼相同。墙面冲筋（两边可以为斜面）是大面积抹灰时重要的控制标志。

7.6.7　阴阳角找方

墙面抹灰时需要阴阳角找方。阴阳角找方是直接关系到后续装修工程质量的重要工序。找方时，先在阴阳角做基线，然后用方尺将阳角找方，再在墙角与顶棚弹出抹灰准线，以及在准线上端、下端做灰饼、冲筋。

抹灰时，中层灰浆凝固前，需要每隔一定距离交叉划出斜痕，以保证面层与中间层间更好地黏结。

另外，抹灰时还可以采用阴阳角条，以保证阴阳角的质量。

7.6.8　家装墙面粉刷中的涂刷面漆

涂刷面漆，尽量选择好一点的工具，滚筒的毛不要太短，要细。这样刷出来的漆膜，手感细腻。

面漆稀释比例要准确，过量稀释会使涂料不遮底、粉化。有光泽涂料稀释比例错误，会失光、色彩不一。如果涂装不够熟练，可以选择无光涂料。

涂刷面漆时应注意墙角、每滚中间接茬部分、收漆方向等处理。墙角的处理，如果用排笔、板刷进行涂刷，容易造成边角纹理与整面不一致。可以采用收边滚筒与边角用板进行处理。收边滚筒的材质要与刷大面的滚筒一致。

刷大面时，每滚接茬位置的漆一定要收匀，不能过厚也不能过薄，以免薄厚不均造成反光不一致。

刷漆时，每滚上墙后应有收漆动作，每滚收漆方向要一致，以免造成每滚滚出来的纹理不一致，反光角度不同，引发视觉差异。

乳胶漆涂刷完大约 4h 后会干燥。但是，干燥的漆膜没有达到一定的硬度，需要 7 ～ 10 天内不擦洗或碰触墙面。

7.6.9　细部粉刷的处理

阳台、窗台（可用披水板）、窗楣、檐口、雨篷、压顶、突出墙面等部位，上面均需要做出流水坡度（内斜大约 10mm），下面需要做滴水线（槽）。流水坡度、滴水线（槽）距外表面一般不小于 20mm，并且滴水线（槽）需要保证坡向正确。

做施工窗台等滴水线（槽）时，需要设分格条，并且起条后保持滴水槽规格为 10mm×10mm，不得在抹灰后用溜子划缝压条，也不得采用钉子划沟。

滴水线（槽）需要整齐、顺直。滴水线一般为内高外低。滴水槽的宽度、深度，一般均不小于 10mm。分格条、滴水槽位置起条后，需要采用素水泥浆勾缝，并且确保整齐美观。

7.6.10　家装墙面粉刷施工的注意点

家装墙面粉刷施工的注意点如下。

（1）要严格执行、遵守安全操作规程。上架施工时，需要佩戴个人防护用品，注意系好安全带。

（2）外架使用前，需要对整个架体进行检查、验收，合格后才能够使用。

（3）脚手架上施工，小型工具等需要放在不易掉落的地方，以免高空落物伤人。

（4）内墙涂料施工时，不得出现立体交叉作业。

（5）墙面质量检查时，发现裂缝，一般情况下可以用牛皮纸带加白乳胶贴住裂缝，或者挂网加白乳胶贴住，或者抹水泥砂浆整改。

（6）墙面粉刷施工，选择颗粒细度较高、质地较硬的腻子为好。还可以在腻子里添加一定的白乳胶，以提高腻子的硬度。

（7）墙面打磨完毕后，一定要彻底清扫一遍墙面，以免粉尘多，影响漆的附着力。墙面凹凸差一般不超过 3mm。

（8）批刮内墙，一般采用 2 ～ 3 遍专用腻子。批第 1 遍腻子要厚一些，批第 2、3 遍要薄一些。批腻子后，要使墙面看起来光滑平整。

（9）腻子打磨完后的找补，一定要打磨平整，并且用稍微多加一点水的底漆刷一遍，以免刷面漆时因与其他墙面吃水量不同而产生色差。

（10）底漆最好适量加一点水，充分搅拌均匀，以确保能够涂刷均匀。底漆涂刷效果会直接影响面漆效果。为此，涂刷底漆要跟涂刷面漆满足同样的质量要求。

第 **8** 章

瓷砖铺贴技能

8.1 基础知识

8.1.1 瓷砖铺贴的基础、常识

作为家装泥水工，需要分得清砖的材质、规格，以及了解各种瓷砖的特点。

随着现在生活的多样化，家装用砖新品种层出不穷。为此，泥水工也要不断地学习新知识。

(a) 开孔器

(b) 工具

(c) 瓷砖开圆孔后的效果

瓷砖切割线盒孔，与线盒边沿间距一致即可

(d) 开关盒、插座盒的开方孔后的效果

扫码看视频

切瓷砖的工具

图 8-1　瓷砖打孔

家装需要打孔的地方：强弱电的预留孔，空调孔，热水器、浴霸安装处，油烟机排烟口，灯具安装处。

铺贴瓷砖时，开圆孔与方孔较常见，如图8-1所示。

8.1.2　全抛釉瓷砖、抛光瓷砖的特点

全抛釉瓷砖与抛光瓷砖，均具有光洁的表面效果，可以有效地折射出灯光的色彩美，达到良好的视觉效果。

全抛釉瓷砖、抛光瓷砖的区别见表8-1。

表8-1　全抛釉瓷砖、抛光瓷砖的区别

项目	全抛釉瓷砖	抛光瓷砖
实用性	全抛釉瓷砖整体的瓷含量比抛光瓷砖少一些，因此，其整块瓷砖的硬度比抛光瓷砖稍低，抗冲击能力不如一般的抛光瓷砖	对于沉重的衣柜、床铺等物件下的瓷砖，选择抛光瓷砖比全抛釉瓷砖要好一些
外形	（1）全抛釉采用了全新的抛釉技术，可以将色彩融入瓷砖的坯体中。因此，全抛釉瓷砖色彩更丰富。 （2）全抛釉瓷砖的纹理呈现得明显，可以营造出极为细碎的感觉，为整块瓷砖的层次感、立体感呈现提供良好的基础	（1）一般抛光瓷砖的色彩较为平淡。 （2）瓷砖的纹理呈现不甚明显
制作工艺	全抛釉瓷砖经过底坯与表面釉层的双重烧制，其整体性质稳定，并且拥有极好的耐磨效果	抛光瓷砖需要有一次严格的表面抛光过程，因此，其整个表面显得更加光亮。抛光瓷砖在筒灯一类的装饰灯光的照射下，能够折射出美妙的光彩

一点通

凡是通行的地方均应该选择防滑瓷砖，如图8-2所示。

8.1.3　阳角线的由来

铺设瓷砖时，由于90°凸角的地方无法贴合，便会将其和墙壁接触的地方直接裸露出来，不美观。

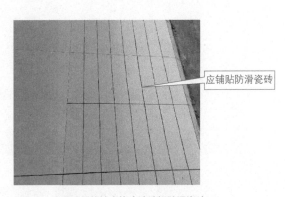
应铺贴防滑瓷砖

图8-2　凡是通行的地方均应该选择防滑瓷砖

阳角线，也叫做收口条、阳角条。铺贴瓷砖时，采用阳角线包裹住阳角，可达到保护瓷砖、延长瓷砖使用寿命、起到装饰点缀效果等作用。

阳角是90°的凸角形状。阳角线的形状多种多样，应优先选择有防滑齿的阳角线。

阳角线可以分为金属阳角线、PVC阳角线等种类。金属阳角线又有铝合金阳角线、不锈钢阳角线等类型。

根据规格大小，阳角线可以分为适合较薄瓷砖的小规格阳角线和适合较厚瓷砖的大规格阳角线。

一点通

阳角安装瓷砖时，应对瓷砖磨角，注意不得使其边缘爆边。

8.1.4　马赛克的特点、应用

马赛克是片状的几何小瓷砖拼接块。马赛克分为玻璃马赛克、陶瓷马赛克。陶瓷马赛克，又叫做锦砖。

客厅中应用锦砖，一般是简单的图案，避免喧宾夺主。

浴室安装锦砖可以达到良好装饰的效果。游泳池选用陶瓷马赛克，具有耐磨、简洁、实用等效果。

马赛克的应用如图 8-3 所示。

铺贴马赛克，一定要吊垂直线、水平线

(a) 铺贴马赛克　　　　　　　　　　　　　　　　(b) 准备铺贴马赛克

图 8-3　马赛克的应用

8.1.5　瓷砖胶、水泥贴瓷砖的比较

铺贴瓷砖中，常见的瓷砖黏合剂为瓷砖胶、水泥。水泥是最传统的一种瓷砖黏合剂。瓷砖胶是一种比较新型的黏合剂。

采用水泥黏合瓷砖，价格便宜、需要湿墙。对于大尺寸瓷砖，采用水泥砂浆铺贴瓷砖会费力不讨好。

瓷砖胶

图 8-4　瓷砖胶示例

瓷砖胶的主要材料也是水泥，其是由水泥、石英砂、多种化合物根据一定比例制成的。一般瓷砖胶只需要加一定比例水混合即可使用。使用瓷砖胶可以加快施工进度。

室内空间装修中，瓷砖胶比水泥砂浆更适合瓷砖粘合。瓷砖胶示例如图 8-4 所示。

8.1.6　瓷砖胶、瓷砖背胶的比较

瓷砖胶、瓷砖背胶均是胶水，均可以在铺贴瓷砖中使用。

瓷砖胶在使用时在瓷砖背面涂抹薄薄的一层即可。使用瓷砖胶，可以减小瓷砖的铺贴厚度。使用了瓷砖胶就不再需要用水泥砂浆。

需要控制瓷砖厚度的场所，就需要使用瓷砖胶代替水泥砂浆来铺贴。旧瓷砖的上面再铺一层新瓷砖的情况，可以用瓷砖胶来代替水泥砂浆进行施工，以免产生空鼓。

使用瓷砖背胶的目的是为了让瓷砖铺贴更牢固。瓷砖背面先涂上一层瓷砖背胶，然后像平时铺贴瓷砖一样，再涂好水泥砂浆铺贴即可。

地砖上墙，一般先涂瓷砖背胶。

普通瓷砖可以直接采用水泥砂浆或者瓷砖黏结剂进行粘贴。

玻化砖、抛光砖、微晶石等密度高而吸水率低的瓷质砖，可以先在瓷砖背面涂刷砖石背覆胶，再用水泥砂浆或者瓷砖黏结剂粘贴。

大地砖上墙，一般采用干挂。

一点通

传统水泥砂浆是水泥、砂、水的混合物。瓷砖胶是在传统水泥砂浆的基础上加入特殊添加剂，用以调整凝结时间，提高黏结力、保水性，从而提高抗滑移能力、抵消水泥收缩等。瓷砖胶一般是有特定功能的制成品。传统现场拌和的水泥砂浆往往是现场根据经验随机控制的手工产品。

8.1.7 干铺、湿铺与胶铺的比较

干铺瓷砖，就是指把干燥的水泥砂浆直接铺在地上，然后在地面上倒水，再把瓷砖放在地上。

湿铺瓷砖，就是先在一旁将水泥砂浆与水混合好，做成膏状，施工时，再把膏状的水泥砂浆放在瓷砖背面，然后把瓷砖扣到墙（地）面上。

家装地面瓷砖往往全部使用干铺。墙面砖往往全部使用湿铺，毕竟很难做到把干燥的水泥砂浆固定在墙面上。

胶铺，就是采用瓷砖胶、瓷砖背胶进行瓷砖的铺贴。

一点通

瓷砖背胶，不建议用在水泥基层上，以免负重大，导致剥离。瓷砖背胶，可以在浴室水汽环境中应用。

8.1.8 塑料固定十字架的特点、应用

塑料固定十字架，也就是铺贴瓷砖用的一种塑料十字架，如图 8-5 所示。塑料固定十字架又叫做瓷砖卡子、瓷砖固定卡、瓷砖十字架、瓷砖隔片、塑料十字架、瓷砖定位十字架、带柄型塑料瓷砖固定十字架、砖十字架、砖卡子、瓷砖卡子、砖定位器、砖十字卡等。

铺贴瓷砖用塑料固定十字架，主要用来调整瓷砖中间缝隙大小，使瓷砖贴得规整漂亮，使瓷砖间的缝隙一致、均匀。瓷砖十字架用量，一般情况下为一片砖配一个瓷砖十字架。

应用瓷砖十字架时，可以竖放，也可以横放。

一点通

以下瓷砖十字架的选择仅供参考，具体尺寸选择，需要根据个人爱好、审美偏好等来选择。
1.0mm、1.5mm 瓷砖塑料固定十字架——用于无缝砖、大理石砖的留缝。

2.0mm 瓷砖塑料固定十字架——用于墙砖的留缝。

2.5mm、3.0mm 瓷砖塑料固定十字架——用于小尺寸瓷砖的留缝。

4.0mm、5.0mm、6.0mm 瓷砖塑料固定十字架——用于中型尺寸瓷砖的留缝。

8.0mm、10mm 瓷砖塑料固定十字架——用于大尺寸瓷砖、户外砖的留缝。

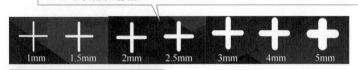

瓷砖塑料固定十字架常见规格：1.0mm　1.5mm、2.0mm、2.5mm、3.0mm、4.0mm、5.0mm、6.0mm、8.0mm、10.0mm等。1.5mm规格就是指宽度为1.5mm，其他以此类推

瓷砖留缝，墙面以1~2mm为好，一些小砖(100mm×100mm)，为了美观，留缝反而需要大。
地面留缝，除了复古砖外，需要留较大的缝隙(5～10mm)外，其他的瓷砖留缝一般以3~10mm为好

(a) 卡子的特点

卡子

(b) 卡子的应用

图 8-5　塑料固定十字架

8.1.9　小插片的特点、应用

铺贴瓷砖用的小插片主要是为铺贴瓷砖留缝与调整。小插片又叫做垫片、隔片等。小插片规格有 5mm、6mm、10mm、16mm 等。规格数字指的是最厚垫的厚度，如图 8-6 所示。

5mm 规格的小插片适用留缝 0.5 ～ 5mm。6mm 规格的小插片适用留缝 1 ～ 6mm。10mm 规格的小插片适用留缝 0.55 ～ 10mm。

8.1.10　找平器的特点、应用

铺贴瓷砖找平可以利用传统水平找平器，也可以利用铺贴瓷砖专用的找平器。目前常用的是可以循环利用的可换针找平器，如图 8-7 所示。

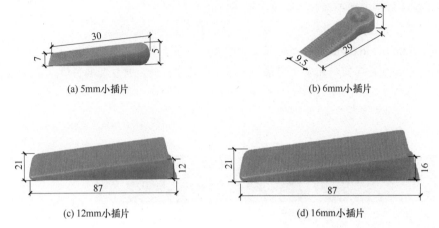

(a) 5mm小插片

(b) 6mm小插片

(c) 12mm小插片

(d) 16mm小插片

图 8-6 小插片

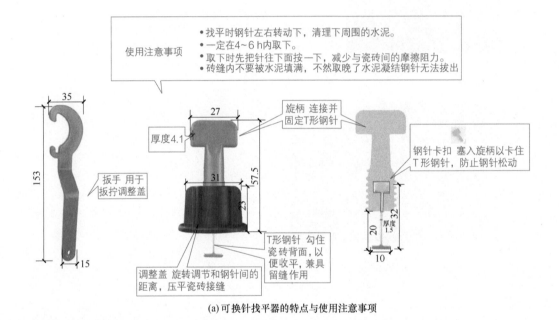

使用注意事项
- 找平时钢针左右转动下，清理下周围的水泥。
- 一定在4~6 h内取下。
- 取下时先把针往下面按一下，减少与瓷砖间的摩擦阻力。
- 砖缝内不要被水泥填满，不然取晚了水泥凝结钢针无法拔出

旋柄 连接并固定T形钢针

厚度4.1

钢针卡扣 塞入旋柄以卡住T形钢针，防止钢针松动

扳手 用于扳拧调整盖

T形钢针 勾住瓷砖背面，以便收平，兼具留缝作用

调整盖 旋转调节和钢针间的距离，压平瓷砖接缝

厚度 1.5

(a) 可换针找平器的特点与使用注意事项

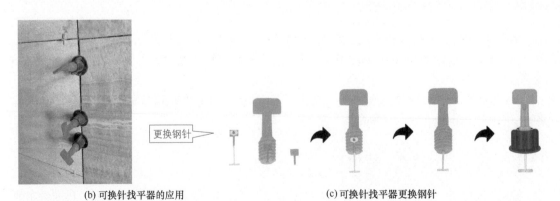

更换钢针

(b) 可换针找平器的应用

(c) 可换针找平器更换钢针

图 8-7 可换针找平器

8.1.11　常见工具的作用

铺贴瓷砖常见工具的作用如下。

挂线——施工过程中的重要工具，砌墙、贴砖时使用。

钢钉——固定水泥墙上的拉线、木托板。

2m 铝合金靠尺——用来检测所贴瓷砖的平整度。

平水尺——保证所贴瓷砖的高低水平一致。

准砣——砌墙、粉墙、铺贴、吊垂直线使用。

角尺——检测贴砖时阴、阳角是否成 90°。

橡皮锤——用来敲击瓷砖以振实铺贴、调整高度。

家装瓷砖铺贴会用到的工具主要有：水平尺、准砣、角尺、刷子、锤子、挂线、靠尺、切割机、铁铲、灰桶、砌刀等。

8.1.12　铺贴瓷砖的材料、检查

铺贴瓷砖需要的材料如图 8-8 所示。材料的检查如图 8-9 所示。

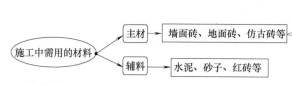

施工前应对施工现场的材料进行检查。主材的检查包括看其品种、规格、颜色是否符合设计要求，检查墙面、地面砖是否有破损现象

施工中需用的材料　→　主材　→　墙面砖、地面砖、仿古砖等

施工中需用的材料　→　辅料　→　水泥、砂子、红砖等

图 8-8　铺贴瓷砖需要的材料

墙面、地面砖的检查

(1) 随手拿两块砖，面对面放在一起，看表面的平整度是否相差太大，用尺量其宽、窄、对角线长度差，如果相差大，则说明该批瓷砖质量可能会有问题

(2) 检查墙面、地面砖是否有破损现象，是否平整方正、有无缺边掉角、有无开裂和脱釉、有无凹凸扭曲等异常情况

图 8-9　材料的检查

8.1.13　铺贴墙瓷砖的程序

铺贴墙瓷砖的常规程序为基层抹灰、结合层抹灰、弹线分格、铺贴瓷砖、勾缝、清理，具体如图 8-10 所示。其中，所弹分格线是铺贴的依据，如图 8-11 所示，并且将 1∶2 水泥砂浆用灰匙抹于瓷砖背面中部后迅速贴于结合层上。瓷砖铺贴过程中，在贴瓷砖面外，用碎釉面砖做两个基准点，以便铺贴过程中随时检查平整度。

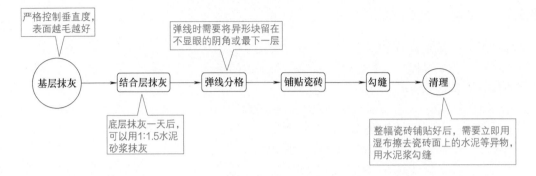

图 8-10　铺贴墙瓷砖的程序

图 8-11　画瓷砖铺贴分格线

8.1.14　铺贴瓷砖前的检查、要求

铺贴瓷砖前，需要对原墙面进行检查，如图 8-12 所示。

图 8-12　铺贴瓷砖前检查

瓷砖常见规格与每平方米片数换算见表 8-2。

表 8-2　瓷砖常见规格与每平方米片数换算

规格 /mm×mm	每平方米的片数 / 片	规格 /mm×mm	每平方米的片数 / 片
40×200	125.00	300×900	3.70
60×200	83.00	313×313	10.2
95×95	111.00	316×316	10.1
98×98	104.00	316×450	7.03
100×100	100.00	316×520	6.09
150×150	44.44	316×600	5.27
165×165	36.73	330×600	5.05
165×333	18.20	330×330	9.18
200×200	25.00	333×333	9.01
200×300	16.67	360×360	7.72
200×600	8.33	400×400	6.25
215×315	14.77	418×481	5.72
250×250	16.00	400×800	3.12
250×330	12.12	500×500	4.00
250×333	12.01	528×528	3.59
280×280	12.76	400×600	4.17
250×400	10.00	600×600	2.78
300×450	7.40	628×628	2.54
300×500	6.67	600×1200	1.39
300×300	11.11	800×800	1.56
300×560	5.95	800×1600	0.78
300×600	5.56	1000×1000	1.00

8.1.15　瓷砖的预排

正式铺贴瓷砖前，需要预排瓷砖。瓷砖预排的方法如图 8-13 所示。

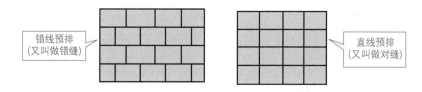

图 8-13　瓷砖预排的方法

8.1.16　瓷砖阳角的拼接

瓷砖阳角的拼接如图 8-14 所示。

8.1.17 墙砖铺贴的方式、手法

墙砖铺贴常见的方式、手法如下。

（1）常规纹理铺贴墙砖——如果墙砖有纹理，一定要考虑整体墙面的纹理效果，然后确定具体墙砖间的拼接方式。

（2）人字形铺贴墙砖——人字形铺贴墙砖，一般是针对条形样式的墙砖采取的一种铺贴方式。

人字形铺贴墙砖，具有空间延伸感。铺贴时，注意纹理的整体协调性、对称性。人字形铺贴瓷砖图例如图 8-15 所示。

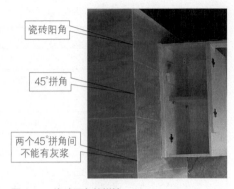

图 8-14　瓷砖阳角的拼接

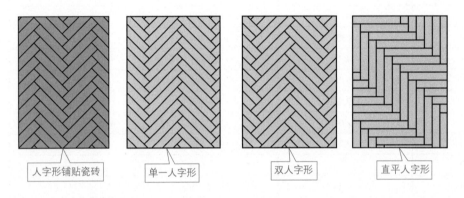

人字形铺贴瓷砖　　单一人字形　　双人字形　　直平人字形

图 8-15　人字形铺贴瓷砖图例

（3）点缀式铺贴墙砖——将不同规格、花纹图案的墙砖铺装在同一空间的墙面中。点缀需要有一定的规律，不得杂乱无章。

（4）腰线铺贴墙砖——常见为横排形式，但是也有竖排的腰线。

8.2　装修瓷砖铺贴

8.2.1　家装瓷砖铺贴施工环境准备

（1）泥水工施工前，应对房屋要铺贴瓷砖的地面水平度、墙面垂直度、阴阳角方正性、整屋地面线、吊顶起始线逐一检测与落实。如果发现对施工质量有影响的情况，则应立即解决，以免影响泥水工后期的施工。拉线检查误差小于 2mm，用 2m 靠尺检查平整度误差小于 1mm。

（2）贴墙砖前，应询问水电工等有关人员管路等隐蔽工程是否布完，是否试压完成，电工的开关与插座位置是否定好、验收好，以确定是否可以进行泥水工施工，以免出现返工担责现象。

门套安装前，卫生间墙砖要铺贴好。门套、橱柜安装前，厨房墙砖要铺贴好。

8.2.2　装修墙面阴阳角贴瓷砖

> 墙面阴阳角贴瓷砖，常见方法就是用切割机或手工倒45°角。倒边时，需要稍微多留一些，这样拼出来的角比较圆润

图 8-16　倒 45°角的瓷砖

装修墙面阴阳角贴瓷砖，常见方法就是用切割机或手工倒 45°角，如图 8-16 所示。倒边时，需要稍微多留一些，这样拼出来的角比较圆润。倒 45°角的瓷砖时，需要注意找水平，并且两个角中间对齐。

住宅层高、室内净高要求如下。

（1）住宅层高宜为 2.8m。

（2）卧室、起居室（厅）的室内净高不应低于 2.4m，局部净高不应低于 2.1m，并且局部净高的室内面积不大于室内使用面积的 1/3。

（3）厨房、卫生间的室内净高不应低于 2.2m。

（4）厨房、卫生间内排水横管下表面与楼面、地面净距不低于 1.9m，并且不得影响门、窗扇开启。

8.2.3　家装瓷砖铺贴施工材料准备

家装瓷砖铺贴施工材料的准备。

（1）地砖一定要耐脏、防滑，不能只为好看。

（2）墙面砖、地面砖、仿古砖等主材应进场。

（3）水泥、砂子等辅料应进场。

（4）对施工现场主材进行检查，包括品种、规格、颜色等，看是否符合设计要求。

（5）对墙面瓷砖、地面瓷砖，首先看是否有破损的现象，并且把缺边掉角的、开裂与脱釉的、凹凸扭曲的瓷砖清理掉。然后，可以采用随手拿两块砖，面对面放在一起，看表面的平整度是否达标。相差太大的，用尺量其宽、窄、对角线长度差，看其是否达标。

瓷砖对角线允许偏差范围为 2mm。

瓷砖用量的损耗，可以根据实际使用量 ×6% 来估算。

（6）铺贴家装瓷砖常采用 32.5 号水泥，如图 8-17

> 32.5号水泥。可以查看包装上的标志

图 8-17　32.5 号水泥

所示，颜色呈黑灰色。使用期限不得过期，即三个月内。现场检查时，既要看水泥纸袋的标签，也要看水泥本身质量状况。

（7）砂子分为粗砂、中砂、细砂三种。家装一般采用中砂。现场检查中砂，可以观测其含泥量、含杂质量是否超标，以是否干净来粗略判断，如图 8-18 所示。

家装一般选择采用中砂。现场检查中砂，可以观测其含泥量、含杂质量是否超标，以是否干净来粗略判断

图 8-18 中砂

一点通

瓷砖购买时，一般根据"多退少补"原则进行。购买时，要算上瓷砖损耗的 6%。另外，瓷砖泡水后商家基本上不退。为此，施工时，应用一箱泡一箱，最后应留下 2 ～ 3 片瓷砖放在家里备用。瓷砖泡水要求如图 8-19 所示。

为了保证墙砖粘贴牢固，贴瓷砖前要让墙砖充分浸泡，浸泡到无水泡出现为止

瓷砖需要全部放入水中浸泡

图 8-19 瓷砖泡水要求

8.2.4 家装瓷砖铺贴方式

家装瓷砖铺贴方式可以分为全铺式、区分式，具体特点如图 8-20 所示。

全铺式 — 就是全部铺贴瓷砖、满铺的效果。全铺式不采用腰线，整体一般是以白色小块砖为主

8.2.5 家装瓷砖铺贴要点、经验

家装瓷砖铺贴要点、经验如下。

区分式 — 为了避免单调性，采用墙壁与地面铺贴有区分，墙壁划区区分的方式

图 8-20 家装瓷砖铺方式

（1）施工前，排水口需要加盖保护。地漏也要保护好，以防堵塞。

（2）所有瓷砖施工前，需要进行预排。

（3）贴瓷砖前，需要充分考虑砖在阴角处的压向，并且要求从进门的角度看不到砖缝。

（4）厨房、卫生间贴墙砖、地砖时，需要采取妥当的方法，以防水泥砂浆流入下水道。

（5）家装贴墙砖、地砖，出现最多的问题为不对线、缝隙大、空鼓等。

（6）墙、地砖浸水并且阴干后，才能铺贴。如果不充分浸水，容易发生脱离等异常现象，如图 8-21 所示。

如果不充分浸水，容易发生脱离等异常现象

瓷砖脱落后的修补现场。修补时，需要选择无色差的，并且需要把原基础凿毛

图 8-21　瓷砖脱离现象

（7）一般先铺贴整块的瓷砖，再贴下水管道位置阳角的瓷砖。

（8）墙砖、地砖边角有空的现象较多，为此，需要加强边角的粘贴。

（9）切瓷砖墙面上的开关盒、插座盒口，应与底盒口大小一样。如果大了，则有空隙盖不住。如果小了，则面板装不进。插座面板与瓷砖结合无缝隙如图 8-22 所示。为此，需要掌握一些水电等设施接口点位的常见尺寸，以便瓷砖切割孔洞的合理安排。开关插座一般高度如图 8-23 所示。

开关插座孔位尽量不要安排到瓷砖的边沿，以免切割瓷砖时破边

图 8-22　插座面板与瓷砖结合无缝隙

（10）为了阳角更美观，贴瓷砖时要对凸出来的角做拼角处理。

（11）厨、卫地砖铺贴要符合排水要求，与地漏结合处要严密。地漏一般低于地砖面 3 ～ 5mm。地漏需要设在人员不经常走动且便于维修和便于组织排水的部位。

（12）瓷砖铺贴 24h 后，可以进行填缝处理。

（13）擦缝完成后，要立即对瓷砖面进行清理。

（14）浅色石材铺设时，应用白水泥或石材做封闭处理。

（15）泥水项目完工后，需要成品保护。所有石材、地砖，用地毯保护。

（16）泥水项目完工后，检查所有排水口是否顺畅。

（17）瓷砖勾缝可以采用白水泥，但可能会变成黑缝，不美观。瓷砖勾缝，可以采用美缝剂来进行。

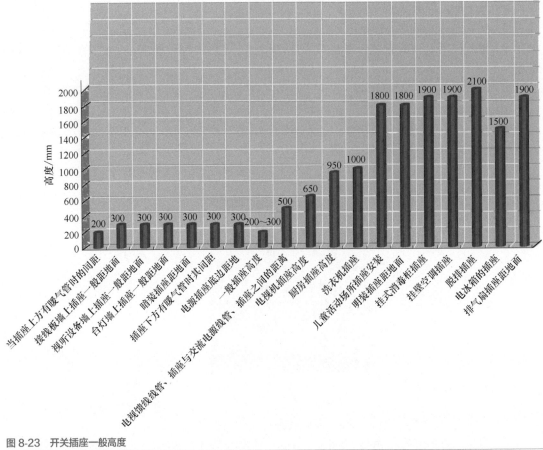

图 8-23　开关插座一般高度

（18）冷热水出口，尽量避免刚好做在腰线上。为此，需要先预排瓷砖。

（19）为避免转角处大于或小于 90° 的问题出现，施工在放线时，可以用一块超过 50cm 90° 的板头靠在墙角来确定位置。

（20）菱形贴法上下角不对，则可能是没有吊好垂直线。

（21）窗台、阳角不会拼 45° 角的情况，则可以用铝合金条来压边。切 45° 角时，要防止出现爆边、爆釉、不均匀等现象。

（22）排砖要求横竖带线。

（23）边铺边检查是否符合控制线，打开激光仪检查铺贴情况，如图 8-24 所示。

铺贴瓷砖时，常用激光仪检测水平、垂直度，用手触摸随时检查贴的平整度，并重点关注缝隙大小与对缝等几项

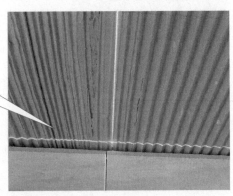

图 8-24　打开激光仪检查铺贴情况

（24）厨房、卫生间贴墙、地砖时，要采取恰当的方法防止水泥砂浆流入下水道。

（25）不准封闭下水管道上的检修口。

（26）填缝剂要选择防霉的，并且填嵌要饱满均匀。

（27）地面砖与墙砖间的接缝高低差，需要小于等于 0.5mm。

瓷砖贴得平不平，除了与铺贴瓷砖操作手法有关外，还与基层处理是否达标有很大关系。卫生间贴瓷砖前，一定要做防水处理。

8.2.6 地瓷砖铺贴要点、经验

地瓷砖铺贴要点、经验如下。

（1）为了防止地砖空鼓，铺设地砖时，干水泥砂浆层应足够厚，一般要达到 3cm 左右。

（2）地砖铺贴前，需要清理基层，并且浇水湿润基层。地面上无明显水迹时，方可铺贴。

（3）为了保证地面不积水，贴砖时应做到墙砖压住地砖。

（4）贴瓷砖时，先做好防水涂料施工与闭水测试，合格后才能够开始贴砖。

（5）铺地砖前，必须全部开箱挑选，着重关注地砖花纹、色差、几何尺寸。选出尺寸误差大的单独处理或是分房间分区处理。选出缺角或损坏的，可以用来镶角。地砖色差小的，可以分区使用。色差过大的，则不得使用。

纯水泥浆

图 8-25　纯水泥浆

（6）卫生间、厨房、阳台外的房屋铺地砖前，地面需要找平。

（7）铺地砖前，先把地面清扫干净，然后用纯水泥浆洒在地面上，使地面与纯水泥砂浆能够粘在一起，避免脱层。

纯水泥浆如图 8-25 所示。

（8）瓷砖铺贴前，需要根据设计要求确定结合层砂浆厚度。可以采用拉十字线控制其厚度与地面砖表面平整度。

（9）瓷砖铺贴前，需要先考虑从何处贴起既美观又能够使瓷砖的损耗最小，并且有利于施工操作。

（10）瓷砖铺贴前，需要保证房间的最高位置瓷砖的水泥砂浆厚度至少达到 15mm。

（11）瓷砖铺贴前，需要保证门口位置采用整块。非整块的宽度不宜小于整块的 1/3。

（12）铺贴瓷砖时，必须安放标准块，标准块要安放在十字线交点，对角安装。铺装操作时，尽量要每行依次挂线。

（13）房屋铺贴瓷砖时，可以从里面向门边退步铺装。

（14）地砖铺贴要平直，铺缝要大小一致、缝宽符合要求。

（15）铺贴 30cm×30cm 以上的地砖，铺上后需要用木锤或者橡胶锤等不伤砖的工具敲击地砖，便于地砖与水泥更好地结合，避免发生鼓起现象。

（16）铺贴地砖时，地漏往往采用回字瓷砖铺贴，如图 8-26 所示。回字瓷砖由 4 块等腰梯形的瓷砖切块组成。等腰梯形瓷砖切块上边尺寸与地漏边长一致，下边尺寸一般是上边尺寸的 2 倍，具体根据实际环境来确定。也就是说，回字瓷砖外边的正方形切缝轮廓要在整体地砖面上看起来美观、协调。另外，4 块等腰梯形的瓷砖应具有一定的坡度，坡向地漏边倾斜。

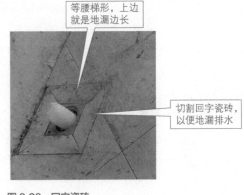

等腰梯形，上边就是地漏边长

切割回字瓷砖，以便地漏排水

图 8-26　回字瓷砖

一点通

瓷砖铺贴，一般只能够采用木锤或者橡胶锤来敲击，不能够采用铁锤来敲击，否则容易敲碎。室外路沿石等厚重石材铺贴，则往往可以采用铁锤来敲击，瓷砖碎裂如图 8-27 所示。

（17）地砖间是否留缝，需要结合工地环境来确定。考虑地砖的热胀冷缩，一般地砖间要留最少 1mm 的缝隙。温差变化大的应用环境，则最好留 2mm 的缝隙。有的环境，地砖与墙面的连接位置也需要留伸缩缝。

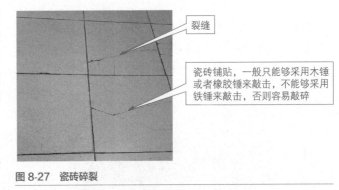

裂缝

瓷砖铺贴，一般只能够采用木锤或者橡胶锤来敲击，不能够采用铁锤来敲击，否则容易敲碎

图 8-27　瓷砖碎裂

（18）地面与墙面的结合位置，为不影响铺装效果，可以在地砖与墙面的接缝位置安装石材踢脚线。

（19）地砖刚铺贴后，不得在上面堆放砂子、水泥、其他重的东西，以免把地砖擦花、造成下沉等现象。

（20）铺地砖前，地漏的位置一定要先想好，并且量好尺寸。地漏最好安排瓷砖的一边。如果地漏安排在瓷砖的中间位置，则无论瓷砖怎么样倾斜，地漏都不会是最低点。

（21）厨、卫墙地砖交接位置墙瓷砖要压在地砖上。

（22）厨、卫、阳台地面需要比房间大厅地面低 1 ～ 2cm。

（23）无特殊要求，厨、卫地面与房间或厅地面间，需要用大理石或镜面地砖做挡水板，其标高同房间或厅地面标高，宽度同门套相同。

（24）瓷砖一般用橡皮锤轻击使其与砂浆黏结紧密，同时调整其表面平整度、缝宽，缝宽一般是 3 ～ 5mm。

（25）不准封闭下水管道上的检修口。

（26）铺贴地瓷砖砂基层用粗砂。

（27）每铺贴 10 块砖左右，可以用靠尺检查表面平整度、坡度，以及适当调整砖缝并且保持砖的清洁。

（28）旧房地面装修必须充分打毛，再刷一遍净水泥浆。注意，旧房地面一般不能集水，以防止水通过板缝隙渗到楼下。

（29）地面可以用水平管打水平。如果地面高差超过 20mm 时，则需要做砂浆找平层。

8.2.7　墙瓷砖铺贴要点、经验

墙瓷砖铺贴要点、经验如下。

（1）贴墙砖前，墙面基层要清理干净，并且应提前润湿墙面。如果原老墙面有石灰层，则必须铲除石灰层。

（2）贴墙砖前，要检查墙面垂直度、墙角方正度，以确保墙砖贴好后墙面垂直，墙角方正。

（3）贴墙砖时，一般用纯水泥，也可以在水泥中加一些细砂，以增加牢度。

（4）在防水层上镶贴面砖时，黏结材料要与防水材料的性质相容。

（5）铺贴施工前，需要看排版图、预排、现场核对。

（6）有拼花要求的面砖，要在铺贴前挑选，并且根据要求进行预拼。

（7）采用黏合剂铺贴，要先把黏合剂抹在墙面基层上，然后用适当的齿孔刮板刮出条状齿痕，然后从下层开始粘贴面砖。

（8）瓷砖墙面上的水口，需要采用专门钻洞的取洞器。这样开的洞既美观，又不会损坏瓷砖。

（9）为了保证墙砖粘贴牢固，贴瓷砖前要让墙砖充分浸泡，浸泡到无水泡为止，如图 8-28 所示。一般吸水率高的瓷砖，均需要先泡水再铺贴，以防出现空鼓。

图 8-28　瓷砖浸泡

（10）为了保证在光滑的墙面上贴砖牢固，应把原来光滑的墙面做凿毛处理。如果没有设备，则可以请专业石工进行墙面打毛。

（11）铺贴墙砖时，横向要有一根水平线，竖向要有两根垂直线。这些控制线，应采用拉线形式或者采用激光仪确定。

（12）如果毛坯墙面平整误差太大，则需要先把墙面用砂灰刮一道槽，再铺贴墙砖。安装的砂灰，不能过厚。如果过厚，会干得慢、砖可能会朝下落。

（13）贴瓷砖时，难免不沾染水泥、石灰之类的东西到瓷砖上。为了防止贴好的墙砖受污染，以致清洗不干净，则在贴完瓷砖后一定要立即擦洗干净。

（14）一面墙上不要有两排非整砖，但是可以有两列非整砖。

（15）墙砖碰到管道口，要采用套割形式，这样看起来还是整块的砖。

（16）墙砖铺贴前，需要开箱挑选，尽量挑选颜色一致、规格偏小、平整度高的砖铺贴阳角。

（17）墙面砖留缝，无缝砖大约 1mm，其他面砖大约 3mm。

（18）除无缝砖外，其他面砖留缝必须使用专用十字卡、缝卡。

（19）墙面砖最下端与地面基层间应有构造缝。构造缝的宽度如设计没有明确要求，一般按5mm预留。

（20）腰线的下沿应为窗口的上沿。

（21）非整砖要排放在次要部位或者阴角处。

（22）墙砖需要从下向上铺贴，并且一面墙不能一次贴到顶，接缝一般为 1～3 mm。

（23）涂抹黏结材料时，中间要稍高于四周，这样在用橡胶锤敲击瓷砖表面时可以固定结实，避免空气积存在黏结层中，同时要进行水平检测。

（24）铺贴墙砖时，需要常检测水平度、垂直度、缝隙宽度，不仅是局部的，还要考虑整体的。

铺贴瓷砖时，阴阳角的处理比较难。一般是用 45° 的倒角来解决。但是，45° 的倒角费时间，也同时考验泥水工的技术。另外，45° 角相拼粘贴时，要无挂手现象。

8.2.8 卫生间墙的拉毛处理

卫生间墙面拉毛，可以有效解决基层与瓷砖黏结剂间的黏结力，以防瓷砖空鼓、脱落。

卫生间墙面拉毛使用的现场自己搅拌材料，基本上是水泥浆里面加一定比例的胶，也就是纯水泥（素灰）加胶，或者用水泥和砂子按 1∶1 的比例混合成糊状。

墙面拉毛材料也可以选择既有的成品。

拉毛材料，需要具有水泥的强度与胶的黏性。

拉毛的操作要点如下：首先把拉毛浆料调制搅拌均匀，然后使用毛刷或者是专用的喷毛机器在墙面上进行拉毛或者是喷毛。

也可以用刷子蘸上拉毛材料在墙面上进行拍打。应急情况可以使用笤帚蘸拉毛材料在墙面上进行均匀拍打。

有的墙面拉毛是采用带齿抹刀操作。

墙面拉毛一般要均匀，不得有的地方拉毛很密，有的地方没有拉毛，这样会影响黏结力的一致性。

卫生间墙面拉毛材料达到一定强度后，就可以在墙面贴瓷砖了。夏天，过 3～5 天卫生间墙面拉毛材料即可达到一定强度。

卫生间墙面拉毛效果与拉毛齿抹如图 8-29 所示。

8.2.9 卫生间瓷砖铺贴要点、经验

卫生间瓷砖铺贴要点、经验如下。

（1）卫生间地面瓷砖缝隙往往需要与墙瓷砖缝隙对缝。

（2）卫生间地面铺贴瓷砖时注意地面需要倾斜，并且地漏是最低点或者靠近蹲便器位置。

（3）铺贴墙砖时，墙砖一般要比顶棚高出 10～20cm，以便于后续装顶棚安装边料。

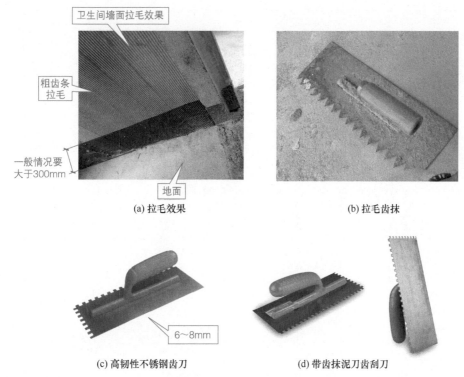

(a) 拉毛效果　　　　　　　　　　　　(b) 拉毛齿抹

(c) 高韧性不锈钢齿刀　　　　　　(d) 带齿抹泥刀齿刮刀

图 8-29　卫生间拉毛效果

（4）为了防止卫生间水往室内渗漏，在其交接位置应设置隔水带，同时做好防水处理。另外，为了防止厨房、卫生间水不向外渗漏，厨房与卫生间的地面最好低于其他地面 20 ～ 30mm。有地漏的房间做流水坡度 5° 左右。

（5）卫生间地面瓷片贴好后就试水。如果流水慢可能积水，则应立即返工。

（6）卫生间门套位置的墙砖，一般要吊直线，以免后续装门套出问题。

（7）卫生间墙壁瓷砖，最好以由下向上的方向铺贴，也就是从底部开始整砖铺设，以保证整个卫生间的装修效果。每面墙不宜有两列非整砖，非整砖宽度不宜小于整砖的 1/2。贴墙砖时，半砖需要排在顶部，砖缝宽 2 ～ 4mm。

（8）水泥砂浆需要满铺在砖的背面。一面墙不宜一次铺贴到顶，以防塌落。

（9）排砖时，要求正对门的墙砖是整砖。排砖要求：先贴墙面砖，后贴地砖。最下面一块墙砖，要等地砖干后铺贴。

（10）铺贴瓷砖前，一定要先确定好铺贴方向，以及明确有关工序的衔接与装修要求，例如吊顶、木工的要求。

 一点通

居住与公共建筑卫生器具的安装高度如图 8-30 所示。

8.2.10　阳台、厨房瓷砖铺贴要点与经验

阳台、厨房瓷砖铺贴要点与经验如下。

（1）阳台、厨房地面铺贴瓷砖时，注意地面需要倾斜，并且地漏所处位置应是最低点。

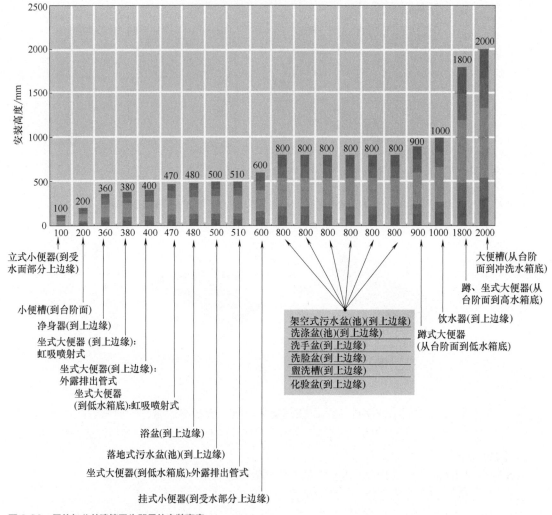

图 8-30 居住与公共建筑卫生器具的安装高度

（2）铺贴墙砖时，墙砖一般要比顶棚高出 10～20cm，以便于后续装顶棚安装边料。

（3）为了防止阳台水往室内渗漏，在其交接位置应设置隔水带，同时做好防水处理。另外，为了防止厨房、卫生间水不向外渗漏，厨房与卫生间的地面最好低于其他地面 20～30mm。

（4）阳台地面坡度差一般为 8～15mm（不封阳台的情况）。

（5）厨房地砖地面，一般适当放坡坡度为 6～8mm。

（6）贴瓷砖时，需要先确定腰线的高度，腰线高度一般大约为 1m，并且一般要求腰线在开关盒以下，并且腰线不会被地柜、吊顶等物遮挡。

（7）阳角位置，必须采用瓷砖原边磨 45°角相拼粘贴，并且无挂手现象。两砖在交角位置，需要吻合好，并且成 90°，水泥间要饱满，无崩棱、无掉角、无空角、无锐利锋口等现象。

（8）拐角位置非整砖宽度小于 50mm 时，需要采用两块非整砖来代替整砖和非整砖，并且将两块非整砖分开贴在墙面的两侧边缘位置，以保证好的视觉效果。

（9）阳台地砖要注意排水方向。

（10）阳台墙面要打麻点。阳台原墙面是粉刷层的，涂料必须铲掉，并且应先粉刷一层砂浆再贴瓷砖。

（11）毛坯房屋烟道管一般薄且光滑，直接贴瓷砖容易空鼓脱落，应批厚磨粗后再贴瓷砖。

（12）厨卫管道易变形造成砖裂，因此其墙砖阳角位置可以采用不锈钢条包贴。

 一点通

厨房必须设置排烟道止逆阀。

8.3 建筑瓷砖铺贴

8.3.1 外砖铺贴要点、经验

外墙瓷砖是用于外墙饰面工程的一种陶瓷砖，其主要用于建筑外墙的装饰、保护。外墙瓷砖颜色多、规格多、丰富多，主要规格有 23mm×48mm、25mm×25mm、45mm×45mm、45mm×95mm、45mm×145mm、45mm×195mm、50mm×200mm、60mm×240mm、90mm×300mm、95mm×95mm、95mm×300mm、100mm×100mm、100mm×200mm、200mm×400mm、300mm×600mm、400mm×800mm 等。

外墙瓷砖颜色搭配的一些要点如下。

（1）房子外墙瓷砖颜色搭配中如有冷暖两个色调不能太过跳跃。

（2）房子外墙瓷砖颜色搭配需要考虑房子面积的大小。

（3）暖色不耐脏，给人一种浮躁的感觉。

（4）冷色脏了后容易给人一种陈旧的感觉。

（5）红、白等很纯的颜色，可能不适合外墙，因为看起来显得很花哨。

（6）外墙用砖常日晒雨淋，需要结合强度、耐污性等来选择颜色，一般推荐使用中间色调。

匀缝的条砖、方砖铺贴时，必须弹线布排。

顶板瓷砖，可以采用黑白瓷砖搭配，如图 8-31 所示。铺贴时可以采用菱形形式。铺贴前应弹好控制线、分格线，并且把非整块的瓷砖安排在主视角外。

图 8-31　顶板瓷砖

外墙砖排砖遵循的一些原则如下。

（1）阳角部位，都需要排整砖。

（2）阳角处正立面整砖需要盖住侧立面整砖。

（3）大面积墙砖的铺贴，除了不规则部位外，其他部位不允许裁砖。

（4）大面积墙砖的铺贴，除了柱面铺贴外，其余阳角不得对角粘贴。

（5）对突出墙面的窗台、腰线、滴水槽等部位的排砖，需要注意台面砖应具有一定的坡度，并且用台面砖盖立面砖。底面砖应排滴水鹰嘴。

（6）如果有特殊效果要求，则需要结合此要求来排砖。

（7）排砖要求阳角起整砖。窗边、洞口边也应起整砖。

（8）阴角处进行裁砖，不得出现小于 80mm 的小砖。

（9）排砖时，阴阳角搭接方式、非整砖使用部位需要符合有关要求。

（10）排砖时，接缝应平直、光滑，滴水线应平直、坡向应正确，突出墙面砖需要套割吻

合。有的接缝是错缝，具体根据要求的饰面效果来确定。别墅外墙砖的整体应用如图 8-32 所示。

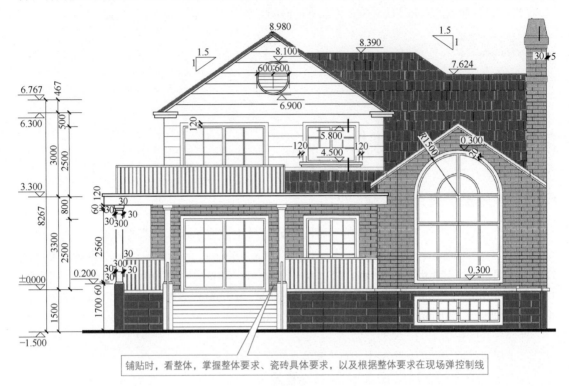

(a) 外墙砖1

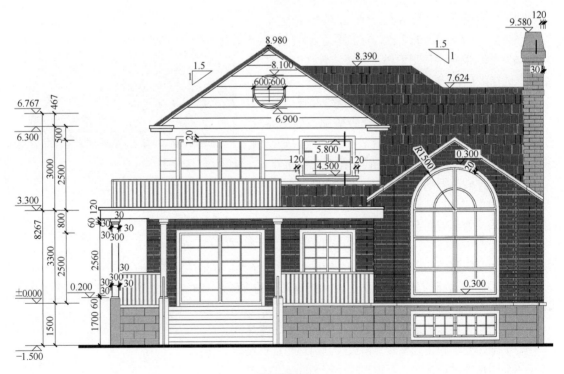

(b) 外墙砖2

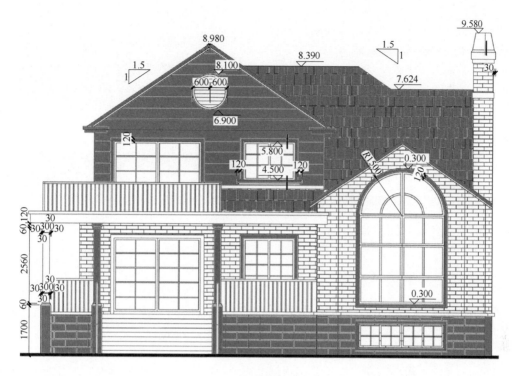

(c) 外墙砖3

图 8-32　别墅外墙砖的整体应用

（11）外墙砖排砖，可以排工字缝横贴，窗顶、窗底可以排竖贴收口，如图 8-33 所示。

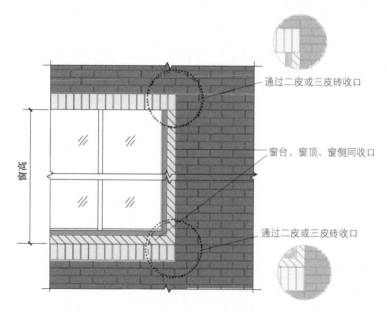

通过二皮或三皮砖收口

窗台、窗顶、窗侧同收口

通过二皮或三皮砖收口

图 8-33　窗顶、窗底的排砖

（12）凸窗排砖，可以排小尺寸砖对缝横贴，铝合金百页封闭除外的凸窗顶、凸窗底，则可以排满贴，如图 8-34 所示。

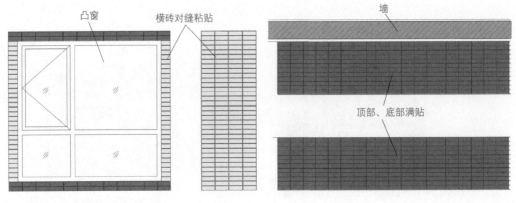

图 8-34　凸窗顶、凸窗底的排砖

8.3.2　大板瓷砖的铺贴

图 8-35　吸盘

对于诸如 900mm×1800mm 等大板瓷砖铺贴，往往需要用到移位器、吸盘（图 8-35）、固定杆、齿刀、打孔机、搬运轮等工具。

大板瓷砖普通湿贴，则基面要平整干净，并且需要采用专用瓷砖胶、找平器来铺贴。

大板瓷砖湿贴法挂贴，则首先安装好挂件，然后挂好，并且调整好平整度、垂直度、接缝等，然后固定膨胀螺钉。

大板瓷砖干挂，应首先根据要求安装龙骨。干挂大板瓷砖，则瓷砖不与墙体直接接触，避免产生空鼓等现象。

8.3.3　锦砖、墙砖饰面材料外立面修缮

锦砖、墙砖饰面材料外立面修缮的要求如下。

（1）基层开裂但是不空鼓的部位，可以采用嵌缝材料进行修补。

（2）基层大面积空鼓的部位，需要采用加固、凿除、修补等方法进行基层处理，按后对面层进行原状修复。

（3）饰面砖饰面改为涂料饰面的情况，则宜凿除饰面砖材料，粉刷后再进行涂饰。如果不凿除贴面材料，则需要对贴面材料进行面层处理后再进行涂饰工作。

8.4　填缝与美缝

8.4.1　瓷砖缝隙常识

瓷砖留缝，主要是考虑环境温度变化，引起瓷砖热胀冷缩，产生挤压等现象。为此，铺贴瓷砖时，往往需要留缝。

留缝距离，一般为 1 ～ 1.5mm。有的瓷砖铺贴，留缝距离高达 3 ～ 5mm。有时瓷砖铺贴留缝加宽，是为了配合装修效果需要。

瓷砖铺贴前，一定要预排，从整体上把握瓷砖缝大小的视觉效果，如图 8-36 所示，尤其是别墅外墙瓷砖的铺贴。

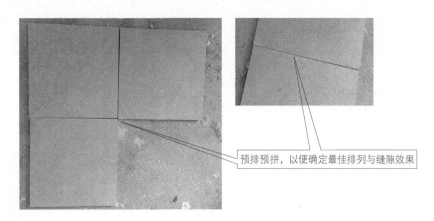

预排预拼，以便确定最佳排列与缝隙效果

图 8-36　瓷砖预排

8.4.2　地砖的填缝与美缝

瓷砖填缝，主要包括填缝时间、填缝材料的选择、填缝操作方法等。

瓷砖填缝一般在瓷砖铺贴完成后的 24h 进行为好，以便保证瓷砖铺贴中的牢固性。

瓷砖填缝的材料，主要有水泥、腻子粉、填缝剂等。水泥、腻子粉，属于传统填缝材料。目前，一般选择专用填缝剂填缝。

美缝剂是填缝剂的换代产品。美缝剂的装饰性、实用性，均明显优于填缝剂。

地砖美缝施工要点：首先做好施工前的准备，处理好瓷砖缝，可以用小铲子把瓷砖缝先铲出一个 2mm 深的凹槽。然后用小毛刷把铲出来的脏东西扫干净。最后用小锥子把美缝剂口扎开，然后装在胶枪上，再利用胶枪沿砖缝打美缝剂。打完一条砖缝后，立刻用刮板（专用工具）将瓷砖缝隙中的美缝剂刮平，并且用湿海绵或者抹布蘸清水清理多余的美缝剂。

厨房、卫生间墙地面砖缝使用一段时间会发黄变黑。厨房、卫生间美缝，可以起到美观、防发霉、防发黑、防水、防变色等作用。

瓷砖美缝收费，一种是按长度（m）收费，一种是按面积（m²）收费。瓷砖美缝包工方式有半包、全包。半包，除了要购买美缝剂外，还需要加有关施工费用。尺寸大的砖，缝少，美缝工作量小。倒角的仿古砖，缝大，美缝工作量大。

填缝时不能将砖体边缘处的倾斜角填平，否则会影响整体的效果。

象牙白美缝，具有不偏色、明亮、色彩纯度高的优点，可与多种不同颜色瓷砖搭配，适合于典雅舒适的环境。

第**9**章

石材铺装、干挂技能

扫码看视频

路沿石

9.1 路沿石

9.1.1 路沿石基础与常识

　　路沿石，又叫做道牙、路缘石，是在路面边缘的界石，如图 9-1 所示。根据材质，路沿石可以分为混凝土路沿石、石材路沿石等。

平面石

路沿石

一般情况使用最多的形状是直线型路沿石。直线型路沿石的长度一般为1000mm、750mm、500mm等。道路交叉口往往需要采用圆弧路沿石，一般高出路面15cm

(a) 局部要求

(b) 整体效果

图 9-1　路沿石

　　根据截面尺寸，路沿石可以分为 T 形路沿石、R 形路沿石、F 形路沿石、TF 形立沿石、P 形平沿石、H 形路沿石等。

　　根据线型，路沿石可以分为梯形路沿石、直线型路沿石、曲线型路沿石。

　　根据安装形式，路沿石可以分为立式路沿石、斜式路沿石、平式路沿石等。

9.1.2 路沿石靠背的铺装

　　路沿石宽度不大于 220mm 的，一般需要设置靠背。专用非机动车道、人行道上的路沿石一般采用独立基础的路沿石＋靠背的形式。不灌缝的路沿石一般需要采用混凝土基础＋靠背的形式。路沿石靠背铺装如图 9-2 所示。

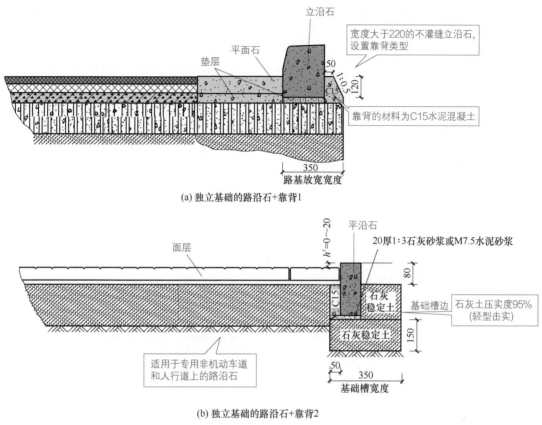

(a) 独立基础的路沿石+靠背1

(b) 独立基础的路沿石+靠背2

图 9-2　路沿石靠背铺装

9.2　树池边框

9.2.1　树池边框基础与常识

树池边框可以起到防止树木周围泥土流失、保护树木根部、美化树木四周等作用。树池边框主流材质是石材。简单的石材树池边框就是采用 4 根长条石围成方形包围树坑，如图 9-3 所示。

也有的树池框采用圆形。

9.2.2　树池边框的施工

树池边框施工前，首先需要了解树池拼装的形式以及拼装块的拼接顺序、施工深度、露出高度等。一些树池边框的形式与施工特点如图 9-4 所示。

图 9-3　树池边框

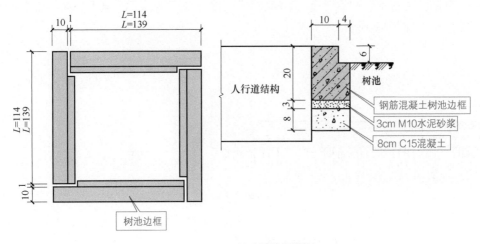

(a) 树池边框拼装1

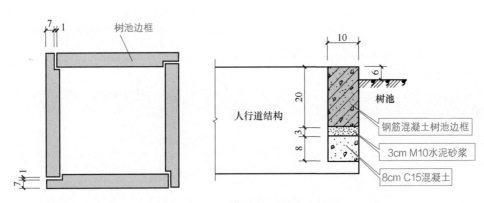

(b) 树池边框拼装2

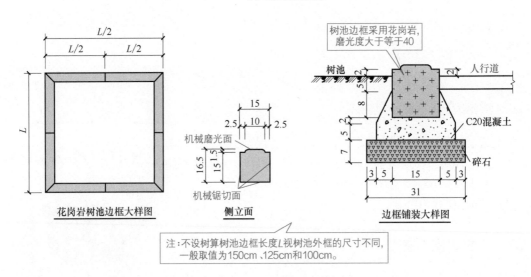

(c) 树池边框拼装3

图 9-4　树池边框拼装（单位：cm）

9.3 透水砖

9.3.1 透水砖基础与常识

透水砖又叫做渗水砖、透水路面砖等，主要用于路面铺设，表面往往是具有透水性能的材料。透水砖应具有一定的耐磨性、防滑性、负重性、表面无龟裂、易更换、渗水性、保湿性、吸声性等特点。透水砖是能够起到维护城市生态平衡等作用的一类砖。

透水砖可以分为烧结透水砖、非烧结透水砖。烧结透水砖主要是通过高温烧制而成。非烧结透水砖主要通过混凝土预制，然后通过台振机一次性压制而成。

透水砖的颜色需要与四周环境相映衬，达到美观的要求，如图 9-5 所示。

图 9-5 透水砖

透水砖的常用规格有 200mm×100mm×60mm、200mm×100mm×80mm、300mm×150mm×60mm、300mm×150mm×80mm、200mm×200mm×60mm、200mm×200mm×80mm、300mm×300mm×60mm、300mm×300mm×80mm、400mm×200mm×60mm、400mm×200mm×80mm、100mm×100mm×60mm、100mm×100mm×80mm 等，另外还可定制尺寸。

透水砖路面就是具有一定厚度、空隙率、分层结构的一种以透水砖为面层的路面。透水砖路面组成主要包括透水砖面层、找平层、基层、垫层。

透水砖路面需要满足透水、承受荷载、防滑等使用功能以及抗冻胀等耐久性等要求。透水砖强度等级根据不同道路类型的参考选择见表 9-1。

表 9-1 透水砖强度等级可以根据不同道路类型的参考选择

道路类型	抗折强度 /MPa		抗压强度 /MPa	
	平均值	单块最小值	平均值	单块最小值
人行道、步行街	≥5.0	≥4.2	≥40.0	≥35.0
小区道路（支路）广场、停车场	≥6.0	≥5.0	≥50.0	≥42.0

9.3.2 透水砖的施工

透水砖的接缝宽度一般不宜大于 3mm。透水砖路面的找平层一般是在透水砖面层与基层间。找平层透水性能一般不得低于面层所采用的透水砖。另外，找平层可以采用中砂、粗砂、干硬性水泥砂浆等，厚度一般大约为 20～30mm。透水砖路面的路槽底面土基回弹模量值一般不得小于 20MPa，特殊情况不小于 15MPa。铺筑透水砖一般要从透水砖的基准点开始，以及要以透水砖基准线为基准，根据有关图纸要求、规定进行铺筑。

透水砖路面结构层如图 9-6 所示。

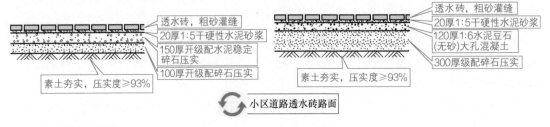

图 9-6 透水砖路面结构层

铺装透水砖的允许偏差需要符合表 9-2 的参考规定。

表 9-2 铺装透水砖的参考允许偏差

项目	允许偏差	检验频率		检验方法
		范围 /m	点数	
相邻块高差 /mm	≤ 2	20	1	用塞尺量取最大值
横坡 /%	± 0.3	20	1	用水准仪测量
道路中线偏位 /mm	≤ 20	100	1	用经纬仪测量
纵缝直顺度 /mm	≤ 10	40	1	拉 20m 小线量 3 点取最大值
井框与路面高差 /mm	≤ 3	每座	1	用塞尺量最大值
高层 /mm	± 20	20	1	用水准仪测量
各结构层厚度 /mm	± 10	20	1	用钢尺量 3 点取最大值
表面平整度 /mm	≤ 5	20	1	用 3m 直尺和塞尺连续量取两次取最大值
宽度	不小于设计规定	40	1	用钢尺量
横缝直顺度 /mm	≤ 10	20	1	沿路宽拉小线量 3 点取最大值
缝宽 /mm	± 2	20	1	用钢尺量 3 点取最大值

9.4 石材干挂

扫码看视频

石材干挂的骨架

9.4.1 石材干挂的基础

石材干挂系统，包括干挂骨架、石材、干挂件、胶等，石材干挂系统节点如图 9-7 所示。

室内石材常用的干挂件规格见表 9-3。室内石材常用干挂件常包括 T 形挂件、L 形挂件、蝶形挂件、平插挂件等。悬空墙面底部外露的石材一般选择平插挂件。

石材干挂常用码片如图 9-8 所示。

9.4.2 石材干挂安装、施工

石材干挂主要是在主体结构上设主要受力点，然后利用耐腐蚀的螺栓、耐腐蚀的柔性连接件，将大理石、花岗石、石灰石等饰面石材直接挂在建筑结构的外表面，形成石材装饰面。

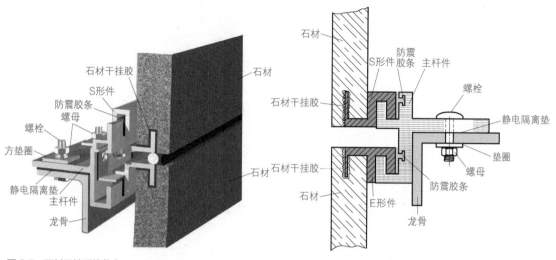

图 9-7　石材干挂系统节点

表 9-3　室内石材常用干挂件规格

名称	图　例		L/mm	t/mm	k/mm
平插挂件			60	3	30
			80		50
			100	4	70
蝶形挂件			60	3	30
			80		50
			100	4	70
T 形挂件			60	3	30
			80		50
			100	4	70
L 形挂件			60	3	30
			80		50
			100	4	70

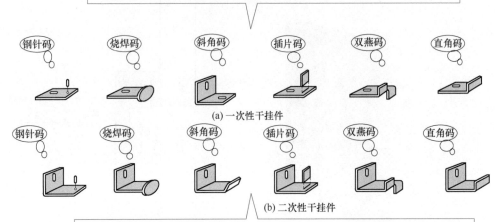

- 每个干挂件需要带一个不小于M6的不锈钢螺栓，并且附带2个平垫圈+1个弹簧垫圈。
- 厚度不大于20mm的石材饰面板，可以选择厚度为3mm的挂件。
- 厚度大于20mm石材饰面板，一般需要选择厚度为4mm的挂件

（a）一次性干挂件

（b）二次性干挂件

- 选择的T形干挂件角焊缝的焊角尺寸要为插板最小厚度，并且焊缝应焊实，不得点焊连接。
- 选择的干挂件表面不得有气泡、结疤、裂纹、折叠、夹杂、端面分层等异常现象。
- 选择的干挂件一般允许有不大于厚度偏差一半的轻微凹坑、轻微凸起、轻微压痕、轻微发纹、轻微擦伤、轻微压入的氧化铁皮等轻微异常现象。

图9-8　石材干挂常用码片

干挂饰面天然石材安装孔加工尺寸与参考允许偏差见表9-4。

表9-4　干挂饰面天然石材安装孔加工尺寸与参考允许偏差

固定形式	孔径 /mm		孔中心线到板边的距离 /mm	孔底到板面保留厚度 /mm	
	孔类别	允许偏差		最小尺寸	偏差
背拴式	直径	+0.4 −0.2	最小 50	8.0	+0.1 −0.4
	扩孔	± 0.3			
		+1.0 −0.3			

注：适用于石灰石、砂岩类干挂石材。

干挂石材的主要步骤与一些要点如图9-9所示。其中，熟悉图纸、熟悉要求，包括放线的确认、基层的确认、焊接制作的确认、现场标高的确认、墙面与墙面造型的确认、机电综合点位图纸的确认、地面墙面收口节点的确认、不同材料工艺节点的确认、门窗洞的尺寸与位置确认、埋件确认、主龙骨确认、次龙骨确认、钢架的规格尺寸与间距确认、石材分缝拼法确认、防护剂的施工要求确认、开槽施工要求确认等。

干挂石材的骨架一般采用钢骨架。首先固定槽钢，然后固定槽钢的角码（角钢），接着连接槽钢的伸缩节板。有的骨架基层需要做敲渣防锈处理。焊接部位往往要做二次防锈处理。挂骨架示意如图9-10所示。

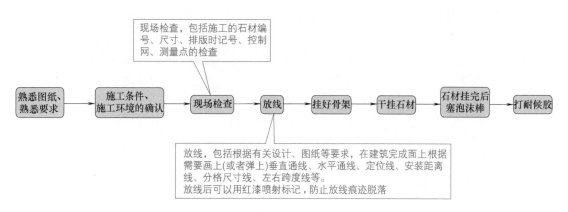

图 9-9　干挂石材的主要步骤与一些要点

(a) 骨架座

(b) 转角骨架

(c) 防锈漆

(d) 刷防锈漆

图 9-10

(e) 骨架整体布局

图 9-10　挂骨架示意

　　上胶干挂石材，图例如图 9-11 所示，具体操作与采用的方法有关，不同的方法具体操作有差异。

云石胶

(a) 胶　　　　　　　　　　　　　　　　(b) 干挂后效果

图 9-11　上胶干挂石材

　　石材挂完后，可以塞泡沫棒，如图 9-12 所示。塞泡沫棒主要用于缝隙大的石材。如果是轻型小面积的石材，则缝隙小，无需塞泡沫棒。石材干挂塞泡沫棒完成后，可以打耐候胶。打耐候胶时需要在石材缝两边贴防污贴纸（打完耐候胶后，撕掉贴纸即可），如图 9-13 所示。

泡沫棒　　　　　　　　　　　　　　　　　　泡沫棒

图 9-12　塞泡沫棒

石材缝两边贴防污贴纸

贴纸一定要贴平行，间距符合要求

图 9-13　贴防污贴纸

9.4.3　石材框架幕墙伸缩缝节点做法

石材框架幕墙伸缩缝节点的做法如图 9-14 所示。

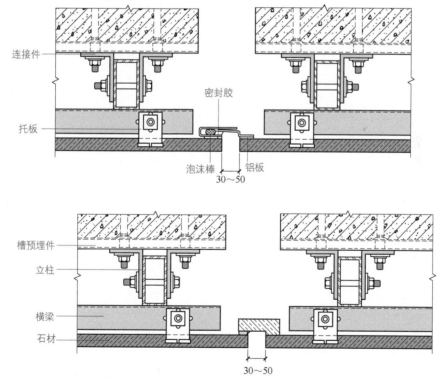

连接件

托板

密封胶

泡沫棒　铝板

30～50

槽预埋件

立柱

横梁

石材

30～50

图 9-14　石材框架幕墙伸缩缝节点的做法

9.4.4　石材框架幕墙转角节点做法

石材框架幕墙转角节点的做法如图 9-15 所示。

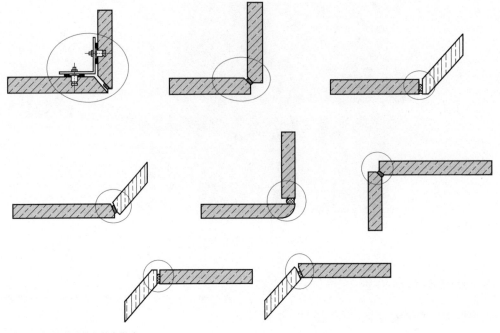

图 9-15 石材框架幕墙转角节点做法

第 **3** 篇

精通篇——匠心精铸

第 10 章

防水技能

10.1 防水的基础、常识

10.1.1 防水材料的理解

一些防水材料的理解见表 10-1。常见防水卷材图例如图 10-1 所示。

表 10-1 常见防水材料的理解

名称	解　说
丙烯酸防水涂料	以丙烯酸类树脂乳液为主要成膜物质制成的一种防水涂料
防水卷材	可卷曲的一种片状柔性防水材料
防水砂浆	以水泥与细骨料为主要原材料，再加入改性添加剂，经过加水拌和，硬化后具有防水作用的一种砂浆
防水涂料	具有防水功能的一种涂料
改性沥青防水卷材	用改性沥青作浸涂材料制成的一种沥青防水卷材
高分子防水卷材	以合成橡胶或其共混料为主要原材料，加入适量助剂和填料，经过混炼、压延或挤出等工序加工而成的一种防水卷材
聚氨酯防水涂料	由含异氰酸酯基的化合物与固化剂等助剂混合而成的一种防水涂料
聚合物水泥防水涂料	以丙烯酸酯、乙烯 - 乙酸乙烯酯等聚合物乳液和水泥为主要原材料，再加入填料、其他助剂制成的可固化成膜的一种双组分防水涂料
聚乙烯丙纶防水卷材	聚乙烯树脂与助剂热熔后挤出成膜，同时在其两面热覆丙纶纤维无纺布形成的一种高分子防水卷材
喷涂聚脲防水涂料	以异氰酸酯类化合物为甲组分、胺类化合物为乙组分，再采用喷涂施工工艺使两组分混合、反应生成的一种弹性体防水涂料
三元乙丙防水卷材	以三元乙丙橡胶为主要原材料，配用其他助剂，经过混炼、过滤、挤出造型、硫化等工序制成的一种防水卷材
水泥基渗透结晶防水材料	以水泥与石英砂为主要原材料，再掺入活性化学物质与水拌和后，活性化学物质通过载体可渗入混凝土内部，并且形成不溶于水的结晶体，使混凝土致密的一种刚性防水材料
无机防水堵漏材料	以水泥与添加剂为主要原材料，加工成粉状的、与水拌和后可快速硬化的一种防水堵漏材料
遇水膨胀止水条	具有遇水膨胀性能的腻子条与橡胶条的统称

续表

名称	解　说
止水带	以橡胶或塑料制成的一种定形密封材料
自黏结防水卷材	具有压敏黏结性能的一种改性沥青防水卷材
防水混凝土	通过对水泥胶结材料、砂子、石子、水、外加剂等材料的合理级配，达到在一定范围内抵抗水渗透的一种混凝土。防水混凝土的抗渗透压力指标不得小于 0.6MPa

图 10-1　防水卷材

10.1.2　防水材料的选择

防水材料的选择见表 10-2。

表 10-2　防水材料的选择

防水材料	适用范围						
	地下室	平屋面	坡屋面	单层卷材屋面	室内	地铁隧道	水池
高密度聚乙烯自黏胶膜防水卷材						√	
热塑性聚烯烃防水卷材			√				
聚氨酯防水涂料	√	√	√		√		√
聚合物水泥防水涂料			√		√		
聚合物改性水泥基防水灰浆	√	√		√	√		
丙烯酸防水涂料		√	√	√	√		
溶剂型橡胶沥青防水涂料			√				
饮用水工程专用聚氨酯防水涂料							√
非固化橡胶沥青防水涂料	√	√	√				
喷涂速凝高弹橡胶沥青防水涂料	√	√				√	√
湿铺法交叉层压聚乙烯膜自黏防水卷材	√	√	√				
聚合物改性沥青耐根穿刺防水卷材	√	√					
耐盐碱型聚合物改性沥青防水卷材	√						
阻燃型聚合物改性沥青防水卷材		√					
高聚物改性沥青防水卷材	√	√		√			
自黏防水卷材	√	√	√			√	
自黏聚合物改性沥青防水垫层			√				

10.1.3 防水透气膜的特点、种类与规格

防水透气膜，也叫做防风防水透气膜，其是铺在建筑围护结构保温（隔热）层外的一层功能膜，以提高建筑的气密性、水密性、透气性。防水透气膜可以用于砌体等复合型外墙、坡屋面。

防水透气膜，可以分为标准型防水透气膜、加强型防水透气膜、反射型防水透气膜，其特点如图 10-2 所示。

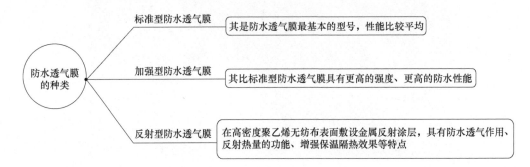

标准型防水透气膜 —— 其是防水透气膜最基本的型号，性能比较平均

防水透气膜的种类

加强型防水透气膜 —— 其比标准型防水透气膜具有更高的强度、更高的防水性能

反射型防水透气膜 —— 在高密度聚乙烯无纺布表面敷设金属反射涂层，具有防水透气作用、反射热量的功能、增强保温隔热效果等特点

图 10-2　防水透气膜的种类和特点

一点通

防水透气膜的常用规格如下。

（1）标准型防水透气膜常用规格——长度 100m× 宽度 1.5m× 厚度 0.17mm。

（2）加强型防水透气膜常用规格——长度 50m× 宽度 1.5m× 厚度 0.49mm。

（3）反射型防水透气膜常用规格——长度 50m× 宽度 1.5m× 厚度 0.18mm。

10.2 防水卷材

10.2.1 防水卷材的基础

防水卷材，包括高聚物改性沥青防水卷材、自黏橡胶沥青防水卷材、合成高分子防水卷材等。

一些防水卷材的应用选择见表 10-3。住宅室内防水工程，可以选用自黏聚合物改性沥青防水卷材、聚乙烯丙纶复合防水卷材。

表 10-3　一些防水卷材的应用选择

材料品种	适用范围				
	屋面	地下	厕浴间	垃圾填埋场及人工湖等	备注
三元乙丙橡胶 防水卷材	√	√	△	△	冷粘法接缝
改性三元乙丙橡胶防水卷材	√	√	△	√	焊接法接缝
聚氯乙烯 防水卷材	√	√	△	△	焊接法接缝

续表

材料品种	适用范围				备注
	屋面	地下	厕浴间	垃圾填埋场及人工湖等	
高密度聚乙烯 土工膜	×	√	×	√	设在初期支护与内衬砌混凝土结构间做防水层，钉压搭接法施工
低密度聚乙烯 或乙烯 - 醋酸乙烯 土工膜	×	√	×	△	
钠基膨润土防水毯	×	√	×	√	
SBS 改性沥青防水卷材（Ⅱ型）	√	√	△	×	热熔或热粘法接缝
APP 改性沥青防水卷材（Ⅱ型）	√	△	△	×	
自黏聚合物改性沥青聚酯胎防水卷材	√	√	△	×	用于屋面时，应为非外露
自黏橡胶沥青防水卷材	√	√	△	×	
改性沥青聚乙烯胎防水卷材	√	√	△	×	

注：√为首选；△为可选；×为不宜选。

选择的防水卷材及配套使用的胶黏剂，需要具有良好的耐穿刺性、耐腐蚀性、耐水性、耐久性、耐菌性。

粘贴各类卷材必须采用与卷材性能相容的胶黏材料，并且合成高分子卷材胶黏剂的粘结剪切强度（卷材 - 基层）不应不小 1.8N/mm；双面胶黏带黏结剥离强度不应小于 0.6N/mm，浸水 168h 后的保持率不应小于 70%。

住宅室内防水工程防水卷材有害物质限量值要求见表 10-4。

住宅室内防水工程卷材防水层厚度要求见表 10-5。

表 10-4　住宅室内防水工程防水卷材有害物质限量值要求

项目	指标
苯	≤ 0.2g/kg
游离甲醛	≤ 1g/kg
总挥发性有机物	≤ 350g/L
甲苯 + 二甲苯	≤ 10g/kg

表 10-5　住宅室内防水工程卷材防水层厚度要求

防水卷材	卷材防水层厚度 /mm	
自黏聚合物改性沥青防水卷材	无胎基≥ 1.5	聚酯胎基≥ 2
聚乙烯丙纶复合防水卷材	卷材≥ 0.7（芯材≥ 0.5），胶结料≥ 1.3	

一点通

住宅室内防水工程防水卷材宜采用冷粘法施工，胶黏剂需要与卷材相容，并且要与基层黏结可靠。

10.2.2　SBS 改性沥青防水卷材的特点、选择

SBS 改性沥青防水卷材就是以聚酯毡或玻纤毡为胎基，SBS 热塑性弹性体作改性剂的沥青为浸涂层，两面覆以隔离材料制成的低温柔性较好的一种防水卷材。

SBS 改性沥青防水卷材颜色常见为黑色。

SBS 为苯乙烯 - 丁二烯 - 苯乙烯。APP 为无规聚丙烯。APO 为聚烯烃类聚合物。

根据胎基，SBS 改性沥青防水卷材可以分为聚酯胎、玻纤胎等类型。根据上表面隔离材料，

SBS 改性沥青防水卷材可以分为细砂、聚乙烯膜、矿物粒料等类型。根据下表面隔离材料，SBS改性沥青防水卷材可以分为聚乙烯膜、细砂等类型。

SBS 改性沥青防水卷材规格：幅宽有 1000mm；厚度有 3mm、4mm、5mm；长度有 10m、7.5m、5m 等。

SBS 改性沥青防水卷材的选择使用见表 10-6。地下工程防水，需要采用表面隔离材料为细砂的防水卷材。

表 10-6　SBS 改性沥青防水卷材的选择使用

名称	特点
Ⅰ型玻纤胎 SBS 改性沥青防水卷材	适用于屋面变形较小的情况
Ⅰ型的聚酯毡胎、玻纤毡胎 SBS 改性沥青防水卷材	适用于气候温和及寒冷（B）区的Ⅱ、Ⅲ级屋面防水层
Ⅱ型的玻纤毡胎 SBS 改性沥青防水卷材	仅适用于气候温和及寒冷（A、B）区且结构变形小的Ⅱ、Ⅲ级屋面或地下工程的防水层
Ⅱ型的聚酯毡胎 SBS 改性沥青防水卷材	适用于气候温和及寒冷（A、B）区且防水等级为Ⅰ、Ⅱ、Ⅲ级的屋面、地下工程的防水层
玻纤增强聚酯毡卷材	可以用于机械固定单层防水，但是需通过抗风荷载试验
玻纤毡胎卷材	适用于多层防水中的底层防水

 一点通

卷材与涂膜复合使用时，其材性需要具有相容性，并且卷材需要放在涂膜的上部。卷材与刚性材料复合使用时，其刚性材料需要放在卷材上部。

10.2.3　钠基膨润土防水毯特点、分类与应用

钠基膨润土防水毯，就是由两层土工布包裹钠基膨润土颗粒，采用针刺法、针刺覆膜法、胶黏法加工制成的一种毯状防水材料，如图 10-3 所示。

钠基膨润土防水毯，就是一种毯状防水材料

土工布

钠基膨润土颗粒

土工布

图 10-3　钠基膨润土防水毯

钠基膨润土防水毯的分类如图 10-4 所示。钠基膨润土防水毯的规格长度有 20m、30m 等；宽度有 4.5m、5m、5.85m 等。

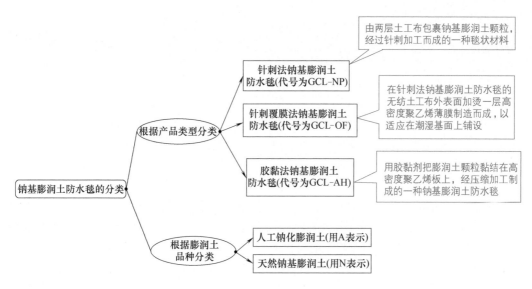

图 10-4　钠基膨润土防水毯的分类

一点通

　　阴、阳角部位，钠基膨润土防水毯需要做成直径 ≥ 30mm 的圆弧或 30mm×30mm 的钝角。防水毯自然搭接时，其搭接宽度不应 < 100mm。大面防水毯的搭接缝不宜设在拐角位置，搭接缝需要离拐角 500mm 以上，另外，拐角位置还需要增设宽度为 500mm 的防水毯附加层。防水毯的接缝口必须用与其配套的膨润土防水浆封闭。铺设钠基膨润土防水毯时，加烫高密度聚乙烯膜的一面需要朝向迎水面。

10.2.4　聚乙烯丙（涤）纶高分子复合防水卷材特点、施工

　　聚乙烯丙（涤）纶高分子复合防水卷材，就是以无纺布与聚乙烯类合成高分子材料为主防水层，并且添加化学助剂改善其性能，将防老化层、增强保护层、增强增黏层、防水层经过自动化生产线复合为一体而成的一种新型防水材料，如图 10-5 所示。

　　聚乙烯丙（涤）纶高分子复合防水卷材，与水泥基层黏结时，可以采用水泥黏结剂黏结。聚乙烯丙（涤）纶高分子复合防水卷材常见幅宽有 1.15m、1.2m 等。常见长度有 87m、100m 等。常见颜色有灰色、绿色、白色、粉色、红色等。

　　聚乙烯丙（涤）纶高分子复合防水卷材上下表面往往粗糙，并且无纺布纤维往往呈无规则交叉结构，形成立体网孔，以便黏合。

图 10-5　聚乙烯丙纶高分子复合防水卷材

　　聚乙烯丙纶高分子防水卷材施工工序如图 10-6 所示。

　　聚乙烯丙（涤）纶高分子复合防水卷材施工操作要求如下。

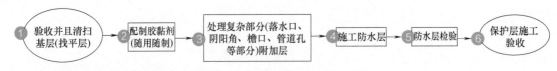

图 10-6　聚乙烯丙纶高分子防水卷材施工工序

（1）铺贴防水卷材的基层面（找平层），需要打扫干净，并且洒水保证基层湿润。

（2）用含水泥 10% ～ 15% 的聚乙烯醇胶液制备水泥素浆黏结剂，搅拌均匀、无沉淀、无凝块、无离析现象即可使用。

（3）屋面主防水层施工前，需要对排水集中、结构复杂的细部节点进行密封处理，以及粘贴各附加层。注意，附加层使用的卷材与主防水层的卷材材料要相同。

（4）密封材料，可以使用聚醚型聚氨酯。如果选择其他密封材料，则需要选择不含矿物油、凡士林等会影响聚乙烯性能的化学物质的材料。

（5）阴阳角位置，需要做成 R=20mm 的圆弧形。

（6）转角位置，需要加铺附加层。

（7）铺贴防水卷材，要采用满铺法，并且胶黏剂要涂刷在基层上，涂刷要均匀，不漏底，不堆积。

（8）防水卷材胶黏剂涂刷后，需要随即铺贴卷材，以防时间过长影响其黏结质量。

（9）铺贴防水卷材时不得皱折，不得用力拉伸卷材。

（10）铺贴防水卷材时可以边铺贴边排除卷材下面的空气、多余的胶黏剂，以保证卷材与基层面、各层卷材间的黏结密实。

铺贴防水卷材的搭接宽度，一般不得小于 100mm。上下两层、相邻两层的两幅卷材接缝，一般错开三分之一的幅宽。

10.2.5　其他防水卷材特点

其他防水卷材特点见表 10-7。

表 10-7　其他防水卷材特点

名称	特点
APP（APO）改性沥青防水卷材	APP（APO）改性沥青防水卷材，就是以聚酯毡或玻纤毡为胎基，无规聚丙烯（聚烯烃类聚合物）作改性沥青为浸涂层，两面覆以隔离材料制成的防水卷材
自黏聚合物改性沥青聚酯胎防水卷材	自黏聚合物改性沥青聚酯胎防水卷材，就是以聚合物改性沥青为基料，采用聚酯毡为胎体，粘贴面背面覆以防黏材料制成的增强自黏卷材
自黏橡胶沥青防水卷材	自黏橡胶沥青防水卷材，就是以 SBS 等弹性体改性沥青为基料，聚乙烯膜、聚酯膜或无膜双面自黏，底面覆以防黏隔离纸（膜）制成的防水卷材
改性沥青聚乙烯胎防水卷材	改性沥青聚乙烯胎防水卷材，就是以高密度聚乙烯膜为胎体，上下两面为改性沥青或自黏沥青表面覆盖隔离材料制成的防水卷材
三元乙丙橡胶（EPDM）防水卷材	三元乙丙橡胶防水卷材，就是以三元乙丙橡胶为主剂，掺入适量的丁基橡胶、多种化学助剂，经过密炼、过滤、挤出成型、硫化等工序加工制成的高弹性橡胶防水卷材

名称	特点
改性三元乙丙橡胶（TPV）防水卷材	改性三元乙丙橡胶防水卷材，就是以三元乙丙橡胶为主体，掺入适量的聚丙烯树脂，采用动态全硫化的生产技术进行改性，加工成热塑性全交联的弹性体为原料，经过高温挤出、压延工艺制成的一种卷材
聚氯乙烯（PVC）防水卷材	聚氯乙烯（PVC）防水卷材，就是以聚氯乙烯树脂为主要原料，掺入多种化学助剂，经过混炼、挤出或压延等工序加工制成的一种卷材
高密度聚乙烯（HDPE）土工膜	高密度聚乙烯土工膜，就是以高密度聚乙烯树脂为主要原料，添加多种化学助剂，经过造粒和吹塑成型等工序加工制成的一种膜状防渗材料
低密度聚乙烯（LDPE）或乙烯-乙酸乙烯（EVA）土工膜	低密度聚乙烯或乙烯-乙酸乙烯土工膜，就是以低密度聚乙烯或乙烯-乙酸乙烯共聚树脂为主要原料，添加多种化学助剂，经过造粒和吹塑成型等工序加工制成的一种膜状防渗材料

土工膜，就是以高分子聚合物［例如高密度聚乙烯（HDPE）、低密度聚乙烯（LDPE）、聚氯乙烯（PVC）、乙烯-乙酸乙烯共聚物（EVA）等］为基本材料制成的具有充分强度、耐久性的不透水材料。

土工布，就是由合成纤维通过针刺或编织工艺制成单位面积质量为 $200 \sim 800g/m^2$ 的具有透水功能的合成材料。

复合土工膜，也叫做防渗土工膜，其就是以土工布为基材，与土工膜或其他防水膜材复合而成的具有一定强度、耐久性，能有效防止水流渗透的材料。

土工膜膜材的厚度一般要求不小于 0.75mm。高密度聚乙烯（HDPE）土工膜，幅宽有 3000mm、4000mm、6000mm、7000mm；厚度有 0.5mm、1mm、1.2mm、1.5mm、2mm。土工膜膜材一般不得用于外露工程做防水层。

一点通

低密度聚乙烯或乙烯-乙酸乙烯土工膜，幅宽有 3000mm、4000mm、6000mm；厚度有 0.5mm、1mm、1.2mm、1.5mm、2mm。

10.3 防水涂料

10.3.1 防水涂料的基础

根据成膜物类型，防水涂料可以分为有机防水涂料、无机防水涂料。其中，有机防水涂料包括反应型、水乳型、溶剂型等。无机防水涂料包括水泥基渗透结晶型防水涂料、掺外加剂或掺合料的水泥基防水涂料。

无色、白色、黑色防水涂料，不需测定可溶性重金属。

选择的防水涂料，需要具有良好的耐水性、耐菌性、耐久性。用于立面的防水涂料，需要具有良好的与基层黏结的性能。

建筑室内防水工程防水涂料，可以选用聚合物水泥防水涂料、聚合物乳液防水涂料、聚氨酯防水涂料等合成高分子防水涂料和改性沥青防水涂料。住宅室内防水工程，不得使用溶剂型防水涂料。住宅室内防水工程，宜使用聚氨酯防水涂料、聚合物乳液防水涂料、聚合物水泥防水涂料、水乳型沥青防水涂料等水性或反应型防水涂料。对于住宅室内长期浸水的部位，不宜使用遇水发生溶胀的防水涂料。

防水涂料的类型及适用范围见表10-8。

表10-8　防水涂料的类型及适用范围

品种	类型	适用范围				
		平屋面	地下	外墙面	厕浴间	备注
丙烯酸酯类防水涂料	合成高分子防水涂料——水乳型（挥发固化型）	√	△	√	√	用于外露、非外露工程。用于地下工程防水时耐水性应>80%
聚合物-水泥防水涂料	有机防水涂料	√	√	√	√	地下防水工程选用耐水性能>80%的Ⅱ型产品
水泥渗透结晶型防水涂料	无机粉状防水涂料	△	√	×	√	用于屋面防水工程时不能单独作为一道防水层
水乳型橡胶沥青微乳液防水涂料	高聚物改性沥青防水涂料——水乳型（挥发固化型）	√	△	×	√	地下防水工程应选用双组分
水乳型阳离子氯丁橡胶沥青防水涂料		√	×	×	√	不能用于Ⅰ级屋面作防水层
溶剂型SBS改性沥青防水涂料	高聚物改性沥青防水涂料——溶剂型（挥发固化型）	√	√	×	△	
非固化橡化沥青防水材料	高聚物改性沥青防水涂料——（无溶剂永不固化型）	√	√	×	√	用于非外露防水，不能用于Ⅰ级屋面防水层
热熔型橡胶改性沥青防水涂料	热熔型高聚物改性沥青（热熔型）	√	√	×	×	适用于非外露屋面及地下工程的迎水面作防水层
单组分聚氨酯防水涂料	合成高分子防水涂料——反应固化型	√	√	√	√	一般屋面时应非外露
双组分聚氨酯防水涂料		√	√	×	△	
涂刮型聚脲防水涂料		√	√	△	√	用于外露及非外露
喷涂型聚脲防水涂料		√	√	△	√	
高渗透改性环氧防水涂料（KH-2）		△	√	△	√	用于屋面防水时不能单独作为一道防水层

注：1. √为应选；△为可选；×为不宜选。

2. 防水涂料只适用于平屋面，不宜用于坡屋面。应根据防水涂料的低温柔性和耐热性确定其适用的气候分区。

无机防水涂料，需要具有良好的湿干黏结性、耐磨性等特点。有机防水涂料，需要具有较好的延伸性、较大适应基层变形能力等特点。

聚合物乳液防水涂料，主要是指丙烯酸防水涂料、硅橡胶防水涂料等单组分高分子材料。

建筑室内防水工程采用涂膜防水，除了涂膜防水能够满足室内工程防水质量要求外，还可以发挥涂膜防水与基层较优的黏结强度。无机类防水涂料、合成高分子防水涂料与基层黏结强度较高，均能够满足相应工程的使用要求。

建筑室内防水工程防水涂料的胎体增强材料多，建议选择聚酯无纺布或聚丙烯无纺布。因玻纤布延伸性较差，故一般不宜采用。选择的胎体增强材料，外观要均匀、平整无折皱、无团状。

住宅室内防水工程，采用附加层的胎体材料，宜选用 30～50g/m² 的聚酯纤维无纺布、聚丙烯纤维无纺布、耐碱玻璃纤维网格布。

住宅室内防水工程采用防水涂料时，涂膜防水层厚度要求见表 10-9 的规定。

表 10-9　住宅室内防水工程涂膜防水层厚度要求

防水涂料	涂膜防水层厚度 /mm	
	水平面	垂直面
聚氨酯防水涂料	≥ 1.5	≥ 1.2
水乳型沥青防水涂料	≥ 2.0	≥ 1.5
聚合物水泥防水涂料	≥ 1.5	≥ 1.2
聚合物乳液防水涂料	≥ 1.5	≥ 1.2

一点通

住宅室内防水工程，宜使用聚氨酯防水涂料、聚合物乳液防水涂料、聚合物水泥防水涂料、水乳型沥青防水涂料等水性或反应型防水涂料。住宅室内防水工程不得使用溶剂型防水涂料。住宅室内长期浸水的部位，不宜使用遇水发生溶胀的防水涂料。聚合物水泥防水涂料如图 10-7 所示。

图 10-7　聚合物水泥防水涂料

10.3.2　聚氨酯防水涂料特点、应用与施工

聚氨酯防水涂料，是一种具有一定弹性的反应型柔性防水涂料、反应固化型（湿气固化）液态施工涂料。通过设计合理防水应用方案，可以在一定程度上适应基层变形。聚氨酯防水涂料可以根据工程的需要分别设计不同物理性能、不同固化速率的产品。

聚氨酯防水涂料具有对基层变形的适应能力强、施工时成膜快、黏结强度高、延伸性能好、抗渗性能好等特点。

聚氨酯防水涂料，根据产品组成，可以分为单组分聚氨酯防水涂料（S 型）、双组分聚氨酯防水涂料（M 型）。根据拉伸性能，可以分为 I 类、II 类聚氨酯防水涂料。其中，单组分聚氨酯防水涂料，就是由二异氰酸酯、聚醚等经加成聚合反应而成的含异氰酸酯基的预聚体，再配以催化剂、无水助剂、无水填充剂、溶剂等经过混合等工序制造而成的，如图 10-8 所示。

双组分聚氨酯防水涂料，是由二异氰酸酯、聚醚等经过加成聚合反应而成的含异氰酸酯基的 A 组分预聚体和由固化剂、无水助剂、无水填充剂、溶剂等经混合研磨等工序加工而成的 B 组分，组成的一类防水涂料，如图 10-9 所示。

图 10-8　单组分聚氨酯防水涂料

图 10-9　双组分聚氨酯防水涂料

双组分聚氨酯防水涂料，适用于结构主体的迎水面，但是不得用于背水面防水。

聚氨酯防水涂料颜色有黑色、彩色。单组分聚氨酯防水涂料主要性能与双组分聚氨酯防水涂料主要性能有所差异。

单组分聚氨酯防水涂料不须现场配制，可以直接涂刮（刷）固化成膜。单组分聚氨酯防水涂料适用范围，如图 10-10 所示。单组分聚氨酯防水涂料不得用于地下工程的背水面防水。Ⅰ～Ⅲ级的屋面、厕浴间的防水工程，应优先选用Ⅰ类指标的产品。地下工程防水，应优先选用性能达到Ⅱ类指标的产品。

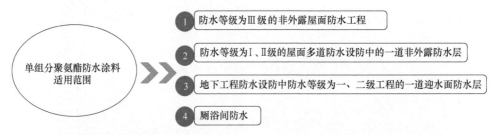

图 10-10　单组分聚氨酯防水涂料适用范围

双组分聚氨酯防水涂料，不仅适用于防水等级为Ⅰ、Ⅱ级的屋面多道防水设防中的一道非外露防水层、防水等级为Ⅲ级的非外露屋面防水工程，也适用于地下防水工程中防水等级为一、二级多道防水设防中的一道防水层与厕浴间防水。

单组分聚氨酯防水涂料的反应固化速率与环境温度有关。环境温度高，则其固化速率快、涂膜收缩率大。环境温度偏低，则其固化速率慢。如果易受风、雪影响的环境，则施工时需要采用少涂多遍的方式，以确保涂膜的质量。

单组分聚氨酯防水涂料固化成膜后，耐酸、耐碱、耐腐蚀性能好。单组分聚氨酯防水涂料用于屋面或地下工程防水时，涂膜防水层厚度需要符合的要求见表 10-10。

聚氨酯防水涂料主要原料含有害物质，因此，在原材料的储存、运输、生产、施工过程中需要妥善保管，以防材料泄漏。

表 10-10　单组分聚氨酯防水涂料涂膜防水层厚度要求

防水等级	设防道数	涂膜的厚度要求 /mm	
		地下工程	屋面工程
Ⅰ	三道或三道以上设防	不应＜ 1.2 ～ 2	不应＜ 1.5
Ⅱ	二道设防	不应＜ 1.2 ～ 2	不应＜ 1.5
Ⅲ	一道设防		不应＜ 2

聚氨酯防水涂料如果用于外露防水工程，需要选用具有耐紫外线功能的聚氨酯防水涂料，或者选择铝箔等材料作覆面保护层。

10.3.3　聚脲防水涂料特点、应用与施工

10.3.3.1　概述

聚脲防水涂料，分为涂刮型聚脲防水涂料、喷涂聚脲防水涂料等类型。涂刮型聚脲防水涂料是一种反应固化型涂料，固化后可以形成高强度、高延伸率的一种防水涂膜。

聚脲防水涂料的物理性能、耐老化性能，均要高于聚氨酯防水涂料。

单组分聚脲防水涂料固化时间长，可以手工涂布，也可以机械喷涂。双组分喷涂聚脲防水涂料固化反应极快、需要用专门的喷涂设备。

单组分聚脲防水涂料、双组分聚脲防水涂料，均适用于迎水面的大面积防渗。单组分聚脲防水涂料为脂肪族，表面不变色。双组分喷涂聚脲防水涂料，分为芳香族、脂肪族等类型。脂肪族双组分喷涂聚脲防水涂料，耐老化性能好，成本高。芳香族双组分喷涂聚脲防水涂料，耐老化性能稍差，长期使用表面可能会变色。

单组分聚脲防水涂料涂刷，一般采用分层施工，以保证涂层厚度的均匀性，并且可以增设胎基布补强。双组分喷涂聚脲防水涂料，一般一次成型，并且无法增设胎基布补强。

单组分聚脲防水涂料对基层浸润时间长，渗透效果好。双组分聚脲防水涂料对基层浸润时间短，渗透效果相对较差。

10.3.3.2　涂刮型聚脲防水涂料

涂刮型聚脲防水涂料，有单组分、多组分（甲组分、乙组分、丙组分）等类型，颜色也有多种。单组分聚脲防水涂料详述如图 10-11 所示。

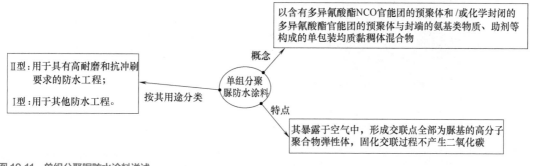

图 10-11　单组分聚脲防水涂料详述

单组分聚脲防水涂料，具有均质不分层、可厚涂、涂膜材料对于基材的黏结性优秀、固化过程不产生二氧化碳气体、可用于各类复杂的基材表面等特点。

涂刮型聚脲防水涂料，适用于防水等级为Ⅰ、Ⅱ级的屋面或地下工程多道防水设防中的一道防水层、外墙、厕浴间防水工程。涂刮型聚脲防水涂料，也适用于现有防水工程的翻修、渗漏

治理。涂刮型聚脲防水涂料，可以用于结构主体的迎水面、背水面的防水，也可以在干燥、潮湿的基层上施工。

涂刮型聚脲防水涂料单层使用时，涂膜厚度大约为 1.2 ～ 1.5mm。

涂刮型聚脲防水涂料主要原料含有有害物质，为此，应用时需要考虑其有害物质的排放应达标。

10.3.3.3　喷涂聚脲防水涂料

喷涂聚脲防水涂料，就是以异氰酸酯类化合物为甲组分、胺类化合物为乙组分，采用喷涂施工工艺使两组分混合，反应生成的一种弹性防水涂料。喷涂聚脲防水涂料属于高端产品。

喷涂聚脲防水涂料是一种反应固化型的防水涂料，如图 10-12 所示。根据物理性能，喷涂聚脲防水涂料可以分为 I 型喷涂聚脲防水涂料、II 型喷涂聚脲防水涂料。

甲组分是异氰酸酯单体、聚合体、衍生物、预聚物或半预聚物。
预聚物或半预聚物是由端氨基或端羟基化合物与异氰酸酯反应制得。
异氰酸酯既可以是芳香族的，也可以是脂肪族的

喷涂聚脲防水涂料是以异氰酸酯类化合物为甲组分、胺类化合物为乙组分，采用喷涂施工工艺使两组分混合、反应生成的弹性体防水涂料

乙组分是由端氨基树脂和氨基扩链剂等组成的胺类化合物时，
通常称为喷涂(纯)聚脲防水涂料；
乙组分是由端羟基树脂和氨基扩链剂等组成的含有胺类的化合物时，
通常称为喷涂聚氨酯(脲)防水涂料

图 10-12　喷涂聚脲防水涂料

喷涂聚脲防水涂料有多种颜色。喷涂聚脲防水涂料可以用于地下、屋面、隧道等工程防水，污水处理池防水，混凝土保护，防腐等。喷涂聚脲防水涂料可以在 100℃下长期使用，并能够承受 150℃的短时热冲击。

喷涂聚脲防水涂料因对水分、湿气不敏感，故施工时其不受环境温度、湿度的影响。

喷涂聚脲防水涂料，双组分可以 1 : 1 体积比进行喷涂，并且可以一次施工达到厚度要求。喷涂聚脲防水涂料，单层使用时涂膜厚度大约为 1.2 ~ 1.5mm。

 一点通

喷涂聚脲防水涂料的主要原料含有有害物质，因此，施工时需要注意有害物质的排放与劳动保护。

10.3.4　环氧树脂防水涂料的特点、性能

环氧树脂防水涂料的特点如图 10-13 所示。

环氧树脂防水涂料是以环氧树脂为主要组分，与固化剂反应后生成的具有防水功能的双组分反应型涂料

A 组分

B 组分

产品各组分外观为均匀的液体，无凝胶、结块

图 10-13　环氧树脂防水涂料的特点

环氧树脂防水涂料的力学性能要求见表 10-11。

表 10-11　环氧树脂防水涂料的力学性能要求

项目			技术指标
固体含量 /%		≥	60
干燥时间 /h	表干时间	≤	12
	实干时间		报告实测值
柔韧性			涂层无开裂
黏结强度 /MPa	干基面	≥	3.0
	潮湿基面	≥	2.5
	浸水处理	≥	2.5
	热处理	≥	2.5
涂层抗渗压力 /MPa		≥	1.0
抗冻性			涂层无开裂、起皮、剥落
耐化学介质	耐酸性		涂层无开裂、起皮、剥落
	耐碱性		涂层无开裂、起皮、剥落
	耐盐性		涂层无开裂、起皮、剥落
抗冲击性（落球法）/（500g，500mm）			涂层无开裂、脱落

10.3.5　高渗透改性环氧防水涂料特点、应用与施工

高渗透改性环氧防水涂料，属于反应固化型渗透性防水涂料，颜色为透明暗黄色。其是以改性环氧为主体材料，并且加入了多种助剂制作而成的一种具有优异的渗透能力与可灌性的双组分防水涂料，如图10-14所示。高渗透改性环氧防水涂料不但具有防水性能，而且还具有防腐功能。

高渗透改性环氧防水涂料是以改性环氧为主体材料，并且加入了多种助剂制作而成的一种具有优异的渗透能力与可灌性的双组分防水涂料

图10-14　高渗透改性环氧防水涂料

高渗透改性环氧防水涂料，可以在潮湿基面（无明水）施工，若设计为复合防水做法，其表面不需做保护层。高渗透改性环氧防水涂料适用于地下防水等级为一、二级的混凝土结构防水设防中的一道防水层、厕浴间的混凝土防水；另外，也适用于防水等级为Ⅰ、Ⅱ级屋面的防水混凝土表面，起增强防水作用，但在此情况中应用不得作为一道防水层。高渗透改性环氧防水涂料具体使用范围如图10-15所示。

高渗透改性环氧防水涂料，用于屋面防水工程时，需要涂刷在防水混凝土面层上，并且不能单独作为一道防水层。

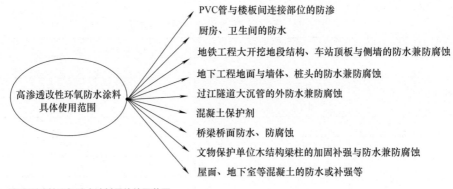

高渗透改性环氧防水涂料
具体使用范围

- PVC管与楼板间连接部位的防渗
- 厨房、卫生间的防水
- 地铁工程大开挖地段结构、车站顶板与侧墙的防水兼防腐蚀
- 地下工程地面与墙体、桩头的防水兼防腐蚀
- 过江隧道大沉管的外防水兼防腐蚀
- 混凝土保护剂
- 桥梁桥面防水、防腐蚀
- 文物保护单位木结构梁柱的加固补强与防水兼防腐蚀
- 屋面、地下室等混凝土的防水或补强等

图10-15　高渗透改性环氧防水涂料具体使用范围

高渗透改性环氧防水涂料的一般参考用量：第一次涂刷 $0.2 \sim 0.25 kg/m^2$，第二次涂刷 $0.2 \sim 0.25 kg/m^2$，总用量为 $0.4 \sim 0.5 kg/m^2$。

高渗透改性环氧防水涂料施工的一些注意事项如下。

（1）材料安全存放，一般需要置于阴凉通风环境存放，不得靠近热源位置。

（2）如果触及皮肤，则可以用丙酮棉球拭净后再用水冲洗干净。如果不慎触及眼睛，除及时用水冲洗外，还需要立刻就医。

（3）如果施工环境温度超过 35℃，则需要将配浆桶置于流动冷水盆中配浆，并且配料后需要尽快使用，一般是两小时内用完。

（4）施工环境温度 5 ～ 35℃，并且不得有明水。

 一点通

施工时，需要采取戴手套、戴口罩、戴防护眼镜等相应劳动保护措施。施工现场严禁烟火，注意通风。

10.3.6　丙烯酸酯类防水涂料特点、应用与施工

丙烯酸酯类防水涂料，就是以丙烯酸酯类乳液为主要成膜物，并加入成膜助剂、颜料、消泡剂、稳定剂、增稠剂、填料等加工制成的单组分防水涂料。

丙烯酸酯类防水涂料，分为纯丙烯酸乳液类涂料、硅丙乳液涂料等种类。根据物理性能，丙烯酸酯类防水涂料分为Ⅰ类、Ⅱ类。其中，Ⅰ类产品不用于外露场合的防水。

丙烯酸酯类防水涂料，有多种颜色。常见桶装丙烯酸酯类防水涂料规格有 1kg/ 桶、5kg/ 桶、15kg/ 桶、30kg/ 桶、50kg/ 桶等。

丙烯酸酯类防水涂料，适用于屋面、墙面、厕浴间、地下室等非长期浸水环境下的建筑防水、防渗工程，也适用于轻型薄壳结构的屋面防水工程，以及作黏结剂或外墙装饰涂料。

水乳型苯丙防水涂料，具有耐候性较差，价格低的特点，适用于隐蔽、室内防水、装饰工程。

水乳型彩色丙烯酸酯防水涂料，具有兼具装饰与防水功能、有害物排放低的特点，适用于屋面、墙面防水装饰工程。

水乳型纯丙烯酸酯类防水涂料具有较好的耐候性，因此，适用于外露（Ⅱ型产品）防水、外墙防水装饰工程。

水乳型硅丙防水涂料，具有憎水、耐污染能力强的特点，兼具装饰与防水功能。因此，适用于屋面、外墙防水、装饰工程。

丙烯酸酯类防水涂料，应储存在 0℃以上的室内通风阴凉处。丙烯酸酯类防水涂料自生产之日起，贮存期为 12 个月。如果超过贮存期，需要进行检验，只有符合标准才可继续使用。

丙烯酸酯类防水涂料施工工法选择如图 10-16 所示。丙烯酸酯类防水涂料施工要点如图 10-17 所示。

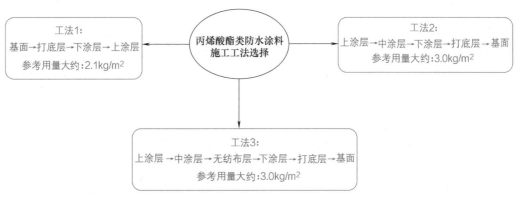

图 10-16　丙烯酸酯类防水涂料施工工法选择

施工要点

施工时，基面要求必须干净、平整、牢固、无明水、无渗漏。
如果有渗漏部位，则先进行堵漏处理。阴阳角，需要做成圆弧角。
施工涂覆时，可以用滚子或刷子涂覆。
涂料涂覆时应随时搅拌均匀、涂覆尽量均匀。
各层间的时间间隔以前一层涂膜干固不粘手为准。
每层涂覆必须根据规定用量取料，不能过厚或过薄

图 10-17　丙烯酸酯类防水涂料施工要点

丙烯酸酯类防水涂料涂膜参考厚度要求见表 10-12。

表 10-12　丙烯酸酯类防水涂料涂膜参考厚度要求

防水等级	设防道数	涂膜的厚度要求 /mm	
		地下工程	屋面工程
Ⅰ	三道或三道以上	1.2～1.5	≥ 1.5
Ⅱ	二道设防	1.2～1.5	≥ 1.5
Ⅲ	一道设防		≥ 2

一点通

丙烯酸酯类防水涂料，不能在 4℃以下或雨中施工，也不要在特别潮湿又不通风的环境中施工，以免影响成膜。

10.3.7　聚合物水泥基防水涂料特点、应用与施工

聚合物水泥基防水涂料，简称 JS 防水涂料，国外称为弹性水泥防水涂料。其中，J 是指聚合物，S 是指水泥。聚合物水泥基防水涂料是一种以聚丙烯酸酯乳液、乙烯-乙酸乙烯酯共聚乳液等聚合物乳液与各种添加剂组成的一种有机液料，如图 10-18 所示。聚合物水泥基防水涂料，是柔性防水涂料，也就是一种涂膜防水。

聚合物水泥基防水涂料按物理力学性能分为Ⅰ型、Ⅱ型和Ⅲ型：
Ⅰ型适用于活动量较大的基层；
Ⅱ型和Ⅲ型适用于活动量较小基层

图 10-18　聚合物水泥基防水涂料

聚合物水泥基防水涂料一般为乳白色。有的产品会根据需要在最上层涂料中加入颜料，一般需要选耐酸性能较好的颜料。

聚合物水泥基防水涂料，具有比一般有机涂料干燥快、体积收缩小、弹性模量低、抗渗性好等特点。

Ⅰ型是以甲组分（聚合物乳液）为主要成分的涂料。Ⅱ型、Ⅲ型是以乙组分（水泥等材料）为主要成分的涂料。

聚合物水泥基防水涂料，适用于非暴露露台、厕浴间、外墙的防水、防渗，以及防潮的工程（Ⅱ型）。Ⅰ型，也适用于暴露的屋面、路桥、水池、水利工程的涂膜防水工程、地下工程以及隧道、洞库等的涂膜防水。Ⅰ型产品，不宜用于长期浸水环境的防水工程。Ⅱ型产品，可以用于长期浸水环境、干湿交替环境的防水工程。Ⅲ型产品，宜用于住宅室内墙面、住宅室内顶棚的防潮。

聚合物水泥基防水涂料，可在潮湿基面上（无明水）施工，并且每次涂层可厚涂。聚合物水泥基防水涂料反应固化，可以在通风不畅的条件下施工。

聚合物水泥基防水涂料，不得在5℃以下施工，阴雨天气或基层有明水时也不宜施工。聚合物水泥基防水涂膜应完全干燥后，才可以进行表层装饰施工。

厕浴间立面阴阳角不做成圆弧形的部位，在气温较低、空气干燥的地区，宜选用聚合物水泥基防水涂料。

聚合物水泥基防水涂料施工要点如图 10-19 所示。

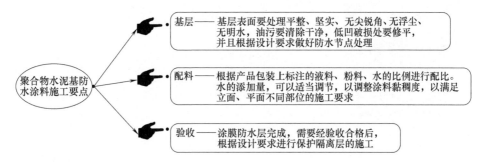

图 10-19　聚合物水泥基防水涂料施工要点

聚合物水泥基防水涂料的配合方法是先把液料与水倒入搅拌桶中，然后手提搅拌器不断搅拌，并且将粉料徐徐加入其中。搅拌至少 5min，并且搅拌要彻底、均匀，最后呈浆状无团块。用于屋面、地下工程防水时，每道涂膜防水层厚度要求见表 10-13。

表 10-13　聚合物水泥基防水涂料的每道涂膜厚度要求

防水等级	设防道数	涂膜的厚度要求 /mm	
		地下工程	屋面工程
Ⅰ	三道或三道以上	1.5 ～ 2	≥ 1.5
Ⅱ	二道设防	1.5 ～ 2	≥ 1.5
Ⅲ	一道设防	≥ 2	≥ 2
	复合设防	≥ 1.5	

细部附加防水层聚合物水泥基防水涂料的施工，根据设计要求在阴阳角、管根、留设凹槽内填密封材料等细部需要多遍（2 ～ 4 遍）涂刷涂料。

地下工程所用聚合物水泥防水涂料的施工，宜夹铺一层胎体增强材料。

大面防水层所用聚合物水泥基防水涂料的施工，防水涂膜需要多遍涂布，一般至少 4 遍，每遍涂布时间一般间隔大约 8h，冬季宜相应延长。每遍涂膜厚度为 0.4 ～ 0.5mm，涂料用量大约 8kg/m²，一遍不宜过厚。

大面防水层所用聚合物水泥基防水涂料施工时，应先涂料，后铺加铺胎体增强材料，再在上面刷一遍涂料。

一点通

阴阳角堆积料不宜过厚，以免产生裂纹。加铺胎体增强材料的情况，胎体需要铺平、要无皱折，搭接一般要求不少于100mm。立面施工，则以不加水或少加水为宜，以免涂料流淌。

10.3.8　水泥基渗透结晶型防水涂料特点、应用与施工

水泥基渗透结晶型防水材料，分为水泥基渗透结晶型防水涂料、水泥基渗透结晶型防水涂料，如图10-20所示。

水泥基渗透结晶型防水涂料是一种用于水泥混凝土的刚性防水材料。其与水作用后，材料中含有的活性化学物质以水为载体在混凝土中渗透，与水泥水化产物生成不溶于水的针状结晶体，能填塞毛细孔道和微细缝隙，从而提高混凝土致密性与防水性。
按使用方法，水泥基渗透结晶型防水材料分为水泥基渗透结晶型防水涂料、水泥基渗透结晶型防水剂

水泥基渗透结晶型防水涂料是以硅酸盐水泥、石英砂为主要成分，掺入一定量活性化学物质制成的粉状材料，与水拌和后调配成可刷涂或喷涂在水泥混凝土表面的浆料；亦可采用干撒压入未完全凝固的水泥混凝土表面的方式使用

图10-20　水泥基渗透结晶型防水涂料

水泥基渗透结晶型防水涂料，就是以水泥、石英粉等为主要基材，并且掺入多种活性化学物质的粉状材料，经过与水拌和、调配而成的有渗透功能的一种无机型防水涂料。

水泥基渗透结晶型防水涂料，欧美简称为CCCW。水泥基渗透结晶型防水涂料具有自愈合性能，可以自愈合0.4mm混凝土裂缝。使用水泥基渗透结晶型防水涂料，可以不做找平层与保护层。

水泥基渗透结晶型防水涂料，可以用于地下涵洞、工业与民用建筑地下室、浴厕间、水库、游泳池、水池、电梯井等工程的防水施工，以及结构微裂、渗水点、孔洞堵漏等。此外，还适用混凝土结构、水泥砂浆等的防腐。

水泥基渗透结晶型防水涂料的施工要点如图10-21所示。水泥基渗透结晶型防水涂料产品保质期一般为六个月。水泥基渗透结晶型防水涂料的养护，可以采用洒水养护、潮湿麻布覆盖养护、潮湿草苫覆盖养护等。

水泥基渗透结晶型防水涂料，可以刮涂、刷涂等施工法进行。施工时，均需要搅拌均匀。涂膜厚度，大约1.5mm以上，并且分3～4次涂刷，第一次大约0.5mm，等涂层固化后再分次涂刷。水泥基渗透结晶型防水涂料固化时间大约为一昼夜。

水泥基渗透结晶型防水涂料上可以设置保护层。屋面上应用水泥基渗透结晶型防水涂料，一般需要设置保护层。保护层的保护材料，可以选择细砂、云母片、蛭石、水泥砂浆等。如果采用水泥砂浆保护层，则厚度不宜小于20mm。

水泥基渗透结晶型防水涂料二度施工间隔时间，一般是根据气温不同而异，并且宜控制在表干不粘脚为适。

水泥基渗透结晶型防水涂料施工中的一些注意事项如下。

（1）施工现场10m范围内，不得使用电焊、气焊，并且施工成员不得吸烟。

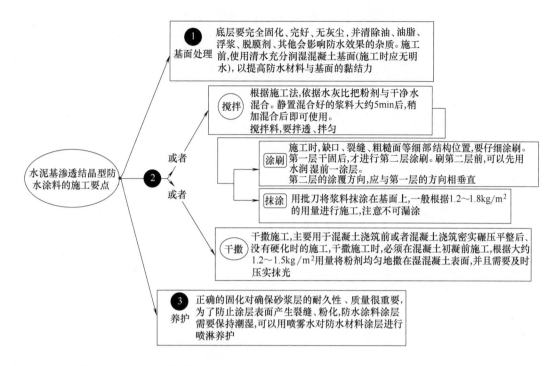

图 10-21　水泥基渗透结晶型防水涂料的施工要点

（2）基面处理是决定防水构造成功的重要因素之一。有的项目可以采用高压水枪清洗方法来进行基面处理。

（3）防水涂料施工基面上不可有明水。

（4）水泥基渗透结晶型防水涂料的施工前，需要先处理渗漏点、渗漏缝、渗漏面后，才能够再进行大面积施工。重点防水部位，需要适当提高用料量，并且做相应加强处理、抗裂处理等工作。

（5）施工时，需要保证施工用量、施工涂层完整。

（6）水泥基渗透结晶型防水涂料施工环境温度，一般不得小于 5℃。

（7）如果防水构造外侧面需装饰，则可以首先采用刮涂施工法，以提高渗透结晶防水涂层的内聚力与密实度。

（8）渗透结晶防水涂层施工完成后，需要在涂层开始表干时就开始洒水养护，一般养护期为 2～3 天，并且洒水间隔大约 4h。

一点通

　　长期浸水环境下的应用，则防水层需要至少固化 14 天后，才能够蓄水。预计 8h 内有雨的情况下，不宜施工。

10.3.9　沥青防水涂料特点、应用与施工

10.3.9.1　基础

　　沥青防水涂料，就是以沥青为基料配置的一种溶剂型或水乳型防水涂料。溶剂型沥青防水

涂料，又叫做冷底子油，就是指将未改性的石油沥青直接溶解于汽油等溶剂中而配置成的涂料。水乳型沥青防水涂料，就是指将石油沥青在化学乳化剂或矿物乳化剂作用下分散在水中，形成稳定的水分散体构成的一种涂料。

水乳型沥青防水涂料的种类多，有专用于路桥工程的、有用于建筑工程的。不同场合所采用的标准也不一样。

水溶型改性沥青类防水涂料成膜慢，对于基层干燥与通风条件好的室内防水工程可采用。溶剂型改性沥青类防水涂料易对环境产生污染，不宜在室内防水工程中采用。

改性沥青类防水涂料品种多，目前一般认为 APP（SBS）改性沥青防水涂料质量较优。

10.3.9.2 溶剂型沥青防水涂料

溶剂型沥青防水涂料常用于防水层的底层，可以采用喷涂或者刷涂施工法进行。施工时，一般需要在基面完全干燥后再施工，并且涂层要薄、要均匀、要完整。如果找平层表面太粗糙，则一般先涂刷一道快挥发性溶剂型沥青防水涂料，干燥后再刷第二层溶剂型沥青防水涂料。两道溶剂型沥青防水涂料施工间隔时间为 4～6h。第一道溶剂型沥青防水涂料施工后，用手指轻按其表面不留痕迹即可进行第二道溶剂型沥青防水涂料的喷涂。

10.3.9.3 乳化沥青防水涂料

乳化沥青防水涂料具有一定的防腐性与防水性。乳化沥青防水涂料具有使用寿命短，抗裂性、低温柔性、耐热性较差等缺点。乳化沥青防水涂料，属于低档的防水涂料，适用工业与民用建筑屋面、厕浴间防水层、地下防潮防腐涂层等场所的施工。乳化沥青防水涂料的施工要点如图 10-22 所示。

① 开盖后将涂料倒在裂缝处或漏水点。

② 用毛刷或刮板涂均匀，施工宽度不小于15cm。

③ 施工处缝隙等于大于2mm，需铺一层聚酯布加固后再施工第二遍。

乳化沥青可以常温使用，且可以和冷的、潮湿的石料一起使用

图 10-22　乳化沥青防水涂料施工要点

10.3.9.4 石灰乳化沥青防水涂料

石灰乳化沥青防水涂料是以沥青为基料，配以石灰膏为分散剂，以石棉绒为填充料加工而成的一种冷沥青悬乳液。石灰乳化沥青防水涂料具有耐候好、耐温好、能在潮湿基面上施工等特

点。石灰乳化沥青防水涂料，适用于卫生间、厨房、屋面、地下室等工程防水。

10.3.9.5　水性沥青基防水涂料

水性沥青基防水涂料，是以多种橡胶共同复合对沥青进行改性配制而成的聚合物改性沥青防水涂料。根据乳化剂、成品外观、施工工艺的差别，水性沥青基防水涂料可以分为水性沥青基厚质防水涂料、水性沥青基薄质防水涂料等类型。

根据采用的矿物乳化剂不同，水性沥青基厚质防水沥青涂料可以分为水性石棉沥青防水涂料、膨润土沥青乳液、石灰乳化沥青等类型。根据采用的化学乳化剂不同，水性沥青基薄质防水沥青涂料可以分为氯丁胶乳沥青、水乳性再生胶沥青涂料、用化学乳化剂配制的乳化沥青等类型。

10.3.9.6　非固化橡胶沥青防水涂料

非固化橡胶沥青防水涂料，就是以橡胶、沥青、软化油为主要组分，加入温控剂与填料混合制成的在使用年限内保持为黏性膏状体的一种防水涂料，如图 10-23 所示。非固化橡胶沥青防水涂料，适用工业与民用建筑屋面及侧墙防水工程、种植屋面防水工程等。非固化橡胶沥青防水涂料不得外露使用。非固化橡胶沥青防水涂料最小厚度要求与用量见表 10-14。

非固化橡胶沥青防水涂料性状为黑色黏弹性体。

非固化橡胶沥青防水涂料是以石油沥青为原料，以橡胶及添加剂等为改性材料配制而成，施工后在有效使用期限内不固化，具有蠕变性和自愈合功能的弹塑性膏状材料

图 10-23　非固化橡胶沥青防水涂料

表 10-14　非固化橡胶沥青防水涂料最小厚度要求与用量

防水等级	设防道数	厚度要求（涂料用量）	
		平面	立面
I	双道	2mm（2.6kg/m³）	1.5mm（1.95kg/m³）
II	单道	2.5mm（3.25kg/m³）	2mm（2.6kg/m³）

非固化橡胶沥青防水涂料如果单独使用时，则需要在涂层内夹铺胎体增强材料，以及在涂层表面覆盖增强材料作隔离层。另外，与卷材复合使用时，需要在防水层与刚性保护层间设置隔离层。复合防水层，就是由非固化橡胶沥青涂料和相容的卷材或覆面增强材料组合而成的防水层。增强材料，就是夹铺在非固化橡胶沥青涂层中或覆盖在涂层表面起到增加涂层拉伸强度作用的材料。

与非固化橡胶沥青涂料直接接触的材料，需要具有相容性。相容性，就是相邻两种材料间互不产生有害的物理和化学作用的性能。

双道防水不同品种材料的厚度要求见表10-15。

表10-15 双道防水不同品种材料的厚度要求   单位：mm

弹性体改性沥青防水卷材	自黏改性沥青聚乙烯胎防水卷材	自黏聚合物改性沥青防水卷材		聚乙烯丙纶复合防水卷材
		聚酯胎基（PY类）	高分子膜基（N类）	
3	2	3	1.5	0.7

非固化橡胶沥青防水涂料的保护层要求见表10-16。非固化橡胶沥青防水涂料的隔离层要求见表10-17。

表10-16 非固化橡胶沥青防水涂料的保护层要求

保护层材料	技术要求	适用范围
块体材料	地砖或30mm厚C20细石混凝土预制块	上人屋面
水泥砂浆	20mm厚1：2.5或M15水泥砂浆	非上人屋面
细石混凝土	40mm厚C20细石混凝土或50mm厚C20细石混凝土内配ϕ4@100双向钢筋网片	上人屋面

表10-17 非固化橡胶沥青防水涂料的隔离层要求

隔离层材料	要求
聚酯无纺布	200g/m² 聚酯无纺布
卷材	石油沥青卷材一层
塑料膜	0.3mm厚聚乙烯膜或5mm厚发泡聚乙烯片材

穿出地下室顶板、屋面、地下室外墙的管道、设施、预埋件等，需要在防水层施工前安装牢固。非固化橡胶沥青防水涂料，也可以用于地下防水工程等长期浸水部位。

10.3.9.7 溶剂型SBS改性沥青防水涂料

溶剂型SBS改性沥青防水涂料，是以SBS改性沥青为主要成分并加入油分、助剂、填料、环保性溶剂等混配而成的稳定的一种溶剂型防水涂料。溶剂型SBS改性沥青防水涂料需要在干燥的基层表面施工，并且施工时需要铺设胎体增强材料。另外，施工时收头部位需要用防水涂料多遍涂刷或用密封材料封严。有的地方，已经要求工程中禁止使用热熔施工SBS改性沥青类防水卷材、溶剂型建筑防水涂料。

替代热熔施工SBS改性沥青类防水卷材、溶剂型建筑防水涂料的材料如下。

卷材类——TPO防水卷材、高分子自黏胶膜防水卷材、PVC卷材、三元乙丙橡胶、三元乙丙自黏型防水卷材、自黏型改性沥青防水卷材、预铺（湿铺）防水卷材、防水透气膜等无明火施工防水卷材。

涂料类——聚合物水泥防水材料、水泥基渗透结晶型防水涂料、喷涂速凝橡胶沥青涂料、非固化橡胶沥青防水涂料、水性橡胶沥青防水涂料、三元乙丙橡胶防水涂料、环保型（无溶剂）单组分聚氨酯防水涂料等无溶剂防水涂料。

10.3.9.8　热熔型橡胶改性沥青防水涂料

热熔型橡胶改性沥青防水涂料，就是以优质沥青和高聚物为主体材料，并添加其他改性添加剂，制成的含固量 100%、经热熔法施工的橡胶改性沥青防水涂料，适用于非外露屋面防水与地下工程的迎水面做防水层。

10.4　刚性防水材料

10.4.1　防水混凝土的特点、分类与适用范围

防水混凝土，就是在混凝土的水泥、砂、石中掺入少量防水外加剂、掺合料或钢纤维、合成纤维等，通过调整配比，改变施工条件、养护条件，来减小混凝土内部的孔隙率，改变其孔隙特征，加大其界面的密实性，从而达到所需要的抗渗等级与防裂要求。

防水混凝土的分类与适用范围见表 10-18。

表 10-18　防水混凝土的分类与适用范围

产品		特点	适用范围
外加剂防水混凝土	UEA 或 AEA 膨胀剂混凝土	抗裂性好，密实性好	适用于地下室、隧道、水利水电工程、刚性防水屋面、水池、地铁、后浇带的填充混凝土等
	减水剂防水混凝土	拌合物流动性好	适用于钢筋密集或捣固困难的薄壁型防水构筑物，也适用于对混凝土凝结时间和流动性有特殊要求的防水工程
	三乙醇胺防水混凝土	抗渗等级高，早期强度高	适用于工期紧迫、要求早强和抗渗性较高的防水工程、一般防水工程
	纤维（如钢纤维、合成纤维）防水混凝土	抗裂性好	适用于屋面、外墙、水池、地铁、地下室、隧道、水利水电等工程防水
	引气剂防水混凝土	抗渗性好	适用于北方高寒地区、抗冻性要求较高的防水工程、一般防水工程；不适用于抗压强度 >20MPa 或耐磨性要求较高的防水工程
	氯化铁防水混凝土	抗渗性能好	适用于水中结构、无筋或少筋的厚大防水混凝土工程、一般地下防水工程；在接触直流电源或预应力混凝土及重要的薄壁结构等部位不宜使用
普通防水混凝土		采用较小的水灰比，合理级配，减小混凝土孔隙率	适用于一般工业与民用建筑的地下防水工程

（1）用于住宅室内配制防水混凝土的水泥需要符合的规定如下。

① 水泥宜采用硅酸盐水泥、普通硅酸盐水泥。

② 不得使用过期或受潮结块的水泥，也不得将不同品种或强度等级的水泥混合使用。

③ 用于配制防水混凝土的化学外加剂、矿物掺合料、砂、石、拌和用水等需要符合现行有关规定。

（2）防水砂浆住宅室内施工要求如下。

① 施工前，需要洒水润湿基层，但不得有明水。

② 做好界面处理。

③ 防水砂浆，一般采用机械搅拌，并且应均匀搅拌、随拌随用。

④ 防水砂浆宜连续施工。如果需留施工缝时，则需要采用坡形接槎，相邻两层接槎应一般错开 100mm 以上，距转角一般不小于 200mm。

⑤ 水泥砂浆防水层终凝后，需要及时进行保湿养护，养护温度不宜低于 5℃。

⑥ 聚合物防水砂浆，根据其使用要求进行养护。

（3）建筑室内防水工程防水混凝土的规定如下。

① 防水混凝土在室内防水工程中运用，其抗渗等级最低要求不得小于 S6。

② 防水混凝土是由普通混凝土通过调整配合比或者通过掺加外加剂、掺合料来达到防水要求。

③ 水泥宜采用普通硅酸盐水泥、火山灰质硅酸盐水泥、粉煤灰硅酸盐水泥、矿渣硅酸盐水泥。其他水泥的使用，需要经专门的试验研究来确定。

④ 不得使用过期或受潮结块水泥，也不得将不同品种或强度等级的水泥混合使用。

⑤ 泵送防水混凝土的石子最大粒径，需要根据输送管的管径来决定，其石子最大粒径应不大于管径的 1/4，以免影响泵送。

⑥ 外加剂可以提高防水混凝土的防水质量。但需要根据工程应用要求来选择。

⑦ 粉煤灰、磨细矿渣粉、硅粉等均属活性掺合料，掺加这些材料可改善混凝土的性能。但是，粉煤灰、硅粉的掺量，需要根据工程的具体需要进行配制，硅粉的掺量有时可达 15% 以上。

（4）建筑室内防水工程防水混凝土施工要求如下。

① 外加剂、掺合料的使用方法，需要根据产品的具体技术要求进行。

② 外加剂、掺合料的掺入比例、掺入方法、混合搅拌时间、后期养护等均应符合具体产品的技术要求。

③ 混凝土拌和后倒入模中浇捣，需要尽可能缩短中间时间。一旦出现离析或坍落度损失而不能满足施工要求时，则必须进行二次搅拌。二次搅拌严禁直接加水。

④ 如果采用自密实混凝土，可不用机械振捣。如果不采用自密实混凝土，需要严格根据施工程序来进行。

⑤ 混凝土施工缝留置位置，需要根据施工技术方案来确定。确定施工缝位置的一般原则：尽可能留置在受剪力较小的部位；留置部位要便于施工与做防水处理。

⑥ 水池结构的水平面施工缝，一般采用钢板止水带处理，也可以采用遇水膨胀密封胶或将钢板止水带与遇水膨胀密封胶合用等措施。

⑦ 腻子型遇水膨胀止水条也可以填补凹陷。腻子型遇水膨胀条可以分为橡胶类型、膨润土类。其中，膨润土类的腻子型遇水膨胀条，会产生析出、水解现象，不宜在施工缝中使用。

一点通

不管何种形式的螺栓端头，整体防水施工前，需要进行涂料加强防水处理。

10.4.2　防水砂浆的特点、应用与施工

防水砂浆，就是以水泥、砂为主，通过掺入一定量的砂浆防水剂、聚合物乳液或胶粉制成

的具有防水功能的材料。

防水砂浆需要配合比准确、搅拌均匀。

涂刮型防水砂浆是指在水泥砂浆中掺入聚合物乳液或胶粉进行改性的砂浆。但涂刮型防水砂浆属于脆性材料。

根据物理力学性能，聚合物水泥防水浆料可以分为Ⅰ型（通用性、干粉类）、Ⅱ型（柔韧型、乳液类）等。其中，Ⅱ型（柔韧型）可以用于厨房、卫生间地面的防水，但是其与聚合物水泥防水涂料相比，需要适当增加防水层的厚度。Ⅰ型（通用性），一般宜用于墙面防潮。

根据工艺，建筑室内防水工程防水砂浆分为掺外加剂防水砂浆、无机防水堵漏材料、聚合物水泥防水砂浆。其中，掺外加剂防水砂浆，就是指在水泥砂浆中掺入防水剂、密实剂、膨胀剂等外加剂的砂浆。无机防水堵漏材料（缓凝型），就是由铁铝酸盐与硫铝酸盐水泥为主体，添加多种无机材料和助剂制成的一种胶凝固体粉状的防水材料。

另外，现场配制用的聚合物，有聚合物乳液、聚合物干粉等形式。聚合物干粉，常有丙烯酸乳液干粉、丁苯胶乳干粉、EVA 乳液干粉、甲基纤维素（MC）等。聚合物乳液，常有丙烯酸乳液、氯丁胶乳、EVA 乳液等。

掺外加剂、掺合料的水泥砂浆，适用于地下室、卫生间等防水工程做复合防水层。

水泥砂浆防水层，不适用环境有侵蚀性、受持续振动、温度高于 80℃的地下工程防水。

防水砂浆的厚度要求见表 10-19。聚合物水泥砂浆防水层厚度，因单层施工、双层施工的不同而不同。掺外加剂、掺合料等的水泥砂浆防水层厚度，一般为 18 ～ 20mm。

表 10-19　防水砂浆的厚度要求

防水砂浆		砂浆层厚度 /mm
聚合物水泥防水砂浆	涂刮型	≥ 3
	抹压型	≥ 15
掺防水剂的防水砂浆		≥ 20

（1）建筑室内防水工程防水砂浆施工的要求如下。

① 聚合物水泥防水砂浆的形式有完全现场配制、乳液加砂工厂配制与现场加水泥、乳液加水泥工厂配制与现场加砂、完全工厂配制的预拌干粉砂浆等类型。

② 防水干粉砂浆现场施工，可以根据比例加入一定量的水搅拌均匀即可施工。

③ 掺外加剂防水砂浆在使用时，宜选用反应型、低碱、低掺量、易分散的新型材料。

（2）地下工程水泥砂浆防水层的要求如下。

① 根据防水砂浆的特性、实际应用情况，确定砂浆防水层的厚度：掺外加剂、防水剂、掺合料的水泥砂浆防水层，厚度为 18 ～ 20mm；聚合物水泥砂浆防水层单层使用厚度为 6 ～ 8mm，双层使用厚度为 10 ～ 12mm。

② 地下工程中防水常用的聚合物有：乙烯 - 醋酸乙烯共聚物、有机硅、聚丙烯酸酯、丁苯胶乳、氯丁胶乳等。

③ 聚合物水泥砂浆，可以采用干湿交替养护的方法。早期，聚合物水泥砂浆硬化后 7 天内，可以采用潮湿养护，使水泥充分水化而获得一定的强度。后期，可以采用自然养护，胶乳在干燥状态下使水分尽快挥发而固化形成连续的防水膜。

（3）防水砂浆施工应用其他要求如下。

① 水泥砂浆的品种、配合比，需要根据防水工程的抗渗要求来确定。

② 水泥砂浆防水层的基层混凝土强度、砌体用的砂浆强度，均不低于设计值的 80%。

③ 不得使用过期或受潮湿结块的水泥。

④ 防水砂浆各层间必须黏结牢固，无空鼓现象。

⑤ 施工缝留槎位置要正确，接槎要根据层次顺序来操作，并且层层搭接紧密。

⑥ 聚合物水泥防水砂浆中掺入纤维，并且配成纤维聚合物水泥防水砂浆，可以提高其抗裂性、抗拉性。

有些聚合物防水砂浆如果始终在湿润或浸水状态下养护，可能会产生聚合物的溶胀。为此，该类材料的养护需要根据具体产品的要求进行养护。

10.5 建筑防水

10.5.1 建筑室内防水术语的理解

建筑室内防水术语的理解见表 10-20。

表 10-20 建筑室内防水术语的理解

名称	解说
厕浴间防水工程	独立或合并的厕所、浴室，需要满足一定防水要求的工程
厨房防水工程	饭店、酒店、家庭用于加工餐食的房间，具有防水要求的工程
建筑室内防水工程	覆盖在建筑房屋内的防水工程。包括厨房、厕浴间、泳池、水池等需做防水的工程
水池防水工程	储水池、蓄水池等防水的工程
泳池防水工程	跳水池、游泳池、嬉水池、水上游乐园等有防水要求的工程

10.5.2 建筑防水施工经验、要点

建筑防水施工经验、要点如下。

（1）首先要把打开的地方用水泥浆补起来，灌实不留空隙。水泥浆干后，再扫清地面，然后才能刷防水涂料。

（2）刷防水涂料，刷时要均匀，并且一刷压一刷，不得漏刷。

（3）做防水，一般先做墙面，再做地面。如果墙面需要贴砖，则应在墙砖贴完后再做地面的防水。

（4）墙面地面结合位置，需要直接刷下来，并且地面刷 30cm，所有墙地结合处都刷30cm。

（5）第一遍防水涂料干后（大约一两天），再刷第二遍。第二遍涂刷方向需要与第一次刷涂刷方向垂直。也就是说如果第一次涂刷方向为横刷，则第二次涂刷方向就采用竖刷。

（6）地面互相垂直，需要刷涂料两遍。涂料干透后，就需要再放水检验，一般大约 72h 后，要求不渗水、没水印。

（7）在防水层上镶贴面砖时，黏结材料要与防水材料的性质相容。

（8）室内需进行防水设防的区域，不应跨越变形缝、抗震缝等部位。

做墙面防水时，需要刷到地面。做地面防水时，需要刷到墙面。多刷的尺寸，均大约 30cm。如有洞、空、隙，一定需要先补起来。

10.5.3　建筑防水的保护层

自身无防护功能的柔性防水层，需要设置保护层。保护层或饰面层的规定要求如下。

（1）地面饰面层为石材、厚质地砖时，防水层上应用不小于 20mm 厚的 1 ： 3 水泥砂浆做保护层。

（2）地面饰面为瓷砖、水泥砂浆时，防水层上应浇筑不小于 30mm 厚的细石混凝土做保护层。

墙面防水高度高于 250mm 时，防水层上需要采取防止饰面层起壳剥落的措施。

10.5.4　建筑厕浴间墙面防水高度

建筑厕浴间、厨房四周墙根防水层泛水高度不得小于 250mm，其他墙面防水以可能溅到水的范围为基准向外延伸不得小于 250mm。

浴室花洒喷淋的临墙面防水高度不得低于 2m。建筑厕浴间墙面防水高度如图 10-24 表示。

有填充层的厨房、下沉式卫生间，需要在结构板面、地面饰面层下设置两道防水层。填充层需要选用压缩变形小、吸水率低的轻质材料。填充层面，需要整浇不小于 40mm 厚的钢筋混凝土地面。排水沟应采用现浇钢筋混凝土结构，坡度不应小于 1%，并且沟内要设置防水层。单道防水时，防水需要设置在混凝土结构板面上。

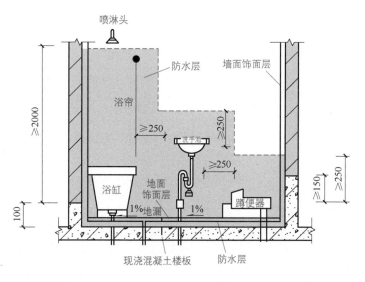

图 10-24　建筑厕浴间墙面防水高度

10.5.5　室内防水工程防水层最小厚度

室内防水工程防水层最小厚度，需要符合的要求见表 10-21。

表 10-21　室内防水工程防水层最小厚度要求

防水层类型		两道设防或复合防水/mm	厕所、卫生间、厨房/mm	浴室、游泳池、水池/mm
刚性防水材料	掺外加剂、掺合料防水砂浆	20	20	25
	聚合物水泥防水砂浆Ⅰ类	10	10	20
	聚合物水泥防水砂浆Ⅱ类、刚性无机防水材料	3.0	3.0	5.0
聚合物水泥、合成高分子涂料		1.0	1.2	1.5
改性沥青涂料		1.2	2.0	—
合成高分子卷材		1.0	1.0	1.2
弹（塑）性体改性沥青防水卷材		2.0	3.0	3.0
自粘橡胶沥青防水卷材		1.2	1.2	1.5
自粘聚酯胎改性沥青防水卷材		2.0	2.0	3.0

10.5.6　室内楼地面、顶面防水做法选材

室内防水工程做法、材料的选用，需要根据不同部位、使用功能来确定。室内楼地面、顶面防水做法选材参考选择见表 10-22。

表 10-22　室内楼地面、顶面防水做法选材参考

部位	保护层、饰面层	楼地面（池底）	顶面
蒸汽浴室、高温水池	混凝土保护层	刚性防水材料、合成高分子涂料、聚合物水泥防水砂浆、渗透结晶防水涂料、自粘橡胶沥青卷材、弹（塑）性体改性沥青卷材、合成高分子卷材	聚合物水泥防水砂浆、刚性无机防水材料
	防水层面直接贴瓷砖或抹灰	刚性防水材料	
游泳池、水池（常温）	无饰面层	刚性防水材料	
	防水层面直接贴瓷砖或抹灰	刚性防水材料、聚乙烯丙纶卷材	
	混凝土保护层	刚性防水材料、合成高分子涂料、改性沥青涂料、渗透结晶防水涂料、自黏橡胶沥青卷材、弹（塑）性体改性沥青卷材、合成高分子卷材	
厕浴间、厨房	防水层面直接贴瓷砖或抹灰	刚性防水材料、聚乙烯丙纶卷材	
	混凝土保护层	刚性防水材料、合成高分子涂料、改性沥青涂料、渗透结晶防水涂料、自黏卷材、弹（塑）性体改性沥青卷材、合成高分子卷材	

10.5.7　室内立面防水做法选材

室内防水工程做法、材料的选用，需要根据不同部位、使用功能来确定。室内立面防水做法选材参考选择见表 10-23。

表 10-23　室内立面防水做法选材参考

部位	保护层、饰面层	立面（池壁）
厕浴间、厨房	防水层面经处理或钢丝网抹灰	刚性防水材料、合成高分子防水涂料、合成高分子卷材
	防水层面直接贴瓷砖或抹灰	刚性防水材料、聚乙烯丙纶卷材
游泳池、水池（常温）	防水层面直接贴瓷砖或抹灰	刚性防水材料、聚乙烯丙纶卷材
	无保护层和饰面层	刚性防水材料
	混凝土保护层	刚性防水材料、合成高分子防水涂料、改性沥青防水涂料、渗透结晶防水涂料、自黏橡胶沥青卷材、弹（塑）性体改性沥青卷材、合成高分子卷材
高温水池	混凝土保护层	刚性防水材料、合成高分子防水涂料、渗透结晶防水涂料、合成高分子卷材
	防水层面直接贴瓷砖或抹灰	刚性防水材料
蒸汽、浴室	防水层面直接贴瓷砖或抹灰	刚性防水材料、聚乙烯丙纶卷材
	防水层面经处理或钢丝网抹灰、脱离式饰面层	刚性防水材料、合成高分子防水涂料、合成高分子卷材

一点通

　　防水层外钉挂钢丝网的钉孔，需要进行密封处理。脱离式饰面层与墙体间的拉结件在穿过防水层的部位，也需要进行密封处理。钢丝网、钉子，需要采用不锈钢材质或进行防锈处理后使用。挂网粉刷，可以用钢丝网也可用树脂网格布。

10.5.8　各种卷材最小搭接宽度

　　各种卷材最小搭接宽度需要符合的要求见表 10-24。

表 10-24　各种卷材最小搭接宽度

种类		使用环境	
		常规 /mm	长期浸水 /mm
合成高分子防水卷材	胶黏剂	80	100
	胶黏带	50	60
	单缝焊	50，有效焊接宽度不小于 30	
	双缝焊	80，有效焊接宽度 10×2+ 空腔宽	
	水泥基胶黏剂	100	
高聚物改性沥青防水卷材		80	100
自黏聚合物改性沥青防水卷材	胶面 - 覆膜搭接	80	100
	混合搭接	60，其中胶面 - 胶面搭接不小于 30	80，其中胶面 - 胶面搭接不小于 40

10.6　装修防水

10.6.1　家装防水的经验、要点

　　家装防水经验、要点如下。

　　（1）家装防水施工方案一：先用"堵漏王"把相关周边与部位堵好，"堵漏王"干后，再做

防水层。

（2）家装防水施工方案二：采用防水砂浆，环境温度宜为5℃以上施工，闭水试验持续24～48h，并且闭水深度要大于2cm。防水层需要从地面延伸到墙面，高出地面250～300mm，浴室墙面防水层不低于1800mm。

（3）卫生间墙面防水做到1.8m高，厨房墙面防水做到1m高。

（4）家装防水要求表面平整无空鼓、无起砂、无开裂等异常现象。涂膜要求不起泡、不流淌。

（5）做家装防水时，阴阳角需要做成圆弧形。防水与其他管件、地漏等的接缝，需要收头严密、圆滑、不渗漏。

（6）门槛石处的防水需要做到位。

（7）家装防水层厚度，需要不少于1.5mm，并且不得不露底。

（8）洗脸台做防水至少高1.2m。

（9）有柜子的墙面防水需要到顶。

（10）防水砂浆的配合比需要符合设计或产品的要求。保护层水泥砂浆的厚度、强度，需要符合设计要求。

（11）涂膜涂刷时，玻纤布的接槎需要顺流水方向搭接，并且搭接宽度要不小于100mm。两层以上玻纤布的防水施工，上、下搭接需要错开幅宽的1/2。

（12）卫生间闭水试验，必须做两次。进场做一次，做完防水后再做一次，并且试验时间均不低于24h。

（13）地面及墙面距地30cm以下，防水做两遍。墙面距地30cm以上，防水做一遍。

（14）门套处防水需包住门边。

（15）地面与墙面的相交角处需要做成圆弧角。

（16）地漏的排水管需要锯平，与找平层一样平，并且涂刷防水要涂到管口。

（17）卫生间门口，需要用水泥砂浆做挡水条，并且防水涂层要做到位。

防水找平层注意要往地漏口做一些坡度，以免积水。防水涂层没有干透的情况下，不能放水、不能踩踏。

10.6.2　别墅屋顶的防水

装修别墅最重要的一项就是屋顶的防水处理。别墅屋顶做防水需要注意的事项如下。

（1）别墅做屋顶防水工程时，需要注意当地的天气情况，一般选择环境温度在5°以上的晴天进行施工，以保证防水涂料正常成膜。

（2）根据屋顶的特点、保温层厚度，设计好具体的施工图纸，包括防水施工图纸。

（3）别墅做屋顶防水工程时，需要检测、检查。

（4）别墅屋顶防水工程施工前，应加强对材料的检验。

（5）别墅屋顶防水工程做完后，需要进行淋水蓄水检测。

别墅做屋顶防水，步骤往往包括基层处理、做防水、防水保护层等。

第11章

盖瓦技能

11.1 屋面工程

11.1.1 屋面工程有关术语的理解

屋面工程有关术语的理解见表 11-1。

表 11-1 屋面工程有关术语的理解

名称	解说
板面	在屋顶最外面铺盖金属板或玻璃板，具有防水和装饰功能的构造层
保护层	对防水层或保温层起防护作用的构造层
保温层	减少屋面热交换作用的构造层
玻璃采光顶	由玻璃透光面板与支承体系组成的屋顶
持钉层	能握裹固定钉的瓦屋面构造层
防水层	能够隔绝水而不使水向建筑物内部渗透的构造层
防水垫层	设置在瓦材或金属板材下面，起防水、防潮作用的构造层
附加层	在易渗漏及易破损部位设置的卷材或涂膜加强层
复合防水层	由彼此相容的卷材和涂料组合而成的防水层
隔离层	消除相邻两种材料之间黏结力、机械咬合力、化学反应等不利影响的构造层
隔气层	阻止室内水蒸气渗透到保温层内的构造层
隔热层	减少太阳辐射热向室内传递的构造层
喷涂硬泡聚氨酯	以异氰酸酯、多元醇为主要原料加入发泡剂等添加剂，现场使用专用喷涂设备在基层上连续多遍喷涂发泡聚氨酯后，形成的无接缝的硬泡体
瓦面	在屋顶最外面铺盖块瓦或沥青瓦，具有防水和装饰功能的构造层
纤维材料	将熔融岩石、矿渣、玻璃等原料经高温熔化，采用离心法或气体喷射法制成的板状或毡状纤维制品
现浇泡沫混凝土	用物理方法将发泡剂水溶液制备成泡沫，再将泡沫加入到由水泥、集料、掺合料、外加剂和水等制成的料浆中，经混合搅拌、现场浇筑、自然养护而成的轻质多孔混凝土

 一点通

　　住宅利用坡屋顶内空间作卧室、起居室（客厅）时，至少有 1/2 使用面积的室内净高不应低

于 2.1m。别墅坡屋顶如图 11-1 所示。

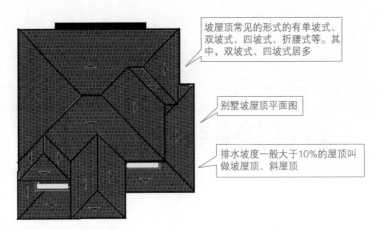

坡屋顶常见的形式的有单坡式、双坡式、四坡式、折腰式等。其中，双坡式、四坡式居多

别墅坡屋顶平面图

排水坡度一般大于10%的屋顶叫做坡屋顶、斜屋顶

图 11-1 别墅坡屋顶

11.1.2 屋面工程的基本规定

屋面工程的基本规定如下。

（1）屋面工程，需要根据建筑物的性质、重要程度、使用功能要求，根据不同屋面防水等级进行设防。

（2）屋面工程，应严格工序管理，并且做好隐蔽工程的质量检查、记录。

（3）屋面工程施工前，应熟悉图纸、掌握细部要求、理解专项施工方案。

（4）屋面工程所用的防水、保温材料，需要有产品合格证书、性能检测报告。

（5）屋面工程所用材料的品种、规格、性能等，需要符合国家现行产品标准、设计要求。

（6）防水、保温材料进场应验收，并且验收合格后才能够使用。

（7）屋面工程各构造层的组成材料，需要分别与相邻层次的材料相容。

（8）屋面工程施工时，需要对各道工序落实自检、交接检、专职人员检等制度。

（9）进行下道工序或相邻工程施工时，需要对屋面完成项目采取保护措施。

（10）伸出屋面的管道、设备、预埋件等相关项目，需要在保温层、防水层施工前安设好。

（11）屋面保温层、防水层完工后，不得进行打洞、凿孔、重物冲击等有损屋面的作业。

（12）屋面防水工程完工后，要进行观感质量检查、雨后观察、淋水试验、蓄水试验，均不得出现渗漏、积水等异常现象。

（13）屋面工程各子分部工程、分项工程的划分如图 11-2 所示。

一点通

民用建筑天窗设置需要符合的要求如下。

（1）天窗需要采用防破碎伤人的透光材料。

（2）天窗要有防冷凝水产生或引泄冷凝水的措施。多雪地区，需要考虑积雪对天窗的影响。

（3）天窗需要设置方便开启清洗、维修的设施。

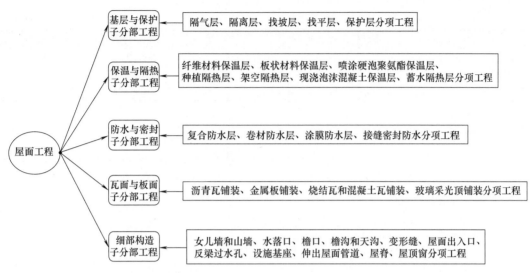

图 11-2 屋面工程各子分部工程、分项工程的划分

11.1.3 屋面工程找坡层、找平层的特点、要求

屋面工程找坡层、找平层的特点、要求如下。

（1）找坡层宜采用轻骨料混凝土，并且找坡材料需要分层铺设、适当压实，表面要平整。

（2）找平层宜采用水泥砂浆或细石混凝土，并且找平层的抹平工序需要在初凝前完成，压光工序需要在终凝前完成，终凝后需要进行养护。

（3）找平层分格缝纵横间距，一般不宜大于 6m，并且分格缝的宽度一般宜为 5～20mm。

（4）装配式钢筋混凝土板的板缝嵌填施工要求如图 11-3 所示。

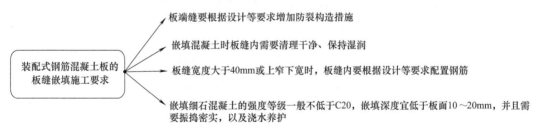

图 11-3 装配式钢筋混凝土板的板缝嵌填施工要求

（5）屋面工程找坡层、找平层的检查要求见表 11-2。

表 11-2 屋面工程找坡层、找平层的检查要求

类型	项目	检验法
一般项目	找平层要抹平、压光，不得有酥松、起砂、起皮等现象	用观察法来检查
	卷材防水层的基层与突出屋面结构的交接位置、基层转角位置、找平层要做成圆弧形，并且需要整齐平顺	用观察法来检查
	找平层分格缝的宽度、间距，均需要符合要求	用观察法、尺量来检查
	找坡层表面平整度的允许偏差为 7mm。找平层表面平整度的允许偏差为 5mm	用 2m 靠尺、塞尺来检查

续表

类型	项目	检验法
主控项目	找坡层、找平层所用材料的质量、配合比，需要符合要求	检查出厂合格证、质量检验报告、计量措施
	找坡层、找平层的排水坡度，需要符合要求	用坡度尺来检查

一点通

屋面工程基层与保护工程一般规定如下：屋面找坡需要满足设计排水坡度要求，结构找坡一般不应小于3%，材料找坡一般宜为2%。屋面檐沟、天沟纵向找坡一般不应小于1%，沟底水落差一般不得超过200mm，如图11-4所示。

图11-4 屋面找坡要求

11.1.4 屋面工程隔气层的特点、要求

屋面工程隔气层的特点、要求如下。

（1）隔气层的基层需要干净、干燥、平整。

（2）隔气层需要设置在结构层与保温层间。

（3）隔气层需要选用气密性、水密性好的材料。

（4）屋面与墙的连接位置，隔气层需要沿墙面向上连续铺设，并且高出保温层上表面不得小于150mm。

（5）隔气层采用卷材时宜空铺，卷材搭接缝要满粘，并且搭接宽度一般不小于80mm。隔气层采用涂料时，需要均匀涂刷。

（6）屋面工程隔气层的检查要求见表 11-3。

表 11-3 屋面工程隔气层的检查要求

类型	项目	检验法
一般项目	卷材隔气层应铺设平整，卷材搭接缝应黏结牢固，密封应严密，不得有扭曲、皱折和起泡等缺陷	用观察法来检查
	涂膜隔气层应黏结牢固、表面平整、涂布均匀，不得有堆积、起泡和露底等缺陷。	用观察法来检查
主控项目	隔气层所用材料的质量要符合要求	检查出厂合格证、质量检验报告、进场检验报告
	隔气层不得有破损现象	用观察法来检查

穿过隔气层的管线周围需要封严，转角位置要无折损。隔气层凡有缺陷或破损的部位，均要返修。

11.1.5 屋面工程隔离层的特点、要求

屋面工程隔离层的特点、要求如下。

（1）块体材料、水泥砂浆或细石混凝土保护层与卷材、涂膜防水层间，需要设置隔离层。

（2）隔离层可以采用铺土工布、塑料膜、卷材或铺抹低强度等级砂浆等方式设置。

（3）屋面工程隔离层的检查要求见表 11-4。

表 11-4 屋面工程隔离层的检查要求

类型	项目	检验法
一般项目	土工布、塑料膜、卷材要铺设平整，搭接宽度不小于 50mm，并且不得出现皱折等异常现象	用观察、尺量来检查
	低强度等级砂浆表面要平整、压实，不得有起壳、起砂等异常现象	用观察来检查
主控项目	隔离层所用材料的质量、配合比，要符合要求	检查出厂合格证、计量措施
	隔离层不得有破损、不得有漏铺等异常现象	用观察来检查

11.1.6 屋面工程保护层的特点、要求

屋面工程保护层的特点、要求如下。

（1）防水层上的保护层施工，要等卷材铺贴完成或者涂料固化成膜，并且检验合格后才能够进行。

（2）块体材料做保护层时，宜设置分格缝，并且分格缝纵横间距一般不大于 10m，分格缝宽度宜为 20mm。

（3）水泥砂浆做保护层时，其表面需要抹平压光，并且需要设表面分格缝，分格面积宜为 $1m^2$。

（4）用细石混凝土做保护层时，混凝土需要振捣密实，表面要抹平压光，并且分格缝纵横间距不大于 6m。分格缝的宽度，一般为 10～20mm。

（5）屋面工程保护层的检查要求见表 11-5。

表 11-5 屋面工程保护层的检查要求

类型	项目	检验方法
一般项目	块体材料保护层表面要干净，镶嵌要正确，接缝要平整，周边要顺直，要无空鼓现象	用小锤轻击、观察来检查
	水泥砂浆、细石混凝土保护层不得有裂纹、麻面、脱皮、起砂等现象	用观察来检查
	浅色涂料要与防水层黏结牢固，厚薄均匀，不得漏涂	用观察来检查
主控项目	保护层所用材料的质量、配合比，要符合设计要求	检查出厂合格证、质量检验报告、计量措施
	块体材料、水泥砂浆或细石混凝土保护的强度等级，要符合设计要求	检查块体材料、水泥砂浆或混凝土抗压强度试验报告
	保护层的排水坡度要符合设计要求	坡度尺检查

（6）保护层的允许偏差、检验法需要符合的要求见表 11-6。

表 11-6 保护层的允许偏差、检验法需要符合的要求

项目	允许偏差 /mm			检验方法
	块体材料	水泥砂浆	细石混凝土	
表面平整度	4	4	5	用 2m 靠尺、塞尺来检查
缝格平直	3	3	3	用拉线、尺量来检查
接缝高低差	1.5	—	—	用直尺、塞尺来检查
板块间隙宽度	2	—	—	用尺量来检查
保护层厚度	设计厚度的 10%，且不得大于 5mm			用钢针插入、尺量来检查

一点通

块体材料、水泥砂浆或细石混凝土保护层与女儿墙、山墙间，要预留宽度为 30mm 的缝隙，并且缝内宜填塞聚苯乙烯泡沫塑料，以及要用密封材料嵌填密实。

11.1.7 坡屋顶保温、隔热层的特点、要求

坡屋顶的保温，分为顶棚保温、屋面保温，也就是保温层设在吊顶棚上面、防水卷材上面，具体类型如图 11-5 所示。

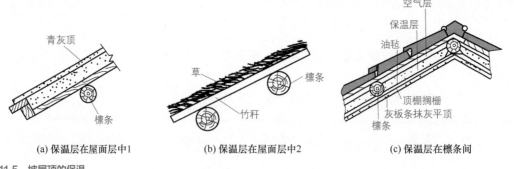

(a) 保温层在屋面层中1　　　(b) 保温层在屋面层中2　　　(c) 保温层在檩条间

图 11-5 坡屋顶的保温

坡屋顶的隔热，一般是通过通风来实现，如图 11-6 所示。坡屋顶上设进气口与排气口（或者屋顶窗），就是利用屋顶内外的热压差、迎风面压力差形成自然通风来达到隔热等目的。

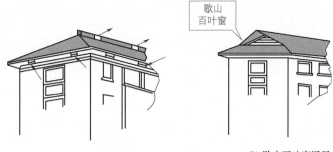

(a) 檐口和屋脊通风　　　　(b) 歇山百叶窗通风

把屋面做成双层，在檐口设进风口，屋脊设出风口，利用空气流动带走间层的热量，以降低屋顶的温度

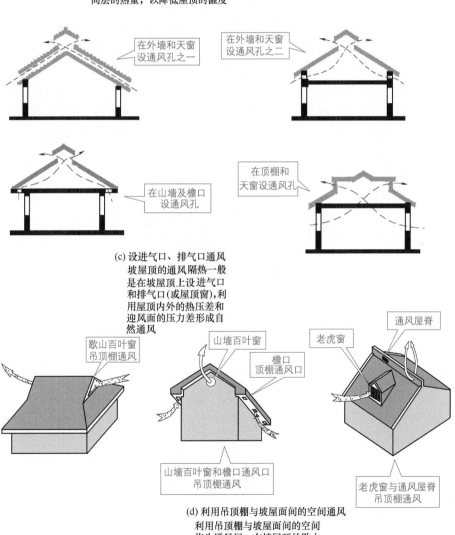

(c) 设进气口、排气口通风
坡屋顶的通风隔热一般是在坡屋顶上设进气口和排气口(或屋顶窗)，利用屋顶内外的热压差和迎风面的压力差形成自然通风

(d) 利用吊顶棚与坡屋面间的空间通风
利用吊顶棚与坡屋面间的空间作为通风层，在坡屋顶的歇山、山墙或屋面等位置设进风口

图 11-6　坡屋顶的隔热通风

11.1.8 坡屋顶的特点、要求

排水坡度一般大于 10% 的屋顶叫做坡屋顶或斜屋顶。坡屋顶的形式、坡度，一般取决于建筑结构形式、屋面材料、建筑平面、建筑造型、气候环境、风俗习惯等因素。

屋顶的构造，需要满足坚固耐久、防火、保温、隔热、防水、抗腐蚀、构造简单、自重轻、施工方便等要求。

坡屋顶常见的形式的有单坡式、双坡式、四坡式、折腰式等。其中，双坡式、四坡式居多。

悬山，就是双坡屋顶尽端屋面出挑在山墙的部分。硬山，就是双坡屋顶山墙与屋面砌平的部分。

正脊，就是双坡或多坡屋顶的倾斜面相互交接的顶部水平交线。斜脊，就是斜面相交成为凸角的斜交线。天沟，就是斜面相交成为凹角的斜交线。

屋面坡度，可以用斜面在垂直面上的投影高度与水平面上的投影长度（也就是半个跨度 $L/2$）之比来表示，也可以用高跨比（也就是矢高与跨度之比）来表示，还可以用斜面与水平面的夹角来表示。

屋面坡度要合理，以免影响屋顶的防水效果。坡度大小，主要根据所选用的屋面防水层材料性能、构造来决定。如果选择瓦块铺设屋面，则坡度要大些。如果选择卷材、构件自防水、金属薄板等防水性能好、单块面积大、接缝少的材料，则坡度可以小些，如图 11-7 所示。带有阁楼的屋顶，常采用陡坡屋面或采用两个不同坡度结合的折腰式屋面。寒冷地区，坡度宜较陡，以防屋面大量积雪。

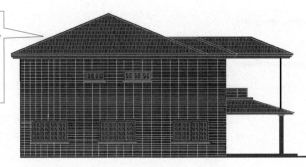

坡度大小，主要根据所选用的屋面防水层材料性能、构造来决定。如果选择瓦块铺设屋面，则坡度要大些。如果选择卷材、构件自防水、金属薄板等防水性能好、单块面积大、接缝少的材料，则坡度可以小些。

图 11-7　屋面坡度要合理

坡屋顶的支承结构常用的有山墙承重、屋架承重、椽架承重、屋面板承重等。

山墙承重，一般用于房间开间不大的建筑，利用砌成山尖形的承重墙搁置檩条，檩条上可以直接铺放厚 15～25mm 的木板，即望板，也可以在檩条上先放椽子，再铺望板。檩条的类型有木檩、型钢檩、预制钢筋混凝土檩等。

屋架承重，一般用于房间开间较大、不能够用山墙承重的建筑，需要设置屋架来支承檩条。屋架的类型有三角形、拱形、多边形等。屋架一般由杆件组成，可以采用木材、钢筋混凝土、预应力混凝土、钢材等制作而成，或者采用两种以上材料组合制作而成。

椽架承重，一般采用密排的人字形椽条制成的支架，并且支在纵向的承重墙上，再在上面铺木望板或直接钉挂瓦条。椽架的人字形椽条间需要有横向拉杆。

屋面板承重，就是采用钢筋混凝土或其他材料制作的大型屋面板直接放在承重山墙或屋架上来实现的。

坡屋顶上的雨水，可以设计为沿屋面经屋檐自由排下，也可以在屋檐位置设置略带纵坡的水平檐沟，以便使雨水汇集在有一定间距的垂直雨水管内排出。

坡屋顶保温，一般寒冷地区需要采用。保温方式分为顶棚保温、屋面保温等。屋面保温，一般是将保温材料放置在屋面防水层以下。顶棚保温，就是利用吊顶材料本身的保温性能，或者在吊顶上铺设轻质保温材料来实现保温。

11.1.9 屋面材料的特点、要求

屋面材料种类多，一般需要考虑屋顶坡度、建筑外观、支承结构形式、防水性、自重、耐火性、耐久性、施工要求等来确定选用何种材料。

常见的屋面有平瓦屋面、波形瓦屋面、其他屋面。其他屋面，包括筒板瓦、琉璃瓦、小青瓦、预制的钢筋混凝土大瓦等屋面。有的大瓦可以直接铺放在屋架或檩条上，不需另外做屋面。

平瓦屋面，就是屋面用水泥砂浆制作模压，或者黏土烧制成凹凸纹型的平瓦。瓦背有的设有挂钩，可以挂在挂瓦条上。平瓦的外形规格尺寸一般为 400mm×230mm×15mm。铺放时，上下左右均需要搭接。平瓦屋面的缺点是瓦的尺寸小、接缝多、易渗水漏水等。

波形瓦屋面，就是屋面用钢丝网水泥波形瓦、石棉水泥波形瓦、铝合金波形瓦、彩色玻璃钢波形瓦、镀锌瓦垄铁、经过表面着色与防腐处理的木质纤维波形瓦等其中一种瓦的屋面。这些波形瓦，具有防水性好、重量轻等特点。各类波形瓦的覆盖方法相近：瓦与瓦间，一般上下左右搭盖，左右搭盖方向顺着主导风向进行。为了防止上下左右四块瓦的拼接处高低不平，可以采用切角铺法。

一点通

石棉水泥波形瓦，一般用镀锌铁螺钉或铁钩直接钉在或钩在檩条上，檩条间距为900～1200mm。石棉水泥波形瓦，可以分为大波瓦、中波瓦、小波瓦等规格。波形石棉瓦，可以直接铺钉在檩条上，并且檩条的间距要保证每张瓦至少有三个支撑点。石棉水泥瓦上下搭接长度不小于100mm，并且左右方向也需要满足搭接要求。石棉水泥波形瓦多用于室内要求不高的建筑。

11.2 屋面结构

11.2.1 屋面结构的形式、特点

屋顶的形式划分如图 11-8 所示。平屋顶的形式如图 11-9 所示。平屋顶也需要一定的排水坡度，一般排水坡度为 2%～3%。

坡屋顶是指屋面坡度较陡的屋顶。坡屋顶的坡度一般大于 10%。目前，一些别墅采用坡屋顶的居多。坡屋顶主要由承重结构、屋面、顶棚、保温隔热层等组成。坡屋顶承重结构可以分为梁架结构、桁架结构、空间结构。屋面层包括各种瓦材、挂瓦件等。

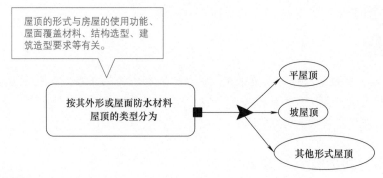

屋顶的形式与房屋的使用功能、屋面覆盖材料、结构选型、建筑造型要求等有关。

按其外形或屋面防水材料屋顶的类型分为

平屋顶

坡屋顶

其他形式屋顶

图 11-8　屋顶的形式划分

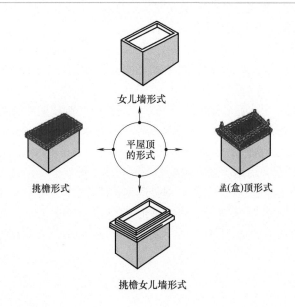

女儿墙形式

平屋顶的形式

挑檐形式

盂(盒)顶形式

挑檐女儿墙形式

图 11-9　平屋顶的形式

坡屋顶的主要形式如图 11-10 所示：

（1）双坡屋顶——包括悬山、硬山、出山等类型。

（2）四坡屋顶——包括四坡、庑殿、歇山等类型。

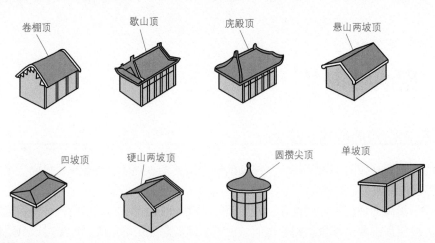

卷棚顶　　歇山顶　　庑殿顶　　悬山两坡顶

四坡顶　　硬山两坡顶　　圆攒尖顶　　单坡顶

图 11-10　坡屋顶的形式

屋面结构影响排水的因素如图 11-11 所示。

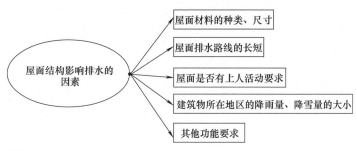

图 11-11　屋面结构影响排水的因素

其他屋顶的形式如图 11-12 所示。

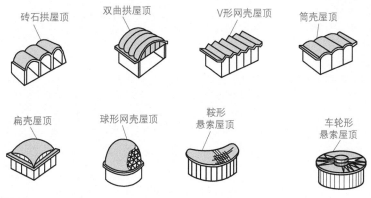

图 11-12　其他屋顶的形式

闷顶，就是指坡屋面与顶棚间所构成的空间。如果是用于住人的闷顶，就叫阁楼。建筑闷顶，是坡屋顶建筑结构的重要组成部分，如图 11-13 所示。住人闷顶的屋面，有的还设有天窗或老虎窗。

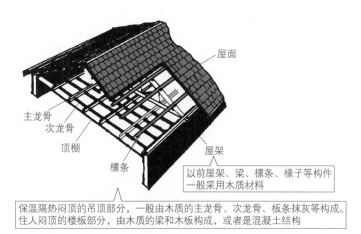

图 11-13　闷顶

檩条，也叫做檩子、桁条。其是垂直于屋架或椽子的水平屋顶梁，主要用来支撑椽子或屋面材料。檩条是横向受弯的构件，一般设计成单跨简支檩条。常用的檩条，有实腹式檩条、轻钢桁架式檩条等种类。常用的檩条有槽钢檩条、角钢檩条、组合槽钢檩条、组合 Z 形钢檩条、木檩条等。

桁架结构中的檩条是纵向搁置在屋架上或小开间时直接搁置在内、外横墙，使檩条与屋架组成屋面承重结构。

椽子，是屋面基层的最底层构件，是垂直安放在檩条之上的构件。

屋顶坡度表示法如图 11-14 所示。屋面排水，分为有组织排水、无组织排水等类型。根据漏水管位置，有组织排水分为内排水、外排水。无组织排水与有组织排水的适用范围如图 11-15 所示。

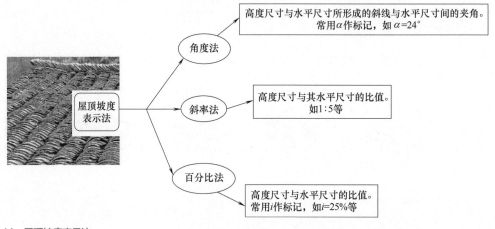

图 11-14　屋顶坡度表示法

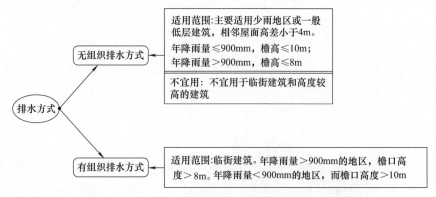

图 11-15　无组织排水与有组织排水的适用范围

无组织排水纵墙挑檐如图 11-16 所示。有组织排水纵墙挑檐如图 11-17 所示。

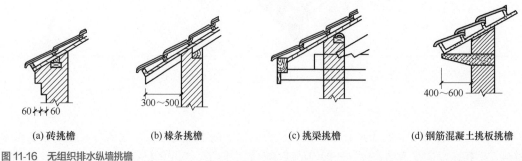

(a) 砖挑檐　　　　(b) 椽条挑檐　　　　(c) 挑梁挑檐　　　　(d) 钢筋混凝土挑板挑檐

图 11-16　无组织排水纵墙挑檐

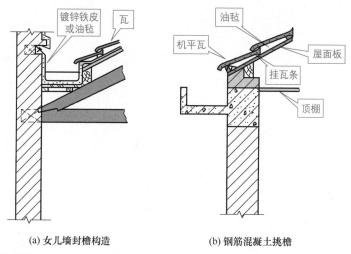

(a) 女儿墙封檐构造   (b) 钢筋混凝土挑檐

图 11-17   有组织排水纵墙挑檐

屋面坡度的形成，可以采用材料找坡、结构找坡等方式来实现，如图 11-18 所示。

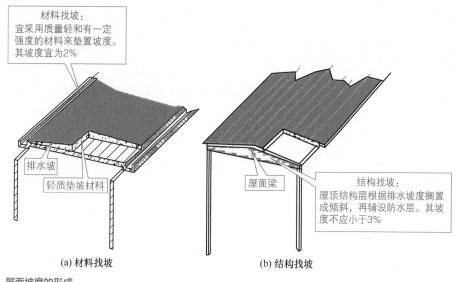

(a) 材料找坡   (b) 结构找坡

图 11-18   屋面坡度的形成

![一点通]

别墅屋顶斜坡施工的步骤如下：屋顶进行混凝土浇筑→养护→找平层进行施工→保证基层的干净→弹线→夹心板施工→找平层进行施工→铺贴防水卷材→找平层进行施工→弹线→将铜线埋入→设置挂瓦条→铺设混凝土瓦→脊瓦、封头瓦的坐浆→坐浆砂浆刷水泥漆→清理收尾。

坡屋面承重结构如图 11-19 所示。坡屋面承重结构的特点如下。

（1）钢筋混凝土坡屋面构造——钢筋混凝土浇筑坡屋顶板，板面上做防水卷材层，再贴挂瓦材、面砖。

（2）山墙支承（即硬山搁檩）——横墙（即山墙）支承檩条，檩条上设置屋面层。

（3）屋架支承——屋架支承檩条，檩条上设置屋面层。

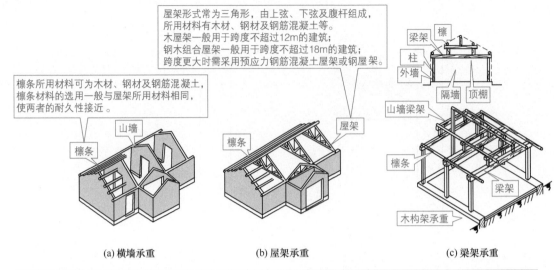

屋架形式常为三角形，由上弦、下弦及腹杆组成，所用材料有木材、钢材及钢筋混凝土等。
木屋架一般用于跨度不超过12m的建筑；
钢木组合屋架一般用于跨度不超过18m的建筑；
跨度更大时需采用预应力钢筋混凝土屋架或钢屋架。

檩条所用材料可为木材、钢材及钢筋混凝土，檩条材料的选用一般与屋架所用材料相同，使两者的耐久性接近。

(a) 横墙承重　　　　　　　(b) 屋架承重　　　　　　　(c) 梁架承重

坡屋面承重结构—坡屋顶承受全部荷载的骨架。
坡屋顶中常用的承重结构有横墙承重、屋架承重和梁架承重

屋面—坡屋顶的覆盖层，作为围护结构，直接承受风、雨、雪、太阳辐射的影响。
顶棚—遮挡屋盖结构、美化室内环境、改善采光条件等

图 11-19　坡屋面承重结构

 **一点通**

坡屋顶的屋面坡度一般为 20°～30°。屋面防水材料多为瓦材，有石棉瓦、铁皮瓦，少数采用油毡屋面。平瓦屋面层构造，有冷摊瓦屋面、木望板瓦屋面等类型。

11.2.2　檐口的特点、要求

檐口，也叫做挑檐，是指结构外墙体与屋面结构板交界处的屋面结构板顶。檐口的高度，就是檐口标高处到室外设计地坪标之间的距离。檐口一般是指屋面的檐口，也就是指大屋面最外边缘位置的屋檐的上边缘。

根据屋顶形式，山墙檐口分为硬山、悬山。硬山檐口，就是山墙高于屋面而包住了檐口。为此，墙与屋面交接位置要做泛水处理。泛水处理，可以采用麻刀砂浆抹面，或者采用水泥砂浆粘贴小青瓦，如图 11-20 所示。

悬山檐口，有的用檩条出挑成悬山，也有的用椽架另加挑檐木挑出形成的悬山，再上铺屋面板，如图 11-21 所示。

一点通

根据所处位置，檐口可以分为纵墙檐口、山墙檐口。纵墙檐口，可以设在纵墙挑出一侧。根据造型要求，纵墙檐口可以做成挑檐或封檐。

11.2.3　屋脊与天沟的特点、要求

屋脊，就是屋顶中间高起的部分，即屋顶相对的斜坡或相对的两边间顶端的交汇线。根据位置不同，屋脊分为正脊、垂脊等。其中，正脊就是处于建筑屋顶最高处的一条脊，其是由屋顶

前后两个斜坡相交而形成的屋脊。从建筑正立面看，正脊是一条横走向的线。垂脊，就是在悬山顶、硬山顶建筑中除了正脊之外的屋脊。屋脊如图 11-22 所示。

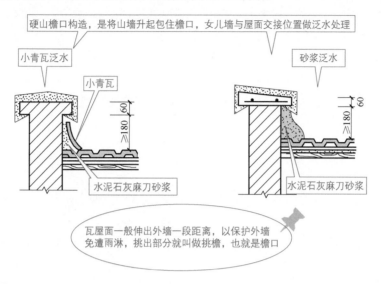

图 11-20　硬山檐口

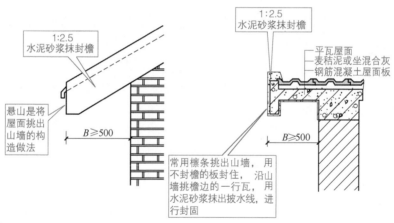

图 11-21　悬山檐口

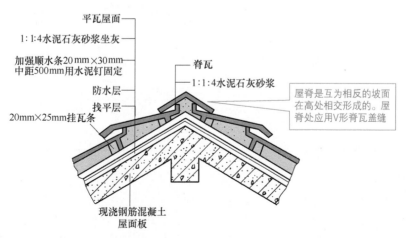

图 11-22　屋脊

天沟，就是建筑物屋面两跨间的下凹部分。屋面有组织排水，一般是把雨水集到天沟内再由雨水管排下。天沟分为内天沟、外天沟。内天沟，就是指在外墙以内的天沟，一般有女儿墙。外天沟，就是挑出外墙的天沟，一般无女儿墙。天沟可以用白铁皮或石棉水泥制成。天沟外排水系统，一般是由天沟、雨水斗、排水立管排出管组成。天沟可以分为 K 形天沟、H 形天沟（又叫做 U 形天沟）。天沟如图 11-23 所示。

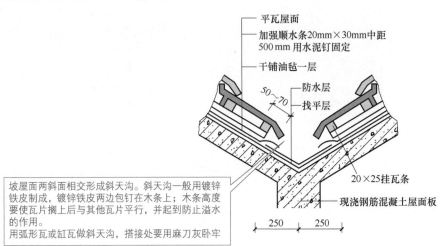

图 11-23 天沟

屋面泛水构造，就是屋顶与垂直墙面相交处的防水构造处理。泛水高度，一般不小于 250mm，有的项目会加铺一层油毡。屋面与墙面转角位置，一般需要用水泥砂浆抹成圆弧形或斜面。另外，需要做好泛水上口的卷材收头的固定。

11.2.4 屋面节点构造特点

屋面节点构造特点见表 11-7。

表 11-7 屋面节点构造特点

名称	构造特点
女儿墙外排水构造	女儿墙外排水构造，可以在女儿墙底部预留孔洞安装铸铁雨水口配件，并且附加一层卷材并伸入落水口，以及雨水口四周需要做好卷材泛水处理
挑檐沟外排水构造	挑檐沟外排水构造，可以采用卷材铺到檐沟边上再收口。转角位置需要采用斜面或弧角，檐口位置可以附加一层卷材
屋面、檐沟雨水口构造	屋面、檐沟雨水口构造，可以通过卷材伸入雨水口来处理
屋面上人孔、屋面出入口构造	（1）不上人屋面，需要设上人孔检修屋面。为了防止雨水流入，可以将上人孔做得高出屋面，再加上盖板。 （2）上人屋面通往屋面的楼梯间，一般需要设屋面出入口

为了降低辐射热对室内影响与保护屋顶，可以设置隔热通风口。对于有顶棚的坡屋顶内，屋面和顶棚间的夹层空间的通风口，可以设在檐口、屋脊或山墙位置，也可以在屋顶上开设通气窗。

11.3 平瓦屋面的做法

11.3.1 现浇式混凝土板平瓦屋面做法

采用现浇钢筋混凝土屋面板作为屋顶的结构层时，则屋面上应固定挂瓦条挂瓦，或者用水泥砂浆等材料固定平瓦。现浇式混凝土板平瓦屋面做法示意如图 11-24 所示。

现浇钢筋混凝土结构，涉及装模板、绑扎钢筋、浇筑混凝土等操作。

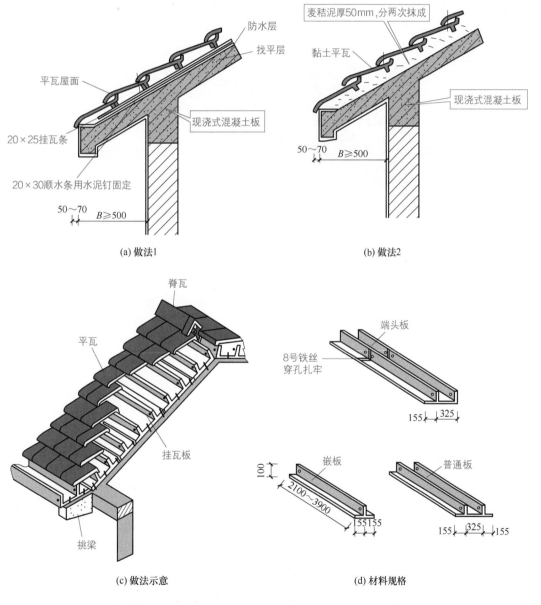

图 11-24 现浇式混凝土板平瓦屋面做法示意

瓦安装如图 11-25 所示。

某别墅现浇式混凝土板瓦屋面做法如图 11-26 所示。

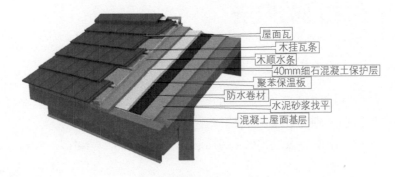

（a）安装方法1

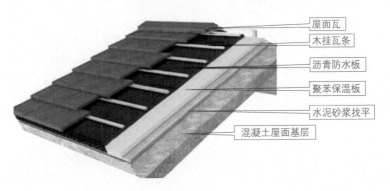

（b）安装方法2

图 11-25   瓦安装

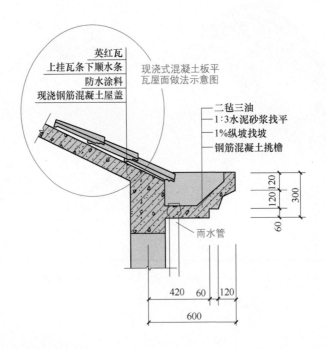

图 11-26   某别墅现浇式混凝土板瓦屋面做法

识图：屋盖采用现浇钢筋混凝土结构，屋盖现浇钢筋混凝土上面涂刷防水涂料，然后上挂瓦条下顺水条，再把英红瓦安装上。

某别墅窗户瓦做法如图 11-27 所示。

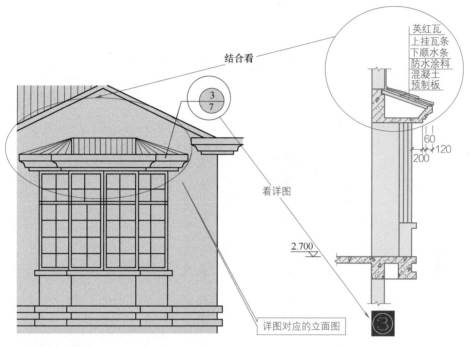

图 11-27　某别墅窗户瓦做法

识图：基层采用混凝土预制板，然后涂刷防水涂料，再上挂瓦条下顺水条，然后安装英红瓦。

11.3.2　钢筋混凝土板法、挂瓦法

根据基层不同，平瓦屋面设置的方法也不同，常见的有钢筋混凝土板法、钢筋混凝土挂瓦法、木望板法、冷摊瓦法等。

钢筋混凝土板法、挂瓦法的做法与要点见表 11-8。

表 11-8　钢筋混凝土板法、挂瓦法的做法与要点

名称	做法与要点
钢筋混凝土板法	（1）首先将预制钢筋混凝土空心板，或者现浇平板作为瓦屋面的基层，然后在其上面盖瓦。 （2）盖瓦的方式，根据实际情况，可以选择在屋面板上直接粉防水水泥砂浆后贴瓦或贴陶瓷面砖或贴平瓦，也可以选择在找平层上铺油毡一层，再用压毡条钉嵌在板缝内的木楔上，然后钉挂瓦条挂瓦即可
钢筋混凝土挂瓦法	（1）挂瓦板，采用预应力或非预应力混凝土构件。 （2）挂瓦板板肋根部，一般预留泄水孔，以便排出瓦缝渗下的雨水。 （3）挂瓦板的断面，有 T 形、F 形等类型，根据实际需要来选择。 （4）板肋用来挂瓦。 （5）板缝，可以用 1∶3 水泥砂浆嵌填

 **一点通**

平瓦屋面的坡度不宜小于 1∶2（大约为 26°）。如果是多雨地区，则还需要根据实际情况

加大坡度。

11.3.3　冷摊瓦法的做法与要点

冷摊瓦法的做法与要点如下。

（1）木椽条断面，根据实际可以选择 40mm×60mm、50mm×50mm 等规格。

（2）挂瓦条的断面尺寸，根据实际可以选择 30mm×30mm 等规格。

（3）先在檩条上顺水流方钉木椽条，再在椽条上垂直于水流方向钉挂瓦条，然后盖瓦，如图 11-28 所示。

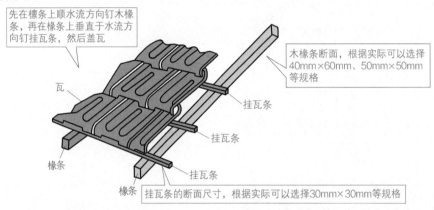

先在檩条上顺水流方向钉木椽条，再在椽条上垂直于水流方向钉挂瓦条，然后盖瓦

木椽条断面，根据实际可以选择 40mm×60mm、50mm×50mm 等规格

瓦

挂瓦条

挂瓦条

椽条

挂瓦条

椽条

挂瓦条的断面尺寸，根据实际可以选择30mm×30mm等规格

图 11-28　冷摊瓦法

11.3.4　木望板法的做法与要点

木望板法的做法与要点如下。

（1）木望板，根据实际可以选择 15～20mm 厚。

（2）先在檩条上铺钉木望板，再在望板上干铺一层油毡，钉木压毡条，然后挂瓦条平行于屋脊钉在顺水条上面。

（3）压毡条又叫做顺水条，根据实际选择其断面尺寸 30mm×15mm 等规格。

木望板法如图 11-29 所示。

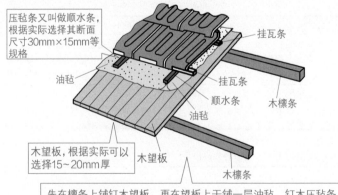

压毡条又叫做顺水条，根据实际选择其断面尺寸30mm×15mm等规格

挂瓦条

油毡

挂瓦条

顺水条

木檩条

油毡

木望板，根据实际可以选择15~20mm厚

木望板

木檩条

先在檩条上铺钉木望板，再在望板上干铺一层油毡，钉木压毡条，然后挂瓦条平行于屋脊钉在顺水条上面

图 11-29　木望板法

11.4 小青瓦的安装

11.4.1 小青瓦的应用

小青瓦屋面是我国传统民居中常用的一种形式。小青瓦是以黏土为主要原料,再经过泥料处理、成型、干燥、焙烧而制成的一种瓦。小青瓦断面呈圆弧形,平面形状一头宽,另外一头较窄。小青瓦尺寸规格各地不一。

小青瓦是修建亭廊、宫殿榭坊、楼台、园林建筑等的首选材料。小青瓦又叫做阴阳瓦、蝴蝶瓦、布瓦。小青瓦断面是一种弧形,其规格尺寸一般为长 200 ～ 250mm、宽 130 ～ 200mm、厚 6 ～ 10mm。

小青瓦由勾头、折腰、花边、筒瓦、板瓦、滴水、罗锅、瓦脸等组成。

小青瓦可以用于混凝土结构、钢结构、木结构、砖木混合结构等结构新建坡屋面、老建筑平改坡屋面。小青瓦还可以用于围墙、漏窗、铺地等。

扫码看视频

青瓦的施工

小青瓦适用坡度为 15°～ 90°,适用温度为 -50 ～ 70℃。

11.4.2 小青瓦的铺筑、构造

小青瓦的铺筑形式,可以分为仰瓦屋面(也称单层瓦)、俯仰瓦屋面(也称阴阳瓦)。仰瓦屋面,就是屋面全部用仰瓦铺筑成行,一般用于雨雪量较小地区的铺瓦,如图 11-30 所示。仰瓦屋面可以分为灰梗仰瓦屋面、无灰梗仰瓦屋面。俯仰瓦屋面,就是在两行仰瓦之间的灰梗上再铺盖一行俯瓦,如图 11-31 所示。俯仰瓦屋面一般用于雨雪较大地区的铺瓦。

仰瓦　　仰瓦

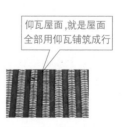

仰瓦屋面,就是屋面全部用仰瓦铺筑成行

图 11-30　仰瓦屋面

铺设小青瓦时,其仰俯铺排,覆盖成垅。仰铺瓦成沟,并且俯铺瓦盖在仰铺瓦纵向接缝位置,与仰铺瓦间搭接大约瓦长 1/3,即俯瓦搭盖仰瓦宽度每边为 40 ～ 60mm。上下瓦间的搭接长度,多雨地区采用搭七露三,少雨地区采用搭六露四,如图 11-32 所示。小青瓦可以直接铺设在椽条上,也可以铺在屋面板上。檐头瓦一般伸出檐口 50mm。

俯仰瓦屋面，就是两行仰瓦之间的灰梗上再铺盖一行俯瓦

小青瓦是以黏土为主要原料，再经过泥料处理、成型、干燥、焙烧而制成的一种瓦

仰瓦　俯瓦　仰瓦

图 11-31　俯仰瓦屋面

搭瓦长的2/3，压七

露瓦长大约1/3，露三

小青瓦纵向上下两块瓦的搭接，通常为瓦长的2/3，也就是压七露三

露太长了，搭太小了

图 11-32　小青瓦的搭接

一点通

常见的小青瓦构造类型与应用如下。

（1）单层瓦——适用于少雨地区。

（2）冷摊瓦——适用于炎热地区。

（3）筒板瓦——适用于多雨地区。

（4）阴阳瓦——适用于多雨地区。

11.4.3　铺设小青瓦工艺流程

屋面铺设小青瓦工艺流程如图 11-33 所示。

铺小青瓦准备工作 → 基层检查 → 上瓦、堆放 → 铺筑屋脊瓦 → 铺檐口瓦、屋面瓦 → 粉山墙披水线 → 检查、清理

图 11-33　屋面铺设小青瓦工艺流程

11.4.4　小青瓦铺设的做法与要点

小青瓦用于屋面的通常做法如图 11-34 所示。

木椽条　仰瓦　木椽条　仰瓦　木椽条　仰瓦

(a) 图解现场1

椽子是根据瓦的宽度，排成等间距便于盖阴瓦(沟瓦)的，现代混凝土坡屋面中多用水泥瓦，椽子已不用

圆木或枋木檩条是指搁在桁架的八字形木料上(用蚂蟥钉固定)或搁在墙上的梁，属于水平结构件。檩条有主檩和次檩之分

(b) 图解现场2

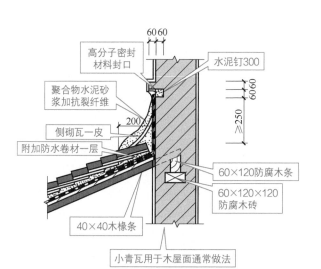

高分子密封材料封口
水泥钉300
聚合物水泥砂浆加抗裂纤维
侧砌瓦一皮
附加防水卷材一层
60×120防腐木条
60×120×120防腐木砖
40×40木椽条
小青瓦用于木屋面通常做法

(c) 节点做法1

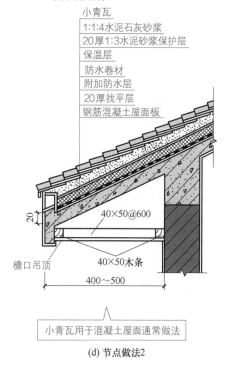

小青瓦
1:1:4水泥石灰砂浆
20厚1:3水泥砂浆保护层
保温层
防水卷材
附加防水层
20厚找平层
钢筋混凝土屋面板

40×50@600
檐口吊顶
40×50木条
400～500

小青瓦用于混凝土屋面通常做法

(d) 节点做法2

图 11-34　小青瓦用于屋面的通常做法

目前，有一种树脂仿古小青瓦，其厚度为 2 ～ 3mm。树脂仿古小青瓦如图 11-35 所示。
小青瓦铺设前也可以先用木望板、苇箔等做基层，然后上铺灰泥，灰泥上再铺瓦。

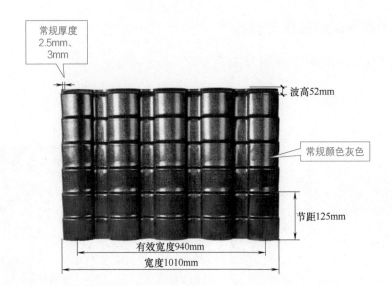

常规厚度
2.5mm、
3mm

波高52mm

常规颜色灰色

节距125mm

有效宽度940mm

宽度1010mm

图 11-35 树脂仿古小青瓦

波形瓦与小青瓦的区别，主要在于小青瓦的断面形状一般是一个圆弧，依靠正反铺设组织排水。波形瓦的断面形状一般为正反两个圆弧，铺后可依靠自身组织排水。

11.5　琉璃瓦的安装

11.5.1　琉璃瓦施工工艺

琉璃瓦屋面挂瓦做法施工工艺如图 11-36 所示。

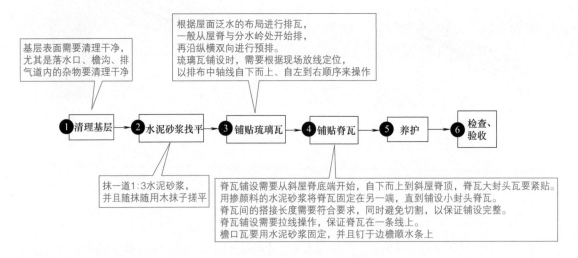

基层表面需要清理干净，
尤其是落水口、檐沟、排
气道内的杂物要清理干净

根据屋面泛水的布局进行排瓦，
一般从屋脊与分水岭处开始排，
再沿纵横双向进行预排。
琉璃瓦铺设时，需要根据现场放线定位，
以排布中轴线自下而上、自左到右顺序来操作

① 清理基层　② 水泥砂浆找平　③ 铺贴琉璃瓦　④ 铺贴脊瓦　⑤ 养护　⑥ 检查、验收

抹一道1:3水泥砂浆，
并且随抹随用木抹子搓平

脊瓦铺设需要从斜屋脊底端开始，自下而上到斜屋脊顶，脊瓦大封头瓦要紧贴。
用掺颜料的水泥砂浆将脊瓦固定在另一端，直到铺设小封头脊瓦。
脊瓦间的搭接长度需要符合要求，同时避免切割，以保证铺设完整。
脊瓦铺设需要拉线操作，保证脊瓦在一条线上。
檐口瓦要用水泥砂浆固定，并且钉于边檐顺水条上

图 11-36　琉璃瓦屋面挂瓦做法施工工艺

11.5.2　琉璃瓦铺设的做法与要点

琉璃瓦屋面混凝土板基层，可以采用 1 ： 1 水泥细砂掺界面剂甩毛来处理。斜屋面顶板大约 25mm 厚，可以采用 1 ： 3 水泥砂浆抹灰做找平层。黏结层，可以先刷素水泥浆一道后，再铺设 30mm 厚 1 ： 3 水泥砂浆。琉璃瓦铺贴，每片底瓦都可以使用长 25cm、直径 0.9mm 的细铜丝绑扎在钢钉上，如图 11-37 所示。25mm 长钢钉应钉在基层内。底瓦顶部收口需要填缝。屋面盖琉璃瓦如果有图纸，则一般根据图纸进行施工。

屋面使用木板结构，挂瓦条截面积大约为 20mm×20mm，施工前需要做好防腐处理。混凝土屋面，可以用木条或水泥挂瓦条。挂瓦条尺寸，一般不大于 25mm×25mm。屋面水泥浆平面误差越小，则屋面盖瓦效果就越好。

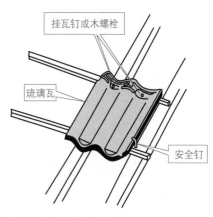

图 11-37　琉璃瓦的安装

施工时，脚手架要稳固，并且应采用安全网封闭。

檐口瓦纵向需要留有空隙。瓦侧面需要采用安全钉固定。施工时，水泥浆禁止粘到瓦表面。如果水泥浆不慎粘到了瓦表面，需要立即擦掉，以免影响装饰效果，如图 11-38 所示。

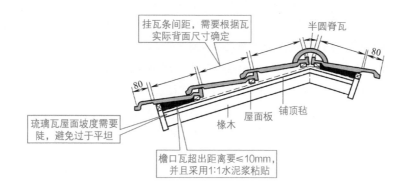

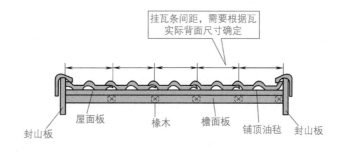

图 11-38　琉璃瓦的施工

挂瓦钉、安全钉，需要全数使用，特别是有大风、台风地区的安装。挂瓦钉、安全钉也可以用不锈钢丝或铜丝代替。

11.5.3　盖瓦的结构

盖瓦的结构如图 11-39 所示。

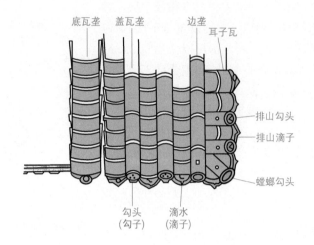

图 11-39　盖瓦的结构

11.5.4　挂瓦条与其安装要求、注意点

挂瓦条，也就是瓦条。挂瓦条及其安装的要求、注意点如下。

（1）第一排挂瓦条，一般要立起来钉，也就是相当于使用双层的挂瓦条。

（2）第二排最上排挂瓦条，挂瓦条间的间距需要根据瓦的规格与搭接尺寸来确定。

（3）别墅屋面瓦挑出檐口一般需要 5cm 以上，为此，需要根据别墅屋面瓦具体长度来考虑。

（4）第一排挂瓦条与第二排挂瓦条之间，需要再设计一根木条，主要作为固定檐沟挂钩的尾部。

（5）确定檐沟挂钩的位置后，在第一排挂瓦条上在与檐沟挂钩接触的地方切槽，以防因挂钩的存在造成第一排屋面瓦底部悬空或不平整。

（6）檐沟挂钩最大间距为 60cm。

（7）转角位置、落水口位置的左右两侧的檐沟，均需要设置挂钩。

别墅屋面瓦，一般大约伸入檐沟宽度的 1/3 位置。采用檐沟挂钩弯折工具将檐沟挂钩折弯固定，同时采用水准仪使檐沟朝落水口方向有 2% 的坡度，以利于排水。

11.6　混凝土瓦的安装

11.6.1　混凝土瓦安装方法

混凝土瓦的安装，有卧铺法与干挂法。卧铺法，根据坡面坡度大于 30° 与不大于 30° 来采用不同的施工方法，具体见表 11-9。干挂法，根据坡面坡度大于 30°与不大于 30°来采用不同的施工方法，具体见表 11-10。

表 11-9　混凝土瓦卧铺法

类型	施工方法
屋面坡面坡度不大于 30°的情况	可以直接在屋面上找出基准、拉线，铺 4 ～ 6cm 厚的混凝土，然后将瓦对角整齐，用橡皮锤敲实找平即可
屋面坡面坡度大于 30°的情况	如果屋面设计有钢筋预埋，则可以在屋面用直径 6.5mm 的钢筋布成钢筋网。钢筋网的行列距根据屋面坡度大小来确定。铺设时，彩瓦下面铺上混凝土，然后用直径为 1.5 ～ 2mm 的铜丝一头扎在钢筋上，一头扎在瓦孔上固定。另外，坡度小于 45°时，则可以间隔固定

表 11-10　混凝土瓦干挂法

类型	施工方法
屋面坡面坡度不大于 30°的情况	可以使用木挂瓦条。木条截面尺寸大概为 20mm×20mm，并且需要做防腐处理。把瓦用普通钢钉固定在木条上即可
屋面坡面坡度大于 30°的情况	屋面坡面坡度大于 30°的情况，一般需要选择 30mm×30mm×3mm 的等边角钢做挂瓦条，并且需要先做防锈处理，然后采用直径 1.5 ～ 2mm 的铜丝捆扎固定。 如果坡度小于 45°时，则可以隔排固定。 如果坡度大于 45°时，则需要每排每块均固定。 铺设的顺序均从下到上，从左到右。先确定两条直角边，再以斜向上方方向向前推进，做到横上线、列成行、平整美观

11.6.2　混凝土瓦应用、安装要求与特点

混凝土瓦应用、安装要求与特点如下。

（1）混凝土瓦可以采用干挂法挂瓦，并且与屋面基层固定牢固。

（2）檐口部位需要采取防风揭措施。

（3）混凝土瓦屋面不宜选用密度＞ 100kg/m³ 的保温隔热材料或散状保温隔热材料。

（4）为避免瓦屋面渗漏，防水垫层的选择、施工要重视。

（5）防水垫层材料指标包括搭接整体性、尺寸稳定性、暴露时间限制等。

（6）寒冷或严寒地区，宜选用抗冻性好的混凝土瓦。

（7）混凝土瓦，需要考虑其尺寸、外观、颜色、耐磨性、抗冲击性等。

（8）如果混凝土彩瓦表面采用了喷色浆工艺，则需要选择耐候性好的。

（9）混凝土瓦屋面使用的木材需要做防腐、防蛀处理。

（10）混凝土瓦屋面使用的金属板需要做防锈处理。

（11）地震地区、大风地区，全部瓦材均需要采取固定加强措施。

（12）如果建设地址虽不属大风地区，但是建筑物因地势较高、周围无遮挡、地处风口、是高层建筑，其屋面有可能受到较强风力影响，也需要采取固定加强措施。

（13）非地震或非大风地区，屋面坡度＞ 50% 时，全部瓦材均需要采取固定加强措施。

（14）非地震或非大风地区，屋面坡度为 30% ～ 50% 时，檐口（沟）处的两排瓦、屋脊两侧的一排瓦，均需要采取固定加强措施。

 一点通

每片瓦均需要采用螺钉和金属搭扣固定。脊瓦一般需要采用金属搭扣固定。

11.7 油毡瓦的安装

11.7.1 油毡瓦的施工工艺流程

屋面油毡瓦施工工艺流程如图 11-40 所示。沥青瓦安装施工所需辅料有沥青胶、瓦钉、施工工具等。沥青胶一般选择专用的沥青胶。瓦钉一般选择长 20～30mm 的专用瓦钉、直径为 8～10mm 的瓦钉帽、直径为 8～10mm 的瓦钉杆。常见是施工工具有榔头、卷尺、美工刀、弹线器等。

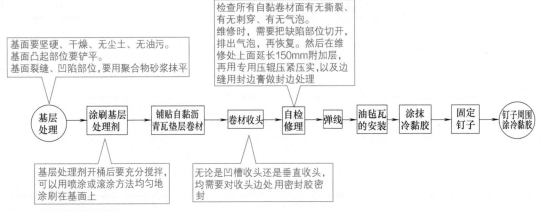

图 11-40 屋面油毡瓦施工工艺流程

无论沥青油毡瓦的施工基面是哪一种，都应做一层垫层。

11.7.2 油毡瓦的施工做法、要点

一些油毡瓦施工步骤的要点见表 11-11。

表 11-11 一些油毡瓦施工步骤的要点

步骤	施工要点
自黏卷材铺贴	（1）首先弹线、试铺，然后实际铺贴。 （2）弹线、试铺。在涂好基层处理剂的基层上根据设计间距弹好铺贴控制线。根据控制线铺贴卷材，长边搭接宽度一般为 60～70mm。先试铺贴就位，再根据需要的形状剪裁。 （3）实际铺贴。可以采用平面拉铺法：先把卷材展开对准基准线试铺。然后从一端将卷材连同隔离纸一起揭起，并且沿中线对折，再用裁纸刀把隔离纸从中间裁开，注意不得划伤卷材。最后把隔离纸从卷材背面撕开一段，长约 500mm，并将撕开隔离纸的这段卷材对准基准线贴铺定位。将该半幅卷材重新铺开就位，并且拉住已撕开的隔离纸头均匀用力向后拉，同时用压辊从卷材中部向两侧滚压，直到把该半幅卷材的隔离纸全部撕开。同理，根据上述方法铺贴另半幅卷材。 （4）施工中，需要随时观察卷材，要保证其完整性。如果发现撕裂、断裂，需要立即停止铺贴，把撕裂的隔离纸残余清理干净后，再继续铺贴。 （5）施工中，卷材上表面搭接部位的隔离纸不得过早撕开，以免误粘、污染黏结层。隔离纸一般在后续相邻一幅卷材铺贴时同时撕开。 （6）施工中，大面积卷材、卷材搭接，需要注意在排气、压实后，再使用小压辊对搭接位置进行碾压滚压。碾压滚压需要从搭接内边缘向外进行。 （7）施工卷材搭接需要对准搭接控制线进行操作。搭接宽度一般是长边 65mm、短边 80mm

续表

步骤	施工要点
弹线	（1）每张油毡瓦尺寸差异不明显，但是在大面积的屋面上铺贴，可能存在累积差异。为此，需要弹辅助线、控制线，即弹线。 （2）屋面油毡瓦铺贴一般应横平竖直。 （3）屋面脊线方向，一般拉通线放平线控制点，然后根据控制点确定并弹出水平线。 （4）可以从屋面下口直边开始放线，并且油毡瓦边缘需要伸出 10mm，为此第一道线距下口直边，以油毡瓦宽度减去 10mm。第二道线以第一道为准往上翻一个油毡瓦宽度即可
自黏油毡瓦的安装	（1）铺设的油毡瓦间应色差最小化。 （2）从屋面底部开始向上铺设油毡瓦。 （3）铺设时，先揭去隔离膜，然后放平、放准位置，并在上面钉好钉子。第一排油毡瓦安装完后，可以移动基准线，以便安装铺设第二排油毡瓦。铺设时，第二排油毡瓦的下沿需要与第一排油毡瓦的梯形缺口上线对齐。铺设过程中，要随时注意屋面檐口的油毡瓦搭接、屋脊的油毡瓦搭接、阴角的油毡瓦搭接、窗位置的油毡瓦处理、女儿墙位置的油毡瓦处理等。 （4）屋面檐口位置，需要首先采用油毡瓦初始层。油毡瓦初始层，可以采用油毡瓦去掉其外露面后留下的部分。铺设油毡瓦初始层，需要黏结胶的面朝上，需要伸出的必须伸出、需要翻起的必须翻起、需要延伸的必须延伸。油毡瓦初始层钉子固定要均匀，不刺破黏胶层。 （5）有的屋面墙体转角，需要处理成圆角
涂抹冷黏胶	（1）气温偏低、有大风的情况，每张油毡瓦的背面均需要涂抹冷黏胶，以暂时黏住油毡瓦。 （2）涂抹冷黏胶，一般在距离油毡瓦底边 25 ～ 50mm 位置。涂抹冷黏胶，不能靠近瓦片的左右两边和底边，以防挤压油毡瓦时冷黏胶压出油毡瓦外面
固定钉子	（1）每张油毡瓦需要使用 4 个钉子固定。 （2）最边端的钉子需要钉在距边端 25mm 的位置。 （3）钉子要笔直钉入，并且钉帽与油毡瓦应齐平。 （4）钉头不得划破油毡瓦的表面。 （5）钉子固定错了，应及时修正。 （6）钉子钉弯了，应拔出钉子，用冷黏胶修补钉洞，然后在该钉洞附近钉入另一个钉子。 （7）钉子不能钉入或钉在油毡瓦的自黏胶上
脊瓦的制作	（1）可以通过剪裁油毡瓦自制脊瓦。 （2）可以通过钉子固定脊瓦。 （3）调整最后几层屋面瓦，使最上面屋面瓦能够被脊瓦所覆盖

11.7.3　沥青瓦安装施工注意点

沥青瓦安装施工的一些注意点。

（1）有的沥青瓦背后的塑封不得随意撕掉。因为该塑封用于包装可防止瓦片间相互黏结。安装施工时，沥青瓦背后的塑封可以撕掉。

（2）沥青瓦不可以直接铺装在保温隔热层上。

（3）沥青瓦往往带有自粘胶。安装施工时，可以在阳光的照射下自然粘贴。如果是极寒极热地区、坡度较大的屋面，铺装沥青瓦时最好使用专用沥青胶。

（4）铺装沥青瓦的基层，需要用水泥砂浆找平，以免影响铺设质量与效果。铺装沥青瓦的基层找平厚度，一般为 28 ～ 35mm。

 一点通

钉子固定的数量，主要取决于瓦的种类、屋面的坡度等。其中，屋面坡度大于 60° 或安装地为大风地区，则需要额外加钉子、胶水固定。

11.8　合成树脂瓦的安装

11.8.1　合成树脂瓦的特点、应用

合成树脂瓦也叫做 PVC 瓦、塑料瓦、轻质瓦。合成树脂瓦是运用化学化工技术研制而成的建筑材料。合成树脂瓦适用于住宅、商场、新农村屋面平改坡、别墅、住宅小区、农村自建房等。

合成树脂瓦具有自防水、质轻、保温隔热、隔声、耐腐蚀、防火、绝缘、安装方便等特点。

目前，市面合成树脂瓦的颜色有大红色、枣红色、寺庙黄、橙黄色、宝蓝色、橘红色等。

合成树脂瓦屋面具有易褪色、易老化、使用的年限比较短等缺点。

合成树脂瓦的分类与规格表示如图 11-41 所示。

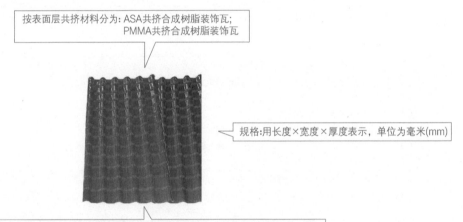

按表面层共挤材料分为：ASA共挤合成树脂装饰瓦；PMMA共挤合成树脂装饰瓦

规格：用长度×宽度×厚度表示，单位为毫米(mm)

合成树脂装饰瓦是以聚氯乙烯树脂为中间层和底层、丙烯酸类树脂为表面层，经三层共挤出成型，可有各种形状的屋面用硬质装饰材料

图 11-41　合成树脂瓦的分类与规格表示

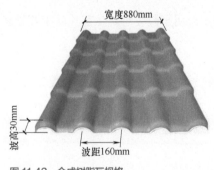

图 11-42　合成树脂瓦规格

合成树脂瓦还分为主瓦与配瓦。配瓦，包括正脊瓦、斜脊瓦、三通脊瓦、封檐等。

目前，市面上合成树脂大张瓦的宽度有 880mm、960mm、1050mm 等。厚度有 2.5mm、2.8mm、3mm 等。长度一般是根据节距的倍数来确定。节距一般为 219 ～ 220mm，波距一般为 160mm，波高一般为 30mm，如图 11-42 所示。

合成树脂瓦尺寸允许偏差要求见表 11-12。合成树脂瓦的防水适应如图 11-43 所示。

表 11-12　合成树脂瓦尺寸允许偏差

项目	长度 /mm	宽度 /mm	厚度 /mm
允许偏差	±30.0	±10.0	不小于 2.8

合成树脂瓦单独使用时
可满足防水等级为 Ⅲ 级的屋面防水要求
合成树脂瓦与防水卷材或防水涂膜复合使用时
可满足防水等级为 Ⅱ 级的屋面防水要求

图 11-43　合成树脂瓦的防水适应

合成树脂瓦分为波形瓦、平板瓦。其中，波形瓦为大张瓦。平板瓦，有仿石板瓦，属于小张瓦，规格有 450mm×300mm 等。

11.8.2　合成树脂瓦安装做法与要点

防水瓦钉与自攻螺钉垫帽是安装合成树脂瓦常用的配件。防水瓦钉长度常见的有 75mm、100mm 等，直径有 5.5mm。防水瓦钉主要用于紧固树脂瓦搭接，防水不生锈，如图 11-44 所示。正脊瓦、斜脊瓦安装，一般根据固定位置，选用直径 4mm，长度 110～150mm 的自攻钉。主瓦安装，一般选用直径 4mm、长度 75mm 的自攻钉。

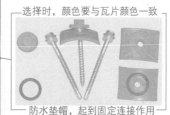

选择时，颜色要与瓦片颜色一致

防水垫帽，起到固定连接作用
防水垫帽常用的规格为长度 75mm、直径为 5.5mm

六角木螺钉

木架(木檩条)自攻钉

图 11-44　防水瓦钉及其应用

固定瓦时，先将防水瓦钉的防水圈放在保护垫下面的凹槽内，并且将自攻钉穿过保护垫中心孔（注意弧面要朝下）。操作电钻时要与瓦面垂直。紧固瓦钉时其松紧要适中。紧固完后安装防水帽。

木檩条应选择使用自攻钉固定。钢檩条，可选择使用自攻钉或不锈钢角钉，并且首先在需固定的波峰上先钻大于自攻钉直径 2mm 的孔，然后安装钉。可以每隔一个波峰固定一套配件。

屋面常见附件见表 11-13。常见附件的应用如图 11-45 所示。

表 11-13　屋面常见附件

名称	规格	用途	名称	规格	用途
滴水吊檐	宽 480mm 等	挑檐泛水	翘角	长 350mm，高 290mm 等	屋面装饰
120°立墙泛水板	宽 880mm，有效宽 800mm 等	立墙泛水	大卷尾	长 600mm，高 500mm 等	屋面装饰
封边直角	宽 880mm，脚边宽 170mm 等	屋面连接	正脊封头	长 350mm，高 250mm 等	屋面连接
135°导流板	宽 880mm，有效宽 800mm 等	立墙泛水	堵头	长 250mm，直径 160mm 等	屋面装饰
100 型滴水板	宽 880mm，有效宽 800mm 等	挑檐滴水	大宝顶葫芦	高 520mm，直径 300mm 等	屋面装饰
左右封檐板	长 1200mm，宽 170mm 等	左右封边	宝顶葫芦	高 400mm，直径 200mm 等	屋面装饰
正脊瓦	宽 880mm，有效宽 800mm 等	屋面屋脊	斜脊瓦	宽 880mm，有效宽 800mm 等	屋面斜脊

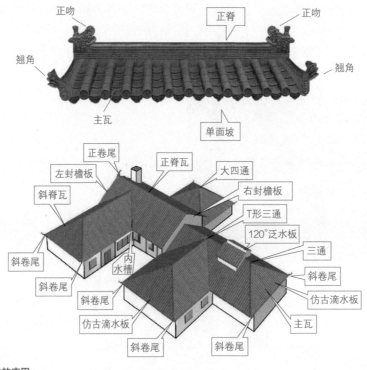

图 11-45　常见附件的应用

合成树脂主瓦安装时，要根据当时风向逆向安装，并且搭接一个瓦坡，以及两侧同时进行以保对齐。安装合成树脂正脊瓦时，第一张脊瓦可能需要截掉一段后再安装。

11.8.3　合成树脂瓦安装工具、配件与辅料

合成树脂瓦安装的常见工具包括手提切割机、扳手、手提磨光机、卷尺、钢尺、工程线、手提电钻等。

合成树脂瓦安装的常见辅配件包括保护垫、自攻钉、防水圈、防水帽等。

成树脂瓦安装的常见辅料包括树脂粉或玻璃胶、树脂胶等。

11.8.4　合成树脂瓦安装屋面基层做法与要求

合成树脂瓦安装的屋面基层，可以分为现浇钢筋混凝土基层、檩条基层等。现浇钢筋混凝土基层的分格缝、顺水条、挂瓦条的要求如图 11-46 所示。檩条无望板的屋面，则合成树脂瓦在檩条上直接安装。檩条有望板的屋面，则合成树脂瓦可与望板安装。

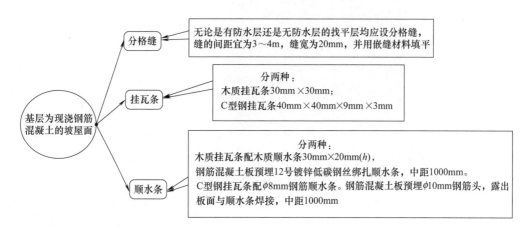

图 11-46　现浇钢筋混凝土基层的要求

11.8.5　合成树脂瓦安装的屋面要求

合成树脂瓦安装的屋面要求如图 11-47 所示。

檩条，可以采用钢顺水条 25mm×5mm、中距大约 660mm、ϕ3.5 长固定水泥钉等。最上面挂瓦条位置与屋脊线距离大约 150mm，以便于安装正脊瓦。最下面挂瓦条位置距屋檐口 50～70mm。檩条具体规格，一般是通过结构计算来确定的，当跨度小于等于 4m 时，一些檩条的参考允许荷载见表 11-14。

金属顺水条与挂瓦条，均需要做防锈处理。

11.8.6　合成树脂瓦安装流程

合成树脂瓦安装流程如图 11-48 所示。

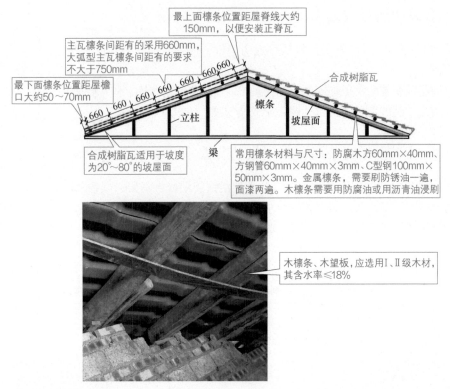

图 11-47 合成树脂瓦安装的屋面要求

表 11-14　一些檩条的参考允许荷载

屋面坡度	檩条允许荷载／（kN/m²）		
	60×40 木方	60×40×3 方钢管	100×50×20×3 C 型钢
1：3（18.5°）	0.150 （0.199）	0.575 （0.737）	0.235 （0.374）
1：0.58（60°）	0.118 （0.258）	0.487 （1.000）	0.169 （0.380）

注：表中允许荷载括号内数据为檩条中间加拉杆之后的允许荷载值。本表适用于跨度≤4m 的情况。

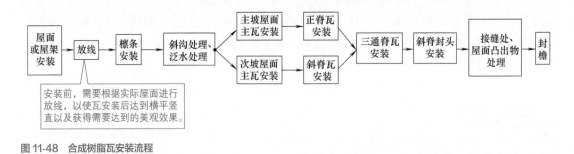

图 11-48 合成树脂瓦安装流程

11.8.7　屋顶盖合成树脂瓦用量的计算

屋顶盖合成树脂瓦用量的计算如图 11-49 所示。两坡水屋面合成树脂瓦的用量、面积计算方法参考如下。

（1）屋面的面积 = 长度 × 宽度。

（2）需要瓦的总宽 = 屋面面积 ÷ 有效宽度。例如瓦的有效宽度为 0.8m/ 张情况下的计算：需要瓦的总宽 = 屋面面积 /0.8。

（3）瓦片的数量 =（屋面宽度 ÷ 有效宽度）×2。例如瓦的有效宽度为 0.8m/ 张情况下的计算：瓦片的数量 =（屋面宽度 /0.8m）×2。

（4）脊瓦的数量 = 屋面宽度 ÷ 有效宽度。例如瓦的有效宽度为 0.8m/ 张的情况下计算：脊瓦的数量 = 屋面宽度 /0.8m。

（5）吊檐的数量 = 屋檐边总长度 ÷ 每张瓦吊檐长度。例如吊檐长度为 0.48m/ 张的情况下计算：吊檐的数量 = 屋檐边总长度 /0.48m。

（6）自攻螺钉数量，可以根据 4 ～ 6 颗 /m² 来估计。具体根据当地风级大小来确定。

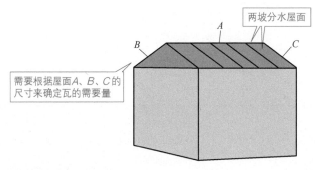

图 11-49　两坡分水屋面屋顶盖合成树脂瓦用量的计算

五脊四坡屋面合成树脂瓦的用量和面积计算（图 11-50）。

（1）主瓦张数 = 宽度 / 瓦的有效宽度。例如：瓦的有效宽度为 0.8m/ 张情况下的主瓦张数 = 宽度 /0.8。

（2）不规则三角形，长度按 30% 递减。

（3）专用钉的数量，根据 4 ～ 6 颗 /m² 来估计。

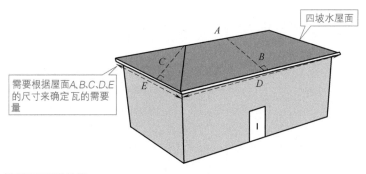

图 11-50　屋顶盖合成树脂瓦用量的计算

仿古瓦装饰小餐馆的用瓦量估算：估算用瓦的总长度 = 总长度 ÷ 有限横向长度。例如：一体瓦有限横向长度为 1.06m，则估算用瓦的总长度 = 总长度 ÷1.06m。

11.8.8 合成树脂瓦屋顶的放线

合成树脂瓦屋顶放线如图 11-51 所示。两坡屋面主瓦安装时,一般两侧同步进行,以保证正脊瓦安装的波峰吻合。

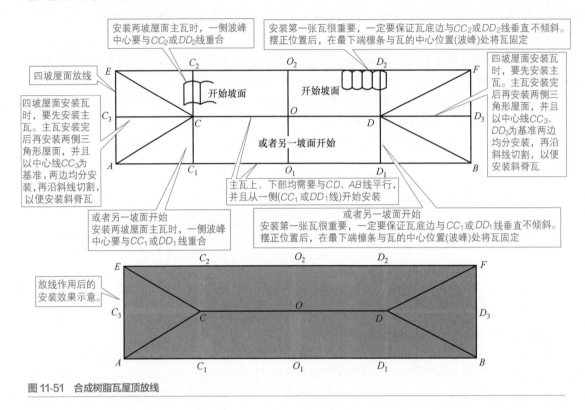

图 11-51 合成树脂瓦屋顶放线

11.8.9 合成树脂主瓦的安装

主瓦安装要求如图 11-52 所示。主瓦安装一般从一侧开始,第一块瓦需要保证底边下端与屋檐线对齐,侧面与纵向垂直线对齐后,在最下端檩条瓦的波峰位置固定,再由上而下与檩条安装固定。

主瓦间的搭接要紧凑、缝隙间咬合要严密、搭接一瓦波（大约 100mm）,并且及时检查垂直度、水平度、搭接情况。

主坡两层同时安装,主瓦波浪要对齐。多张瓦相接时,第一层铺完后自下而上逐层铺设,其余各层重叠大约 70mm 并且重叠部位需要在树脂瓦台阶位置。

主瓦摆放好后,可以在瓦的突出部位上采用手钻钻孔（有的选择孔径 8mm）,然后采用专用自攻钉安装。一般而言,一个檩条上需要安装 3 ~ 4 个固定节点。

▶ 一点通

四坡、多坡屋面中是非梯形、非矩形屋面的情况,则第一张瓦需要从中间开始安装,再分别安装各坡屋面的瓦。端面、斜角、侧边等多余的瓦,需要弹线切除。另外,屋面瓦铺设遇到屋面烟道、检修孔、排气孔等设施时,瓦需要切除,并且需要首先弹线定位后才能够操作。

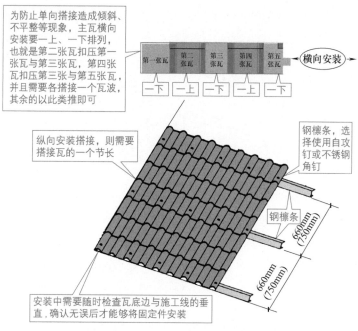

为防止单向搭接造成倾斜、不平整等现象,主瓦横向安装要一上、一下排列,也就是第二张瓦扣压第一张瓦与第三张瓦,第四张瓦扣压第三张与第五张瓦,并且需要各搭接一个瓦波,其余的以此类推即可

纵向安装搭接,则需要搭接瓦的一个节长

钢檩条,选择使用自攻钉或不锈钢角钉

钢檩条

660mm(750mm)

660mm(750mm)

横向安装

第一张瓦 第二张瓦 第三张瓦 第四张瓦 第五张瓦

一下 一上 一下 一上 一下

安装中需要随时检查瓦底边与施工线的垂直,确认无误后才能够将固定件安装

图 11-52 主瓦安装要求

11.8.10 合成树脂正脊瓦的安装

合成树脂正脊瓦需要安装在屋脊线上。正脊瓦安装时,要从主瓦区一侧开始。第一张正脊瓦的搭接位置,需要避免与主瓦搭接处重叠。两张正脊瓦间搭接,需要搭接一个波形,如图 11-53 所示。

正脊瓦两侧有承接口,两张搭接时,上脊瓦的大头需要扣住下脊瓦的小头。

安装正脊瓦时,正脊瓦的两翼需要紧贴主坡瓦,并且正脊瓦的瓦波需要与主坡瓦相吻合。

正脊瓦的固定,也是采用专用紧固套件,并且是安装在正脊瓦的波突起位置与主瓦及檩条固定。正脊瓦铺设方向与主瓦铺设一致,最后一张多余的部分可以划线切除。

◥ 一点通

安装正脊瓦一般是从一侧开始的。安装正脊瓦时,有时需要将第一张脊瓦截掉一段后再安装。

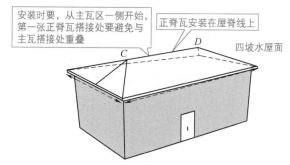

安装时要,从主瓦区一侧开始,第一张正脊瓦搭接处要避免与主瓦搭接处重叠

正脊瓦安装在屋脊线上

四坡水屋面

C D

图 11-53

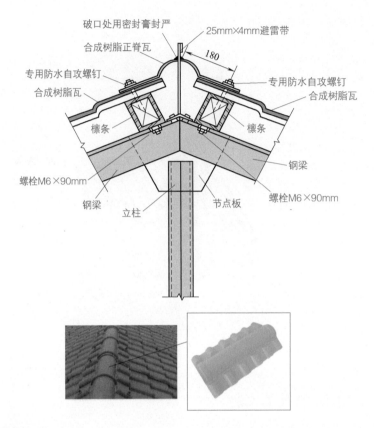

图 11-53　合成树脂正脊瓦安装

11.8.11　合成树脂斜脊瓦的安装

斜脊瓦可以安装在多坡屋面三角形斜边上。安装时，需要上下对齐固定在主瓦檩条上、斜脊瓦中心线与斜檐对齐，并且两节斜脊瓦间搭接大约 30mm。斜脊瓦安装在最后，就是安装脊瓦末端。

斜脊瓦是安装在四坡屋面斜坡上面的瓦。正脊瓦是安装在屋面脊梁上面的瓦，如图 11-54 所示。

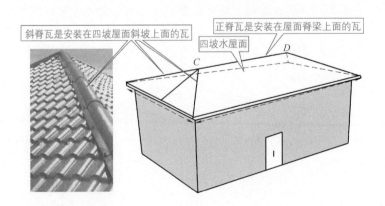

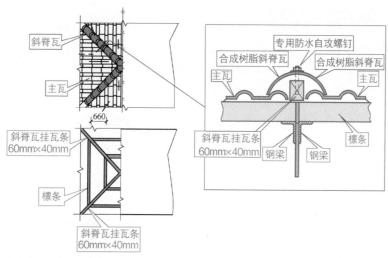

图 11-54　合成树脂斜脊瓦的安装

🔧 **一点通**

　　斜脊瓦两侧有承接口，两张搭接时，上脊瓦的大头需要扣住下脊瓦的小头。斜脊瓦的固定，是采用专用紧固套件将其与瓦片连接固定，并且固定点要有 3 个，铺设方向要由下而上。最后一张斜脊瓦的多余部分要划线切除。

11.8.12　三通脊瓦、封檐、斜脊封头的安装

　　三通脊瓦安装在三面屋面相交汇的顶点，连接相交的三个脊瓦。正脊瓦、斜脊瓦安装完后，再安装三通脊瓦。安装三通脊瓦时，需要一边搭接在正脊瓦下方，另外两边搭接在斜脊瓦的上方。三通也需要采用紧固套件与脊瓦紧固固定，并且固定点要有 4 ～ 6 个。

　　封檐需要与主瓦最下一节同时安装。封檐，可以用主瓦末端双自攻钉固定在檩条上。如果主瓦檐头距离檩条过长，封檐长度不够时，则可以采用螺栓单独固定。

🔧 **一点通**

　　斜脊封头安装在斜脊瓦最下端，伸出 100 ～ 200mm。斜脊瓦封头，可以采用专用铆钉与斜脊瓦固定，并且固定点要为 2 个。

11.8.13　屋面凸出物的处理

　　凸出屋面的排气道、烟道等位置，需要有排水处理设施。

　　凸出物与屋面结合位置，均需要涂抹聚合物砂浆，并且自节点处上返 250mm、厚度 20mm，还应与构造物外壁抹实。等砂浆全部干燥后，可以两边覆涂与主瓦相同的色漆。

🔧 **一点通**

　　泛水，就是提高屋面易漏水部分防风雨性能的一种特殊构造，以引导水从接缝位置流过而不进入接缝位置。

11.8.14 老虎窗附件的处理与做法

为了使老虎窗上面雨水有效排泄，老虎窗周边应有排水处理设施，一般是在老虎窗上方两侧设置排水槽。老虎窗附件的处理与做法如图 11-55 所示。

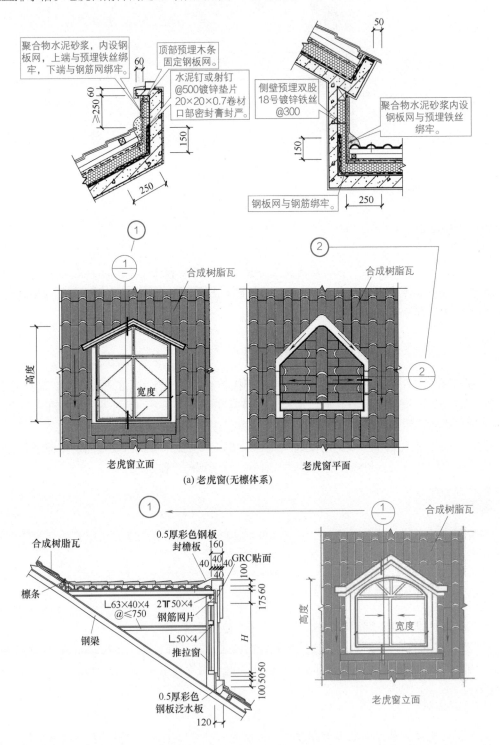

(a) 老虎窗(无檩体系)

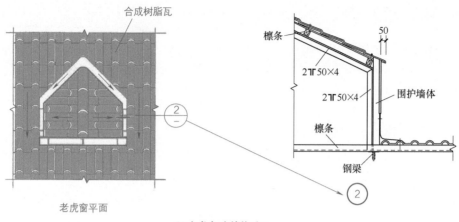

(b) 老虎窗(有檩体系1)

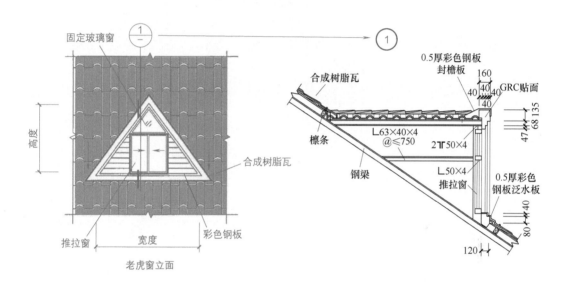

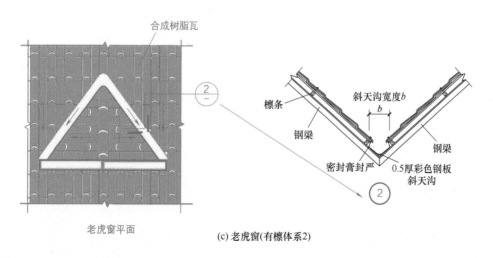

(c) 老虎窗(有檩体系2)

图 11-55　老虎窗附件的处理与做法

11.8.15　斜天沟的处理

　　屋面斜天沟可采用宽度1000mm、厚度0.5mm的彩钢板，或宽度800mm、厚度3.0mm的合成树脂板等材料，也可以根据现场结构配套定制，在主瓦安装前先将天沟型板固定在檩条上，外露部分宽度为200～300mm。

11.8.16　合成树脂平板瓦的安装

　　合成树脂平板瓦的安装如图11-56所示。

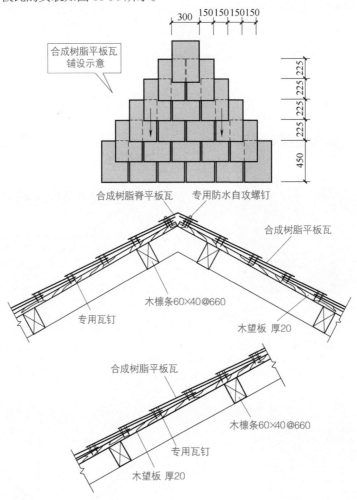

图 11-56　合成树脂平瓦的安装

11.9　鱼鳞瓦的施工

11.9.1　鱼鳞瓦的施工准备

　　鱼鳞瓦的施工，常用的辅助材料有水泥砂浆、水泥钢钉、自攻螺钉、顺水条、挂瓦条等。其中，顺水条可以采用针叶树种（杉木条）加工而成。挂瓦条可以采用针叶树种（杉木条）加工并经沥青油防腐处理制成。顺水条、挂瓦条还可以采用水泥制件、不锈钢、其他材质制作而成。

鱼鳞瓦的规格有 270mm×170mm×10mm 等，鱼鳞瓦与其安装效果如图 11-57 所示。

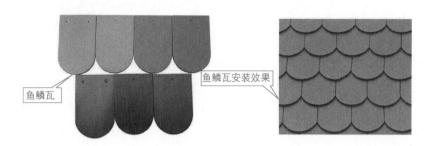

图 11-57　鱼鳞瓦与其安装效果

11.9.2　鱼鳞瓦施工法的流程

鱼鳞瓦施工法，分为水泥砂浆施工法、挂瓦条施工法（即干挂施工法）等。其流程如图 11-58 所示。

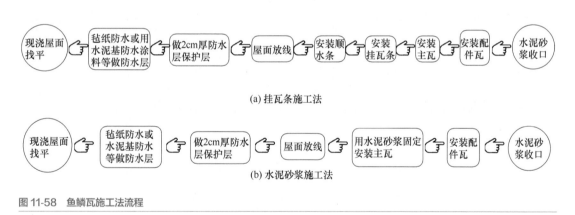

图 11-58　鱼鳞瓦施工法流程

11.9.3　鱼鳞瓦施工屋面尺寸的计算

鱼鳞瓦施工屋面尺寸的计算，应首先确定鱼鳞瓦的规格，然后按其规格来计算。

横向尺寸，根据鱼鳞瓦宽度的倍数来计算，最后一片瓦根据实际尺寸来裁切。例如 270mm×170mm×10mm 规格的鱼鳞瓦横向尺寸计算是根据有效尺寸 170mm 的倍数来确定。

鱼鳞瓦纵向，也就是瓦的流水方向。鱼鳞瓦纵向尺寸的计算为：第一排鱼鳞瓦 270mm（瓦件要出屋檐大约 50mm）+主瓦有效长度尺寸的倍数+脊端 15mm。最后一排瓦不足一片时根据屋面大小切瓦来调整，如图 11-59 所示。

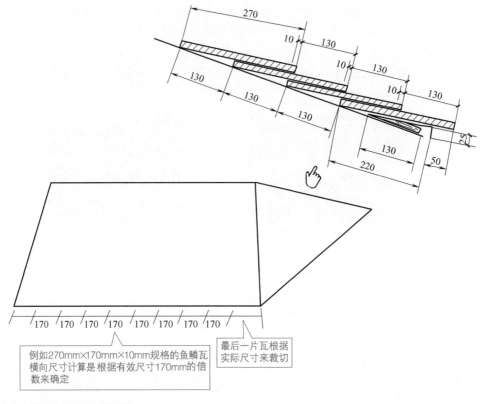

例如270mm×170mm×10mm规格的鱼鳞瓦横向尺寸计算是根据有效尺寸170mm的倍数来确定

最后一片瓦根据实际尺寸来裁切

图 11-59　鱼鳞瓦施工屋面尺寸的计算

11.9.4　鱼鳞瓦施工准备工作与放线

施工安装前，需要确保屋面找平平整，如图 11-60 所示。如果屋面凹凸高低不平，会造成屋瓦上下、左右搭接不好，影响安装后的整体外观与功能。

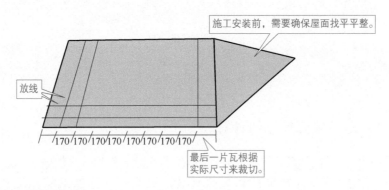

施工安装前，需要确保屋面找平平整。

放线

最后一片瓦根据实际尺寸来裁切。

图 11-60　鱼鳞瓦施工准备工作与放线

混凝土现浇屋面找平后，还应放线。放线，主要包括水沟的位置线、顺水条的位置间距线、挂瓦条位置间距线等。

水沟的位置放线，可以根据排水沟的中心线，在中心线的两侧各 **170mm** 弹平行线。该平行线是安装附加顺水条的依据与参考。

顺水条的位置间距线，应根据鱼鳞瓦规格长度垂直于屋面檐口均匀分布。双坡屋面为悬山结构的，则顺水条的墨线距山檐边一般为 150mm。

挂瓦条位置间距线，可以根据屋面坡度大小来确定最小搭接长度。斜屋面搭接长度，一般为 50mm。

11.9.5　顺水条、挂瓦条的固定

顺水条应在屋面纵向固定。安装时，根据墨线位置把顺水条固定在屋面上，并且两顺水条间的间距为瓦的宽度，所有固定顺水条的钉子最大间距大约为 270mm。顺水条、挂瓦条的固定如图 11-61 所示。

根据挂瓦条规格尺寸，可以用气枪射钉把挂瓦条固定在顺水条上。挂瓦条与每根顺水条相交处，均需要用钉子固定。挂瓦条要安装牢固、平整、上棱成一直线。挂瓦条间隔根据具体屋面坡度来确定。挂瓦条中心间距，一般是以鱼鳞瓦上下搭接有效长度为准。

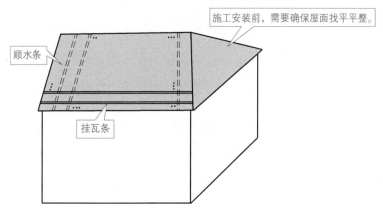

施工安装前，需要确保屋面找平平整。

顺水条

挂瓦条

图 11-61　顺水条、挂瓦条的固定

挂瓦条接头，需要在顺水条上，并且上下排之间要相互错开。

11.9.6　主瓦、配件瓦的安装

安装主瓦前，需要弹出主瓦安装线。弹主瓦安装线时，首先在左、右两侧的山檐预留 50mm 位置与檐口线成直角弹线；再从屋檐、屋脊分别对正预留两片瓦的边筋位置，弹出纵向直线，或者根据两片瓦的宽度尺寸来推算确定弹出的纵向直线。

铺主瓦时，就需要与弹的线对齐，从而使安装的瓦达到水平要求、瓦缝垂直要求、对角线标齐要求等，进而保证整体上的要求与效果。

每片主瓦的固定，可以使用 1 ～ 2 枚 4×（40 ～ 50）mm 自攻螺钉固定在挂瓦条上来实现。如果挂瓦条采用的是不锈钢、镀锌角钢的情况，则固定瓦片时选择使用直径 2 ～ 3mm 的铜丝捆

绑来实现固定。

　　如果是大面积的双坡屋面安装主瓦，则可以屋面的横向长度来分摊主瓦的有效宽度，并且终端尽量调节成一片整瓦的宽度。

　　安装第一排到第四排主瓦时，应考虑采用加强铺贴，也就是全部采用水泥砂浆结合挂瓦条进行铺贴。

　　主瓦正式铺瓦时，一般是从屋檐左下角开始，然后自左向右、自下而上进行，并且每片主瓦必须紧扣挂瓦条。

　　配件瓦可以使用水泥砂浆来固定，也可以使用柔性防水与不锈钢挂件来实现固定。

　　配件瓦安装，包括斜脊的脊瓦铺设安装，正脊的脊瓦铺设安装，脊、檐、水沟等部位的做法等，具体见表 11-15。鱼鳞瓦施工后的效果如图 11-62 所示。

表 11-15　配件瓦安装

名称	内容
斜脊的脊瓦铺设安装	（1）斜脊的脊瓦铺设安装一般是从斜屋脊底端开始，并且用 1：2.5 水泥砂浆将封头固定，然后用同样的方法将脊瓦根据自身特点搭接咬边，相互咬接安装。 （2）安装时是自下而上，直到屋顶
正脊的脊瓦铺设安装	（1）正脊的脊瓦铺设，一般是从脊瓦封头开始，根据脊瓦自身特点搭接，相互咬合搭接，一直铺设安装到末端的脊瓦封头。 （2）铺设安装时需要注意所有脊瓦要成一条直线安装。 （3）铺设安装时可以采用 1：2.5 水泥砂浆来固定
脊、檐、水沟等部位的做法	（1）脊、檐、水沟等部位，只要有水泥砂浆抹灰暴露的部位，均需要采用同颜色的涂料进行涂刷。 （2）屋脊采用水泥砂浆时，需要同时打钉固定在灰浆内，以加强抗风能力

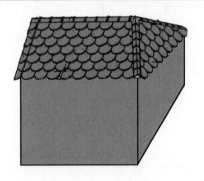

图 11-62　鱼鳞瓦施工后的效果

　　瓦片安装时，需要重视防水节点的处理，以及避免长时间污染瓦面，需要随铺随手清理干净。

附录　随书附赠视频汇总

砖的类型、特点	几种常见的瓦	砌块结构	砌筑厚度
三一砌筑法	全顺排砖	砌筑的基本要求	挂网
过梁	砌体施工实景	建筑砖砌体的一般要求与规定	砌筑砂浆应达到的要求
钢围栏（围墙）的基础	现浇板施工	轻质砖、加气砖门洞要求	抹灰层
抹灰层的特点	分层抹灰的原因	切瓷砖的工具	路沿石
石材干挂的骨架	青瓦的施工	琉璃瓦	合成树脂瓦

参 考 文 献

[1] GB 50207—2012. 屋面工程质量验收规范 .

[2] GB 50010—2010. 混凝土结构设计规范 .

[3] JGJ/T 117—2019. 民用建筑修缮工程查勘与设计标准 .

[4] JGJ/T 304—2013. 住宅室内装饰装修工程质量验收规范 .

[5] CECS 196—2006. 建筑室内防水工程技术规程 .

[6] JC/T 2089—2011. 干混砂浆生产工艺与应用技术规范 .

[7] GB/T 50344—2019. 建筑结构检测技术标准 .

[8] GB 51151—2016. 城市轨道交通公共安全防范系统工程技术规范 .

[9] GB 50003—2011. 砌体结构设计规范 .

[10] GB 50574—2010. 墙体材料应用统一技术规范 .

[11] 2010 CPXY-J190. 建筑产品选用技术 .

[12] GB/T 5101—2017. 烧结普通砖 .

[13] GB/T 32982—2016. 烧结装饰砖 .

[14] JC/T 890—2017. 蒸压加气混凝土墙体专用砂浆 .

[15] JGJ 52—2006. 普通混凝土用砂、石质量及检验方法标准 .

[16] GB/T 14684—2011. 建设用砂 .

[17] GB/T 25181—2019. 预拌砂浆 .

[18] GB/T 14685—2011. 建设用卵石、碎石 .

[19] GB/T 1596—2017. 用于水泥和混凝土中的粉煤灰 .

[20] GB/T 50146—2014. 粉煤灰混凝土应用技术规范 .

[21] GB/T 19250—2013. 聚氨酯防水涂料 .

[22] JGJ/T 191—2009. 建筑材料术语标准 .

[23] DB21/900.5—2005. 辽宁省建筑安装工程施工技术操作规程 模板与混凝土工程 .

[24] DB21/900.8—2005. 辽宁省建筑安装工程施工技术操作规程 屋面工程 .

[25] JGJ 3—2010. 高层建筑混凝土结构技术规程 .

[26] 08BJ9-1. 室外工程 - 围墙、围栏 .

[27] GB 50924—2014. 砌体结构工程施工规范 .

[28] JGJ/T 220—2010. 抹灰砂浆技术规程 .